高等学校教材

摄 影 测 量 学
Photogrammetry

王双亭　主编

测绘出版社

·北京·

内容提要

本书系统地介绍了摄影测量的基本原理、技术和最新成果。全书共分为 6 章:第 1 章介绍了摄影测量的基本概念、发展过程及所面临的问题;第 2 章介绍了摄影像片的获取原理与技术;第 3 章介绍了中心投影的概念与特性;第 4 章介绍了立体观察的原理和方法;第 5 章介绍了摄影像片的系统误差来源和改正方法;第 6 章简要介绍了数字影像的获取方法,特征提取、特征定位、影像匹配的理论和技术,DEM 的获取与应用及数字微分纠正的原理和方法。

本书可作为测绘各专业大学本科的教材,也可供其他相关专业的师生、工程技术人员和研究人员学习参考。

图书在版编目(CIP)数据

摄影测量学 / 王双亭主编. — 北京 : 测绘出版社,
2017.2 (2021.6 重印)
高等学校教材
ISBN 978-7-5030-4021-4

Ⅰ. ①摄… Ⅱ. ①王… Ⅲ. ①摄影测量学—高等学校
—教材 Ⅳ. ①P23

中国版本图书馆 CIP 数据核字(2016)第 319066 号

| 责任编辑 | 雷秀丽 | | | | | | |
| 执行编辑 | 王佳嘉 | 封面设计 | 李 伟 | 责任校对 | 石书贤 | 责任印制 | 吴 芸 |

出版发行	测绘出版社		电　话	010—68580735(发行部)
地　址	北京市西城区三里河路 50 号			010—68531363(编辑部)
邮政编码	100045		网　址	www.chinasmp.com
电子信箱	smp@sinomaps.com		经　销	新华书店
成品规格	184mm×260mm		印　刷	北京建筑工业印刷厂
印　张	15.25		字　数	370 千字
版　次	2017 年 2 月第 1 版		印　次	2021 年 6 月第 3 次印刷
印　数	1501—2300		定　价	38.00 元

书　号　ISBN 978-7-5030-4021-4

本书如有印装质量问题,请与我社发行部联系调换。

编 委 会

前　言

摄影测量学作为一门学科,诞生于 19 世纪中叶。经过 180 多年的发展,摄影测量已从模拟摄影测量、解析摄影测量,步入到当代数字摄影测量时代,实现了摄影测量从全人工操作到半自动化、智能化处理的转变。随着摄影测量理论和技术的不断发展,其应用领域已从早期单纯的地形测绘拓展到了军事侦察、工业制造、土木工程、医学、考古、刑事侦查、文物保护、人工智能、虚拟现实等领域,形成了航天、航空、近景、工业、显微、倾斜、刑侦、考古等诸多摄影测量分支。目前,摄影测量仍在不断涌现新理论、新装备、新技术,仍在不断拓宽应用领域。可以说,摄影测量学不但是一个正在蓬勃发展的学科,而且在国民经济和国防建设中有十分重要的地位和不可替代的作用。鉴于此,我们编写了《摄影测量学》一书,以期系统地将摄影测量的基本原理、方法、技术和最新成果展现给广大读者。

本书是在总结多年摄影测量学的教学经验及科研成果基础上,经反复酝酿和讨论,由河南理工大学、安徽理工大学、河南城建学院的七名专业教师合力编写而成。河南理工大学王双亭教授完成了第 1 章的编写;第 2 章由河南理工大学卢晓峰执笔;第 3 章由河南理工大学韩瑞梅完成;第 4 章由安徽理工大学郭辉编写;第 5 章由河南理工大学成晓倩完成;第 6 章由河南城建学院柏春岚和河南理工大学杨磊库共同编写;全书的统稿工作由王双亭完成。

本书全面系统地介绍了摄影测量的基本原理、技术和最新成果。全书共分为 6 章。第 1 章主要介绍摄影测量的基本概念、发展过程及当代摄影测量所面临的问题。第 2 章介绍了摄影像片的获取原理与技术,主要包括普通照相机和航空摄影仪的组成与特点,航空摄影的基本术语、技术要求和航空摄影的技术流程。第 3 章介绍了中心投影的概念与特性、摄影测量常用坐标系、摄影像片的内外方位元素、共线条件方程、摄影像片的基本特性和空间后方交会的原理与过程。第 4 章介绍了立体观察的原理和方法,立体像对基本概念和特点,标准式立体像对,立体像对的相对定向、空间前方交会、绝对定向,利用立体像对获取地面点坐标的主要方法,核线解析和核线影像生成的原理与方法。第 5 章介绍了摄影像片的系统误差来源和改正方法,着重介绍航带法、独立模型法和光束法区域网平差的原理、过程和自检校平差方法以及GPS、POS 辅助空三的理论和技术。第 6 章简要介绍了数字影像的获取方法、特征提取、特征定位、影像匹配的理论和技术,DEM 的获取与应用,及数字微分纠正的原理和方法。

本书的出版获得了河南省基础与前沿项目(152300410098)和国家测绘地理信息局测绘地理信息公益性行业科研专项(201412020)的资助。在编写过程中得到了很多专家、教授、同行、同事及测绘出版社的大力支持与帮助,书中也引用了一些文献资料。在此,一并表示衷心的感谢。

由于作者水平有限,书中错误之处在所难免,恳请读者批评指正,以便进一步修订,批评与建议请致信 wst@hpu.edu.cn。

作　者

2016 年 10 月

前　言

目　录

第1章　绪　论

摄影测量学作为一门学科,其发展过程可追溯到 19 世纪中叶。1837 年银板摄影技术被成功发明,标志着摄影术的真正诞生,从此也开始了摄影测量的发展历程。180 多年来,摄影测量学从模拟摄影测量开始,走过解析摄影测量,进入到当代数字摄影测量,实现了摄影测量从全人工操作到半自动化、智能化处理的转变。

随着摄影测量理论和技术的不断发展,其应用领域也在不断拓宽,已从早期单纯的地形测绘渗透到了军事侦察、工业制造、土木工程、医学、考古、刑事侦查、文物保护、人工智能、虚拟现实等领域,不但得到了成功应用,而且产生了航天摄影测量、航空摄影测量、近景摄影测量、工业摄影测量、显微摄影测量、倾斜摄影测量、刑侦摄影测量等诸多摄影测量分支。因此,摄影测量学不但是一个正在蓬勃发展的学科,而且在国民经济和国防建设中有十分重要的地位和不可替代的作用。

1.1　摄影测量学概述

摄影测量学(Photogrammetry)源于 light、writing 和 measurement 三个英文单词,即将来自目标物体反射的光线通过某种方式进行记录,然后基于记录的结果(像片或影像)进行量测和解译,因此摄影测量学的基本含义是基于像片的量测和解译。

传统的摄影测量学是利用光学摄影机获取的像片,经过处理以获取被摄物体的形状、大小、位置、特性及其相互关系的一门学科。它研究的内容涉及被摄物体的影像获取方法、影像信息的记录和存储方法、基于单张或多张像片的信息提取方法、数据的处理与传输、产品的表达与应用等方面的理论、设备和技术。其主要任务是测制各种比例尺的地形图、建立地形数据库,为地理信息系统和各种工程应用提供基础测绘数据。

随着计算机技术以及模式识别技术等相关技术的发展和引入,摄影测量技术开始向数字摄影测量时代转变。同时,由于国际上空间技术和遥感技术的发展,摄影测量事业迎来了一个新的发展时期,摄影测量开始向航空、航天遥感技术发展。20 世纪 60 年代初,摄影测量从侧重于影像解译和应用的角度,又提出了"遥感"一词。随着摄影测量的发展,摄影测量与遥感之间的界限越来越模糊。换句话说,摄影测量学与遥感的结合越来越紧密,用王之卓先生的话说,"摄影测量学的发展历史就是遥感的发展历史,它们的目的相同,只是各自所处的科技发展历史时期不同,可以说摄影测量学发展到数字摄影测量阶段就是遥感"。由此,出现了一个崭新的学科——摄影测量与遥感,也就是现代摄影测量学。1988 年,国际摄影测量与遥感协会(International Society for Photogrammetry and Remote Sensing,ISPRS)在日本京都第 16 届大会上给出了摄影测量与遥感的定义是:摄影测量与遥感是从非接触成像或其他传感器系统,通过记录、量测、分析与表达等处理,获取地球及其环境和其他物体可靠信息的工艺、科学与技术(Photogrammetry and Remote Sensing is the art, science and technology of obtaining reliable information from non-contract imaging and other sensor systems about the Earth and its environment, and other physical objects and processes through recording, measuring, analyzing and representation）。其中，摄影测量侧重于提取几何信息，遥感侧重于提取物理信息。也就是说，摄影测量是从非接触成像系统，通过记录、量测、分析与表达等处理，获取地球及其环境和其他物体的几何、属性等可靠信息的工艺、科学与技术。

摄影测量的特点之一是在像片上进行量测和解译。其主要工作是在室内进行，无须接触物体本身，因而很少受气候、地理等条件的限制；所摄影像是客观物体或目标的真实反映，信息丰富、形象直观，人们可以从中获得所研究物体的大量几何信息和物理信息；可以拍摄动态物体的瞬间影像，完成常规方法难以实现的测量工作；适用于大范围地形测绘，成图快、效率高；产品形式多样，可以生产纸质地形图、数字线划图、数字高程模型、数字正射影像等。摄影测量具有如下优点：①量测工作绝大部分在室内进行，可以不受自然地理等条件的限制；②量测工作和信息获取在时间和空间上是独立的；③机械化和自动化程度较高；④从所获信息中可以任意选择所需要测量和处理的对象；⑤全部信息都可以作为文献储存。

由于现代电子技术、通信技术和航天技术等的飞速发展，摄影测量学科领域的研究对象和应用范围也不断扩大。可以这样说，只要目标物体能够被摄影成像，都可以使用摄影测量技术解决某一方面的问题。这些被摄物体可以是固体的、液体的，也可以是气体的；可以是静态的，也可以是动态的；可以是极近的、微小的（如电子显微镜下放大几千倍的细胞），也可以是遥远的、巨大的（如宇宙星体）。这些灵活性使得摄影测量学成为多领域广泛应用的一种测量手段和数据采集与分析的方法。所以，按照成像距离的不同，摄影测量可分为航天摄影测量、航空摄影测量、地面摄影测量、近景摄影测量和显微摄影测量。

由于影像是客观物体或目标的真实反映，其信息丰富、形态逼真，可以从中提取所研究对象大量的几何与物理信息，因此摄影测量广泛用于各个方面。按照用途的不同，摄影测量可分为地形摄影测量与非地形摄影测量：前者的主要任务是测绘各种专题图，建立地形数据库，为各种地理信息系统提供三维的基础数据；而后者主要用于工业、建筑、考古、医学、生物、体育、变形监测、事故调查、公安侦破与军事侦察等各方面。其对象与任务千差万别，但主要方法与地形摄影测量一样，即从二维影像重建三维模型，在重建的三维模型上提取所需的各种信息。这是摄影测量的第二个特点。

传统的摄影测量三维模型重建也应考虑物体表面纹理的表达，例如，地面的正射影像就是地表的真实纹理，但在大多数应用中，较少考虑物体表面纹理的表达。随着社会、经济与科技的发展，三维模型真实纹理的重建在摄影测量的任务中变得非常重要。在一些应用中，需要利用不同的摄影方法完成真实纹理的重建，如城市的三维建模可能需要航空摄影与近景摄影相结合才能完成。

就摄影测量处理技术手段而言，有模拟法、解析法与数字法。随着摄影测量技术的发展，摄影测量也经历了模拟摄影测量、解析摄影测量和数字摄影测量三个发展阶段。

1.2　摄影测量学的发展

早在 18 世纪，数学朗伯（也译为家兰贝特）（J. H. Lambert）在他的著作（Frege Perspective, Zurich, 1759）中就论述了摄影测量的基础——透视几何的理论。若从 1837 年涅普斯（J. N. Niepcs）和达盖尔（Louis Jacques Mand Daguerre）发明摄影术算起，摄影测量学已有 180 多年的历史了，而 1851—1859 年法国陆军上校艾米·洛瑟达（Aime Laussedat，被认为是"摄影测量之父")提出了交会摄影测量并测绘了万森纳城堡图,这被称为摄影测量学的真正起点。由于当时飞机尚未发明,摄影测量的几何交会原理仅限于处理地面的正直摄影,主要用来做建筑物摄影测量,而并不是用来进行地形测量。

已知的第一张航空像片是由一位名为纳达尔(Nadar,原名 Gaspard Felix Tournachon)的巴黎摄影师于 1858 年乘坐一个离地 80 米的气球拍摄的。目前,保存的最早的一幅航空像片,是 1860 年由美国人布莱克(James Wallace Black)利用湿板拍摄的波士顿航空像片。

1903 年,莱特兄弟发明了飞机,使航空摄影和航空摄影测量成为可能。1906 年,美国人劳伦仕用 17 只风筝吊着巨型相机拍摄了旧金山大火的珍贵历史性大幅照片。第一次世界大战期间,首台航摄仪的问世标志着摄影测量的真正开始,也使航空摄影测量成为 20 世纪以后测绘大面积地形图最有效、最快速的方法。我国航空摄影测量开始于 1930 年,但进入兴旺发达时期是 1949 年新中国成立以后。

1.2.1 模拟摄影测量(1851—1970 年)

摄影测量的起源实际上就是模拟摄影测量的开端。最初,洛瑟达测的万森纳城堡图采用了图解法逐点测绘。直到 20 世纪初,由维也纳的军事地理研究所按照奥雷尔的思想制成了自动立体测图仪。后来由德国蔡司厂进一步研发,成功地制造了实用的立体自动测图仪(stereo autograph)。经过了半个多世纪的发展,到 20 世纪六七十年代,这种类型的仪器发展到了顶峰。由于这些仪器均采用光学投影器或机械投影器或是光学机械投影器"模拟"摄影过程,用它们交会被摄物体的空间位置,所以我们称之为模拟摄影测量仪器。著名摄影测量学者 U. V. Helava 于1957 年在他的论文中谈到:能够用来解决摄影测量主要问题的现有的摄影测量测图仪,实际上都是以同样的原理为基础的,这个原理可以称为模拟的原理。这一发展时期也被称为模拟摄影测量时代。

这里所讲的模拟摄影测量,指的是用光学或机械方法模拟摄影过程,使两个投影器恢复摄影时的位置、姿态和相互关系,形成一个比实地缩小了的几何模型,即所谓摄影过程的几何反转,在此模型上的量测即相当于对原物体的量测。所得到的结果通过机械或齿轮传动的方式直接在绘图桌上绘制出各种图件来,如地形图或各种专题图,模拟法立体测图如图 1.1 所示。

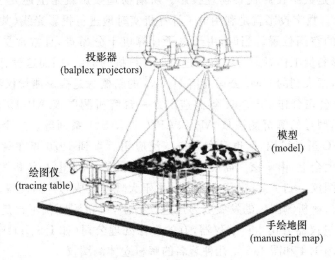

图 1.1 模拟法立体测图

在模拟摄影测量的漫长发展阶段中,摄影测量科技的发展可以说基本上是围绕着十分昂贵的模拟立体测图仪进行的。它是利用光学机械模拟投影的光线,由双像上的同名像点进行空间前方交会,获得目标点的空间位置,建立立体模型,进行立体测图。用于模拟投影光线的光机部件,称为光机导杆。根据投影方式的不同,模拟立体测图仪可以分为光学投影、光学-机械投影与机械投影三种类型。图 1.2 和图 1.3 是各种不同类型的模拟立体测图仪。

图 1.2　多倍仪　　　　　　　　　　　图 1.3　AMH 立体测图仪

由于航空摄影比地面摄影有明显的优越性(如视场开阔、无前景挡后景、可快速获得大面积地区的像片等),使得航空摄影测量成为 20 世纪以来大面积测制地形图最有效最快速的方法。如果说在 1901 年研制的立体坐标量测仪和 1909 年研制的 1318 立体自动测图仪还不是主要针对航空摄影测量的话,那么从 30 年代到 50 年代末,各国主要测量仪器厂所研制和生产的各种类型模拟测图仪器——光学和机械投影仪器、分工型和全能型仪器、简易型和精密型立体测图仪器——均完全是针对航空地形摄影测量的。这个时期是模拟航空摄影测量的黄金时代,在我国,它一直延续到 70 年代末。

1.2.2　解析摄影测量(1950—1980 年)

随着模数转换技术、电子计算机与自动控制技术的发展,Helava 于 1957 年提出了摄影测量的一个新概念,就是数字投影代替物理投影。所谓物理投影就是上述光学的、机械的或光线-机械的模拟投影。数字投影就是利用电子计算机实时地进行投影光线(共线方程)的解算,从而交会被摄物体的空间位置。当时,由于电子计算机十分昂贵,且常常受到电子故障的影响,加上实际的摄影测量工作者通常没有受过有关计算机的训练,因而这没有引起摄影测量界很大的兴趣。但是,意大利的 OMI 公司确信 Helava 的新概念是摄影测量仪器发展的方向,他们与美国的 Bendix 公司合作,于 1961 年制造出第一台解析测图仪 AP/1。后来经过不断改进,生产了一批不同型号的解析测图仪 AP/2、AP/C 与 AS11 系列等。这个时期的解析测图仪多数为军用,AP/C 虽是民用,但也没有获得广泛应用。直到 1976 年在赫尔辛基召开的国际摄影测量协会的大会上,由 7 家厂商展出了 8 种型号的解析测图仪,解析测图仪才逐步成为摄影测量的主要测图仪。到了 20 世纪 80 年代,由于大规模集成芯片的发展,接口技术日趋成熟,加之微机的发展,解析测图仪的发展更为迅速。后来,解析测图仪不再是一种专门由国际上一些大的摄影测量仪器公司生产的仪器,有的影像处理公司(如 I^2S、Intergraph 公司等)也生产解析测图仪。图 1.4 和图 1.5 是几种著名的解析立体测图仪。

图 1.4　C-100 型解析测图仪

图 1.5　DSR-1 型解析测图仪

由于正射影像比传统的线划地图形象、直观、信息量丰富，受到了广泛的欢迎。解析摄影测量时期的另一类仪器是生产正射影像的数控正射投影仪。图 1.6 和图 1.7 是两种使用最广泛的数控正射投影仪。

图 1.6　OR-1 型数控正射投影仪

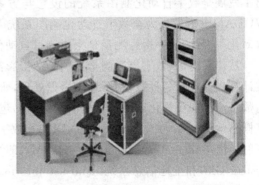
图 1.7　Z-2 型数控正射投影仪

这个时期受益最多、效果特别显著的还是以电子计算机为基础的解析空中三角测量，这是一项不小的改革。解析空中三角测量是用摄影测量方法快速、大面积地测定点位的精确方法，它经历了航带法、独立模型法和光束法平差三种方法的发展。在解析空中三角测量的长期研究中，人们解决了像片系统误差的补偿和观测值粗差的自动检测，从而保证了成果的高精度和高可靠性。摄影测量与各种非摄影测量观测值进行严密的整体平差和数据处理已成为一种高精度定位方法，用于大地控制加密、坐标地籍测量、航空和航天摄影测量及非地形摄影测量。摄影测量的这一发展时期为解析摄影测量时代。所谓的解析摄影测量即以电子计算机为主要手段，通过对摄影像片的量测和解析计算方法的交会方式来研究和确定被摄物体的形状、大小、位置、性质及其相互关系，并提供各种摄影测量产品的一门科学。具体流程如图 1.8 所示。

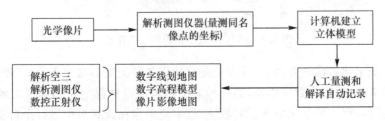

图 1.8　解析摄影测量的实现流程

1.2.3　数字摄影测量(1970 年至今)

解析摄影测量的进一步发展是数字摄影测量。数字摄影测量的发展起源于摄影测量自动化的实践,即利用相关技术实现真正的自动化测图。摄影测量自动化是摄影测量工作者多年来所追求的理想。最早涉及摄影测量自动化的专利可追溯到 1930 年,但并未付诸实施。直到 1950 年,才由美国研制了第一台自动化摄影测量测图仪。当时是将像片上灰度的变化转换成电信号,利用电子技术实现自动化。这种方法经过了许多年的发展,先后在光学投影型、机械型或解析型仪器上实施,如 B8-stereomat、Topomat 等。与此同时,摄影测量工作者也试图将由影像灰度转换成的电信号再转变成数字信号(即数字影像),然后由计算机来实现摄影测量的自动化过程。美国于 20 世纪 60 年代初研制成功的 DAMC 系统就是属于这种全数字的自动化测图系统。它采用 Wild 厂生产的 STK-1 精密立体坐标仪进行影像数字化,然后用一台 IBM7094 型电子计算机实现摄影测量自动化。原武汉测绘科技大学王之卓教授于 1978 年提出了发展全数字自动化测图系统的设想与方案,并于 1985 年完成了全数字自动化测图系统 WUDAMS(后发展为全数字自动化测图系统 VirtuoZo),这也是采用数字方式实现摄影测量自动化。因此,数字摄影测量是摄影测量自动化的必然产物。

从广义上讲,数字摄影测量指的是从摄影测量所获取的数字/数字化影像数据出发,通过在计算机上进行各种数值、图形和影像处理,研究目标的几何和物理特性,从而获得各种形式的数字产品和可视化产品。这里的数字产品包括数字线划地图(digital line graphic,DLG)、数字栅格地图(digital raster graphic,DRG)、数字高程模型(digital elevation model,DEM)、数字正射影像图(digital orthophoto map,DOM)、测量数据库、地理信息系统(geographic information system,GIS)和土地信息系统(land-use information system,LIS)等;可视化产品包括地形图、专题图、纵横剖面图、透视图、正射影像图、电子地图、动画地图等。

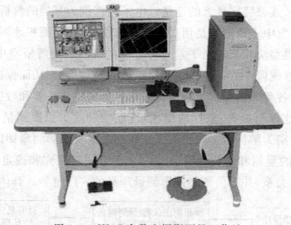

图 1.9　JX4C 全数字摄影测量工作站

获得数字/数字化影像的方法,一种方法是直接用各种类型的数字摄影机(如 CCD 阵列扫描仪或摄影机)来获得,称为数字影像;另一种方法则是用各种数字化扫描仪对胶片记录的像片进行扫描来获得,称为数字化影像。对数字/数字化影像在计算机中进行全自动化数字处理的方法又称为全数字化摄影测量(full-digital photogrammetry)。进入 20 世纪 80 年代后,随着计算机技术的进一步发展,摄影测量的全数字化处理软件——数字摄影测量系统开始研究和发展。到了 90 年代初,以工作站为平台的数字摄影测量系统进入实用阶段,90 年代末,数字摄影测量系统开始全面替代传统的模拟摄影测量仪器,摄影测量生产真正步入了全数字化时代。由于全数字化摄影测量处理流程从原始数据的输入,到中间环节的数据处理,直至最后产品的输出都是数字形式的,因此在美国的摄影测量界又称之为软拷贝摄影测量(soft copy photogrammetry)。王之卓教授称之为全数字摄影测量(all digital photogrammetry 或 full digital photogrammetry)。

概括而言,摄影测量学经历了模拟法、解析法和数字法三个发展阶段,这在国际摄影测量界已达成共识。三个阶段都具有自身的特点:模拟摄影测量阶段主要依靠一些庞大的测图仪来实现地面点位的获取,采用的是模拟的物理投影方式,并且是完全的手工操作,使用的像片都是摄影的正片(或负片),是一些光学影像,得到的产品大部分都是描绘在纸上的线划地图或印在相纸上的影像图及模拟产品;解析摄影测量阶段则是利用计算机控制的解析测图仪或正射投影仪,采用数字投影的方式来实现地面点位的解算,与模拟阶段不同的是,它的数据处理过程是由计算机辅助的人工操作,其产品可以是模拟的,如果在解析测图仪上以数字形式记录相关信息的话,那么也可以形成数字产品;数字摄影测量与模拟、解析摄影测量最大的区别在于它处理的原始资料是数字影像或数字化影像,它最终是以计算机视觉代替人的立体观测,因而所使用的仪器最终将只是通用计算机及其相应外部设备,其产品是数字形式的,传统的产品只是该数字产品的模拟输出。表 1.1 列出了摄影测量三个发展阶段的特点。

表 1.1 摄影测量三个发展阶段的特点

发展阶段	原始资料	投影方式	仪器	操作方式	产品
模拟摄影测量	光学像片	物理投影	模拟测图仪	作业员手工	模拟产品
解析摄影测量	光学像片	数字投影	解析测图仪	机助作业员操作	模拟产品 数字产品
数字摄影测量	数字化影像 数字影像	数字投影	计算机＋ 外围设备	自动化操作＋ 作业员的干预	数字产品 模拟产品

1.2.4 当代数字摄影测量面临的主要问题

随着计算机技术以及数字影像处理、模式识别、计算机视觉和人工智能等相关技术的不断发展,摄影测量与计算机学科相互渗透交叉,摄影测量在经历模拟摄影测量、解析摄影测量两个发展阶段后,现已进入数字摄影测量阶段,这对摄影测量的发展产生了极其深远的影响。从测绘学科而言,传统的摄影测量已发展为新兴的信息产业;从摄影测量学科而言,经典的摄影测量已发展为摄影测量与计算机视觉。数字摄影测量所使用的设备最终将是计算机加上相应的标准化外围设备,它的产品形式是全数字化的数字产品。

科技的进步使得当代摄影测量正在不断的变化。摄影手段的提高,影像种类的多样化,测量对象种类的增加,是当代摄影测量的一个新特点。同时,它也提出新的要求:提高测量精度、降低成本、加快速度,以及丰富测量成果等。

当代摄影测量尽管在很多方面都取得了惊人的进步和发展,但仍然存在许多典型的问题或困难,主要表现在以下几个方面。

1. 辐射信息

当代数字摄影测量与解析摄影测量、模拟摄影测量根本的差别之一,在于对影像辐射信息的计算机数字化处理。在此之前,影像的辐射信息是利用光机设备及由人眼与大脑进行处理的,因而它在摄影测量的模拟与解析理论中没有一席之地,而在当时,我们也无法精确地测定它。随着科技的发展和航空遥感影像自动化处理的迫切需要,这种情况得到了完全改变,辐射信息在摄影测量中也变得非常重要,不利用辐射信息是无法实现摄影测量自动化的。在解析摄影测量中,一个目标点向量 X_P 是三维的,即

$$X_P = \begin{bmatrix} X & Y & Z \end{bmatrix}^T \tag{1.1}$$

而在数字摄影测量中,目标点向量 X_P 变成四维的了,即

$$X_P = \begin{bmatrix} X & Y & Z & D \end{bmatrix}^T \tag{1.2}$$

式中,$D = D(X, Y, Z)$ 是该点的辐射量(灰度值或色彩量),集合 $\{D\}$ 即目标的纹理信息,它在影像上的投影 $d = d(x, y)$ 就是数字影像。

现在我们可以利用各种传感器精确获取多种频带多时域的辐射信息,即直接获取数字影像,也可以利用影像数字化仪将像片上的影像数字化获取数字化影像。由于数字影像的运用,许多在传统摄影测量中很难甚至不可能实现的处理,在全数字摄影测量中都能够处理甚至变得极为简单。例如,消除影像的运动模糊,按所需要的任务方式进行纠正、反差增强,多影像的分析与模式识别等。由于数字摄影测量直接使用的原始资料是数字影像,特别为摄影测量设计的传统光学机械型模拟仪器已不再是必须的了,其硬件系统实际上是一套计算机或工作站。因此,它更加适合于当前的发展,即与遥感技术和地理信息系统结合完成影像信息的提取、管理与应用。

随着虚拟现实与可视化需求的迅速增长,快速确定目标的纹理 $\{D\}$ 已经成为当代数字摄影测量的一项重要任务。也就是说,当代数字摄影测量不仅要自动测定目标点的三维坐标,还要自动确定目标点的纹理。

2. 数据量与信息量

20 世纪 60 年代发展起来的遥感技术对摄影测量的数据获取带来了很大的变化。在遥感技术中除了使用可见光的框幅式黑白摄影机外,还使用彩色、彩红外摄影、全景摄影、红外扫描仪、多光谱扫描仪、成像光谱仪、CCD 线阵列扫描和面阵摄影机以及合成孔径侧视雷达等手段获取大量地球表面多时相、多光谱、多分辨率的影像数据。进入 80 年代后,遥感技术的新跃进再次显示了它对摄影测量的巨大作用。首先是航天飞机作为遥感平台或发射手段,可重复使用和返回地面,大大提高了遥感应用的性能,更重要的是许多新型传感器的地面分辨率(空间分辨率)、温度分辨率、光谱分辨率和时间分辨率都有了很大提高。例如,1986 年和 1990 年法国发射的 SPOT-1,SPOT-2 卫星,利用两个 CCD 线阵列构成数字扫描仪,可获取空间分辨率为 10 m 的地面全色波段影像。进入 90 年代,由于高分辨率长线阵、大面阵 CCD 传感器的问世,使得卫星遥感影像的地面分辨率大大提高。例如,法国研制的 SPOT-5 采用新的 3 台高分辨率几何成像仪器(high-resolution geometric imaging instrument,HRG),能提供地面分辨率 5 m/2.5 m 的影像;美国于 1999 年 9 月发射成功的 IKONOS-2 以及随后发射的"Quick Bird",能提供空间分辨率为 0.61 m 的全色影像和 4~15 m 的多光谱影像。因此,传感器及其平台的迅速发展,大大增加了空间数据获取的途径和来源。

在全数字摄影测量阶段,处理的原始资料是数字影像。数字影像的每一个数据代表了被摄物体(或光学影像)上一个点的辐射强度(或灰度),这个点称为像元素,通常简称像素。像素的灰度值常用 8 位和 12 位二进制数表示。对于 8 bits 全色影像,在计算机中正好占用一个字节(byte)。若是彩色影像,则需要 3 个字节分别存放红、绿、蓝或其他色彩系统的数值。像素的间隔即采样间隔根据采样定理由影像的分辨率确定。当采样间隔为 0.02 mm 时,一张 23 cm×23 cm 的影像包含大约 120 兆字节(1 MB=10^6 B)。直接由传感器获取的高分辨率遥感影像的数据量甚至更大,如一幅 IKONOS 影像可能包含 1.6 千兆字节(1 GB=10^9 B)。因而"数据量大"是全数字摄影测量的一个特点与问题。

传统的航空摄影,在航向上的重叠率一般是 60%,旁向重叠率一般是 30%,这对于人工作业是足够了。但是,对于计算机来说,几乎没有多余观测。由于信息量偏少,对自动化处理(如房屋的自动提取)非常不利。在许多非地形摄影测量的应用中,由于摄影重叠率小,连相邻影像的匹配也很困难。因此,当代数字摄影测量在摄影时,要尽量加大重叠率,甚至要获取序列影像。在交向摄影时,虽然影像的重叠率可能会很大,但因摄影的角度相差很大,因而物体的影像变形很大,影像匹配的难度也很大,此时也应该在其间增加摄影,构成多基线摄影测量。

如何高效、快捷、准确地处理这些种类繁多、形式各异的海量数据,成为摄影测量所面临的新的技术挑战。首先,这必然要依赖于计算机的发展,而目前的计算机已经能够在一定程度上达到这一要求。利用计算机的软硬件技术,寻求切实可行的海量数据处理的方式和方法,最大程度地实现自动化,将作业员从烦琐的工作中解脱出来,应是我们的主攻目标。所以,首先要考虑对这些海量数据的处理速度问题。

3. 速度与精度

数字摄影测量虽然仍处在不断的发展中,但它已经创造了惊人的奇迹,无论在量测的速度还是可达到的精度方面,都大大超过了人们最初的想象。例如,利用一台普通的计算机,其匹配速度一般可达 500～1 000 点每秒,利用全数字摄影测量自动立体量测数字地形模型(DTM)的速度可达 100～200 点每秒甚至更高,这是人工量测无法比拟的。但是数字摄影测量中量测与识别的计算任务是如此巨大,目前的计算机速度还不能实时完成,对于许多需要实时完成的应用,快速算法依然是必要的。

对影像进行量测是摄影测量的基本任务之一,它可分为单像量测与立体量测,这同样是数字摄影测量的基本任务。在提高量测精度方面,用于单像量测的高精度定位算子和用于立体量测的高精度影像匹配的理论与实践是数字摄影测量的重要发展,也是摄影测量工作者对数字影像处理所做的独特贡献。例如,对采样间隔 50 μm 的数字影像进行相对定向,其残差的中误差(均方根误差)可达 ±(3～5)μm,这相当于在一台分辨率为 2 μm 的解析测图仪上进行人工量测的结果。现在,无论是高精度定位算子还是高精度影像匹配,其理论精度均可高于 1/10 像素,达到所谓子像素级的精度。

4. 自动化与影像匹配

自动化是当代数字摄影测量最突出的特点,是否具有自动化(或半自动化)的能力,是当代数字摄影测量与传统摄影测量的根本区别。如果一套数字摄影测量工作站几乎没有自动化(或半自动化)的能力,而只是处理数字影像,那么除了其价格便宜以外,与解析测图仪也就没有很大的区别了。自动化(或半自动化)的能力的强弱,是评价数字摄影测量工作站性能最重要的指标。

在现实世界,我们所面对的是一个动态过程,即它在不停地变化,为保障数据的现势性,就需要实现从采集到处理再到更新的快速循环。尤其是应急情况需要快速响应,实现实时摄影测量已势在必行。为此,我们需探索新的硬件设施,如并行处理、格网计算和云计算等。

自动化处理大大节省了时间。以一幅 2 km×2 km 正射影像计算为例,手工处理约需 4 小时,而半自动处理仅需 1 小时 20 分钟,其生产效率提高了 3 倍。

影像匹配的理论与实践,是实现自动立体量测的关键,也是数字摄影测量的重要研究课题之一。影像匹配的精确性、可靠性、算法的适应性及速度均是其重要的研究内容,特别是影像匹配的可靠性一直是其关键之一。早期提出的多级影像匹配与从粗到细的匹配策略至今仍是提高其可靠性的有效策略,而近年来发展起来的整体匹配是提高影像匹配可靠性极其重要的手段。从单点匹配到整体匹配是数字摄影测量影像匹配理论和实践的一个飞跃。多点最小二乘影像匹配与松弛法影像匹配等整体匹配方法考虑了匹配点与点之间的相互关联性,因而提高了匹配结果的可靠性与结果的相容性、一致性。

5. 影像解译

到目前为止,数字摄影测量主要用于自动产生数字高程模型与正射影像图及交互提取矢量数据,但随着对影像进行自动解译的要求以及城镇地区大比例尺航摄影像、近景等工业摄影测量中几何信息提取需利用基于特征匹配与关系(结构)匹配的要求,全数字摄影测量领域很自然地展开了影像特征提取与进一步处理、应用的研究。各种特征提取算法很多,可分为点特征、线特征与面特征的提取。各种点特征提取算子中有的可以定位,有的还可以确定该点的性质(独立点、线特征点或角点等);面特征提取中有的采用区域增长法,有的则基于点特征采用线跟踪法再构成线与面;线特征提取也可利用 Hough 变换进行或利用 Fourier 变换、Gabor 变换(短时傅里叶变换或窗口傅里叶变换)及后来发展起来的 Wavelet 变换(小波变换)进行。这些特征提取方法与基于特征匹配与关系(结构)匹配的方法均与影像分析、影像理解紧密的联系,它们是数字摄影测量的另一个基本任务——利用影像信息确定被摄对象的物理属性的基础。常规摄影测量采用人工目视判读识别影像中的物体,遥感技术则利用多光谱信息辅之以其他信息实现机助分类。数字摄影测量中对居民地、道路、河流等地面目标的自动识别与提取,主要依赖于对影像结构与纹理的分析,这方面已经有了一些较好的研究成果。

数字摄影测量的基本范畴还是确定被摄对象的几何属性与物理属性(即量测与理解)。前者虽有很多问题尚待解决,需继续不断研究,但已开始达到实用程度;后者则离实用阶段还有很大的距离,尚处于研究阶段,但其中某些专题信息(如道路与房屋)的半自动提取将会首先进入实用阶段。

习题与思考题

1. 什么是摄影测量?
2. 简述摄影测量发展的三个阶段。
3. 如何理解摄影测量所面临的问题。

第2章 摄影与航空摄影

摄影像片是摄影测量的处理对象,是摄影测量过程必须的原始数据。因此,如何获得摄影像片,尤其是如何获取满足摄影测量要求的像片是摄影测量工作者必须掌握的基本内容。本章从普通照相机出发,首先介绍照相机的基本结构、摄影像片的获取原理和方法;其次介绍模拟航摄仪及数字航摄仪;最后介绍航空摄影的技术流程、技术计划及航空摄影质量的检查验收。

2.1 普通照相机

2.1.1 普通照相机的基本组成

普通照相机是指一般家用的小型胶片或数码相机。如图 2.1 所示,普通照相机价格便宜,使用方便,基本结构与专业相机类似,且在一定条件下也能用于摄影测量。普通照相机主要由物镜、光圈、快门、调焦/取景器(检影器)、机身等五部分组成。

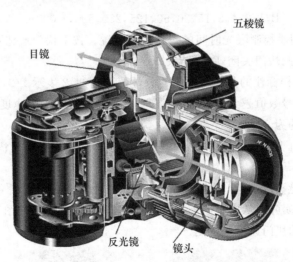

图 2.1 照相机的基本结构

1. 物镜

物镜将来自物体的光线进行收集并清晰成像在焦平面上,是照相机的主要部件。最简单的物镜是单个凸透镜,但由于其存在严重的像差和色差,所以照相机的物镜均由多片球面或非球面透镜组合而成。为了提高物镜的通光性能,物镜表面一般要镀上多层薄膜,以减小对光线的反射,增加物镜的透光能力。物镜的光学特性是影像质量和摄影效果的主要决定因素,因此掌握且灵活运用物镜特性对摄影爱好者和专业摄影者十分重要。由于物镜光学特性较为复杂,为便于读者阅读和掌握,特在 2.1.2 节专门讲述物镜特性。

2. 光圈

光圈是摄影物镜组中的一个光阑,通常安装在物镜的两个透镜组之间,其孔径大小可根据需要改变。目前广泛使用的是由许多弧形的长条金属薄片组成的虹形光圈,这些薄片的一端各自固定在物镜框上,另一端则固定在可以转动的公共圆环上,当圆环旋转时,由金属片组成的圆孔便随之缩小或放大。在摄影中光圈有三个作用:

(1) 调节物镜的使用面积。在整个摄影物镜的范围内,像差的修正是不均匀的,近轴部分(中央部分)像差最小,光轴离物镜越远像差越大。因此,限制物镜边缘部分的使用,有利于提高像点的清晰度。

(2) 调节进入物镜的光通量。可以根据被摄物体的光照强弱,适当选择光孔的大小,以控制进入物镜的光通量。

(3) 调节景深(见 2.1.2 节)。

3. 快门

照相机快门是调节摄影曝光时间的装置。它是照相机的重要部件之一,能在预先安置的曝光时间内,让光线通过物镜使感光材料或光电探测器感光。快门从打开到关闭所经过的时间称为曝光时间(快门速度)。决定快门速度的主要因素有景物亮度、感光材料或光电探测器的感光度和光圈大小。

为了使用方便,照相机的快门速度按档设置,两档快门速度之间的曝光时间基本相差 1 倍,其标准序列是

$$B,1,2,4,8,15,30,60,125,250,500,1\ 000\cdots$$

B 门是照相机中用手控制曝光时间的一种慢门装置。按下快门按钮不放,则快门开启,曝光开始;松开快门按钮则快门关闭,曝光结束。

除 B 门外,快门各档标注的是曝光时间的分母值。例如,2 表示 1/2,60 表示 1/60,单位为秒。因此,快门上的档号数值越大,对应的曝光时间越短。两档快门速度之间如果相差 n 档,则对应曝光时间之比约为 2^n 倍。

目前在普通摄影机上使用的快门主要有中心快门、焦面快门和电子快门三种。

1) 中心快门

中心快门设置于镜头的中间,又称为镜间快门。它由多片金属叶片组成,当按下快门时,利用弹簧的弛张,使金属叶片从中心向外打开,直至全开后,再合闭,如图 2.2 所示。打开到合闭的时间间隔由设定的快门速度来控制。

图 2.2 中心快门

　　中心快门因受机械力及机械惯性的限制,一般最高速度很难超过 1/1 000 s。但它比较坚固耐用,开启时噪声低、震动小;进行闪光摄影时不受快门速度的制约,每一档均能与闪光同步。进行闪光摄影时,只要快门打开,不管全打开或只打开一半,都能使整张底片曝光。这是因为闪光灯的闪光时间很短,一般为 1/1 000 s 甚至更短,而且是快门全打开时才触发闪光灯闪光的,中心快门最高速度的开启时间比闪光时间长得多,所以每一档快门速度均可进行闪光同步摄影。

　　2)焦面快门

　　焦平面快门由紧贴在焦平面上前后两个不透光的帘幕组成,又称为帘幕快门。在曝光时,快门的前帘和后帘之间保持一定的距离,形成一个宽度为 Z 的缝隙,如图 2.3 所示,该缝隙以一定的速度掠过焦面,从而完成曝光。

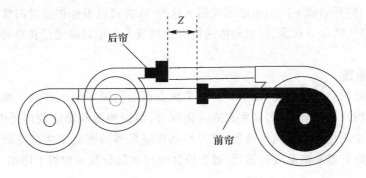

图 2.3　焦面快门工作原理

　　焦面快门的曝光时间由两帘幕形成的缝隙宽度 Z 和帘幕运动的速度 V 决定,其计算公式为

$$t = \frac{Z}{V} \tag{2.1}$$

式中,t 为曝光时间。改变这两个参数便可以改变曝光时间,通常是固定帘幕运动速度,通过改变缝隙宽度来获得不同的曝光时间。

　　焦面快门的快门速度比中心快门要高得多,一般可达 1/500 ～ 1/1 000 s,最高可达 1/2 500 s。但是焦面快门也有如下的缺点:

　　(1)拍摄运动物体时会产生影像变形,尤其在距离近、被摄物运动速度快、运动方向与镜头光轴成 90° 的情况下,变形非常明显。

　　(2)闪光同步速度低。由于电子闪光灯的闪光时间在 1/1 000 s 左右甚至更短,而帘幕快门靠缝隙来调节曝光量,同一张底片曝光有先有后,只有快门开启较长时间,即帘幕缝隙足够大,使整张底片全暴露而不被帘布遮挡时闪光,才能进行闪光同步摄影。当第一帘运动至尽头触发了闪光,若此时第二帘还未开始运动,即整张底片都暴露,此时闪光使整张底片都曝光,称闪光同步。如果用高速快门拍摄闪光照片,当第一帘运动至尽头触发了闪光时,第二帘已开始运动并行走了一段距离,此时部分底片暴露,部分底片被第二帘遮住,拍出的底片一部分曝光,另一部分不曝光,称闪光不同步。焦面快门的最高闪光同步速度一般为 1/60 ～ 1/125 s。

　　3)电子快门

　　电子快门指通过延时电路等装置自动控制快门速度,遮挡光路的元件与机械快门一样为快门叶片或帘幕等。在曝光方式上，电子快门有以下几种：

（1）程序快门 P(program)。程序快门预先将曝光组合按程序输入到照相机内部，根据光线的强弱，自动给出快门速度及光圈号数的组合。光线越暗，快门速度越慢，光圈越大；光线越强，快门速度越高，光圈越小。这种快门操作简便、曝光基本准确、有利于抓拍，特别适用于初学者及家庭生活摄影、旅游摄影。

（2）光圈优先式电子快门 A(aperture)。当摄影者自己设定了光圈大小后，电子快门便会根据光线的强弱自动控制快门速度，使曝光正确。

（3）快门优先式电子快门 S(shutter)。当摄影者自己设定了快门速度后，电子快门便会根据光线的强弱自动控制光圈，使曝光正确。

（4）光圈和快门速度都由人工设定的电子快门 M(manual)。光圈和快门速度都要摄影者手动调节，但快门的开启和关闭仍由电子控制。这种 M 方式可根据拍摄者的意图随意改变光圈和快门速度，以达到调节景深、控制动体的清晰度以及人为增减曝光量获得特殊拍摄效果的目的。

4. 调焦/取景器

调焦的作用是调整物像距离，以达到在焦平面上得到清晰影像的目的。取景器用来观察所拍摄景物的范围和影像清晰度，以便完成景物取舍、画面构图和确定调焦是否完成的工作。调焦方式分为手动调焦和自动调焦两种，前者必须在取景器的配合下才能完成调焦任务。取景器可分为光学取景器和液晶取景器，前者在胶片相机和部分数码相机上使用，后者只用于数码相机。

自动调焦可分为光学式（光敏相位）、超声波测距、红外线测距等三种方式。自动调焦利用单片机控制，打开电源便自动工作。光学式调焦器在重影系统的两块反光镜之间装有微型光电元件，由单片机对两块反光镜反射回来的影像加以探测比较，如果影像重合，说明调焦完成。这种调焦方式在光线较暗或被摄物反差太小时精度较低。超声波测距不受环境光线的影响，即使全黑环境也会自动准确对焦，但如果拍摄玻璃后面的物体，由于玻璃对超声波产生反射，会调焦不准。红外线测距也可在暗弱的光线环境下工作，但如果被摄物是吸收红外线的暗黑的柔软物，或者被摄物本身发出红外线，都会产生调焦误差。

5. 机身

机身是连接相机各个部件的主体，其内部形成一个暗箱，保证感光材料或光电探测器件只接收来自物镜的光能量，不受其他外界光线的影响。

2.1.2　物镜的光学特性

物镜是照相机的最主要部件之一，是由凸透镜和凹透镜组合而成的复杂光学系统。在设计、加工和装配物镜时，有目的地选择不同品种和不同折射率的光学玻璃，制作成各种具有一定曲率和一定厚度的透镜组，使各单个透镜的曲率中心都调试在同一条直线上，以形成主光轴，从而最大限度地降低各种像差和色差。多数物镜是由 4 片 3 组或 6 片 4 组组成的，专业航摄仪的物镜一般由 7～13 个单透镜所组成。

摄影物镜虽然由多个单透镜组成，但在描述物镜的光学特性时，仍可以将它看作一个组合的凸透镜，如图 2.4 所示。

图 2.4 表示的是组合物镜的主要特征点和线，其中 MM、$M'M'$ 表示组合透镜的两个分别

与物方和像方空间接触的球面;OO'为主光轴;F、F'分别称为前(物方)、后(像方)主焦点;N、N'分别称为前、后节点;α、α'分别是光线的入射角和出射角。对于无像差的理想物镜,节点有一个重要的特性,即所有投射到前节点 N 上的入射光线,其出射光线必定通过后节点 N',并且与相应的入射光线平行,即 $\alpha'=\alpha$。

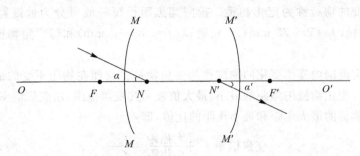

图 2.4　组合物镜的主要特征点和线

　　普通摄影机物镜的光学特性主要包括焦距、相对孔径与光圈系数、像场角、物镜加膜,专业航摄仪还需考虑焦平面上的照度分布、色差、畸变差和分辨率等,下面对这些特性逐个进行介绍。

1. 焦距

　　物镜的后节点到像方焦点的距离称为焦距,通常以 f 表示,单位为毫米。实际物镜的焦距一般标注在外框上,例如,物镜框上标注"$f=50$ mm"表示该物镜焦距为 50 mm。焦距是镜头的重要参数,不仅决定成像的物像关系,而且体现了镜头的摄远能力。

　　由几何光学可知,要得到清晰的影像,物距和像距必须满足

$$\frac{1}{a}+\frac{1}{b}=\frac{1}{f} \tag{2.2}$$

式中,a 表示被摄物体到前节点的距离,即物距;b 表示成像面到后节点的距离,即像距;f 为物镜的焦距。式(2.2)反映了物距、像距和焦距之间的定量关系,在这三个量中,只要有两个量确定,则第三个量也就可以确定。

　　影像长度和相应物体长度的比值称为影像比例尺,一般用 $\frac{1}{m}$ 来表示,其中 m 称为比例尺分母。在摄影术中,影像比例尺常用影像放大倍数 β 来代替。

　　根据透镜节点的特性可知,物、像的长度与它们的投射线在物方和像方是一对相似三角形。假设被摄物体长度为 L,其影像长度 l,则有

$$\beta=\frac{1}{m}=\frac{1}{L}=\frac{b}{a} \tag{2.3}$$

从而可得

$$b=\frac{a}{m} \tag{2.4}$$

将式(2.4)代入式(2.2)中,整理后可得

$$\beta=\frac{1}{m}=\frac{f}{a-f}\approx\frac{f}{a} \tag{2.5}$$

　　从式(2.5)可以看出,影像的放大倍数与物镜的焦距成正比,与物距成反比。当物距相同

时,用长焦距物镜摄影可得到更大的影像,用短焦距物镜摄影时,得到更小的影像。同理,想得到相同大小的影像时,在物距大时可用长焦距物镜摄影,物距较小时用短焦距物镜摄影。理解了焦距与成像大小的关系,就可以根据摄影的实际需要选择不同焦距的物镜。

按照物镜的焦距是否可变,可将物镜分为定焦物镜和变焦物镜两种。

焦距固定不变的物镜称为定焦物镜。按照其焦距长短一般可分为远摄物镜($f=100\sim500$ mm)、标准物镜($f=50\sim75$ mm)、广角物镜($f=28\sim35$ mm)和超广角物镜($f\leqslant22$ mm)四种。

焦距可在一定范围内连续变化的物镜称为变焦物镜。它能在物距不变的情况下,改变像平面成像的大小。变焦物镜用焦距的最小、最大值表示其变焦范围,用变焦倍率表示其变焦能力。变焦倍数是物镜的最大焦距和最小焦距的比值,即

$$变焦倍率 = \frac{最大焦距}{最小焦距} = \frac{f_{\max}}{f_{\min}} \tag{2.6}$$

2. 相对孔径与光圈系数

1) 相对孔径

设有一摄影物镜,其前透镜组如图 2.5 所示,在紧靠前透镜组之后,设置有一个光圈 I,其光孔直径为 D。若一束平行于光轴的光线投向物镜,通过前透镜组后,便受到光圈 I 的阻拦。从图中看出,AB 以外的光线不能构像,相当于物镜前有一个光孔直径为 d 的光圈 II 限制着进入物镜的光束范围,我们称这个不存在的光圈 II 的孔径 d 为有效孔径。

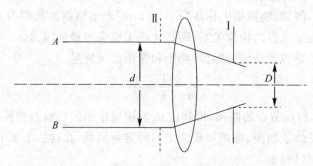

图 2.5 有效孔径

物镜的相对孔径就是有效孔径 d 与物镜的焦距 f 之比,即

$$相对孔径 = \frac{d}{f} \tag{2.7}$$

显然,光圈孔径大小改变时,有效孔径 d 随之变化,所以相对孔径也相应地发生变化。当光圈孔径完全张开时,对应的有效孔径 $d_{\max}$ 称为最大有效孔径,此时的相对孔径称为最大相对孔径。通常,最大相对孔径都标注在物镜框上。假如一个物镜的最大相对孔径为 1:4.5,则在镜头框上会出现 1:4.5 或 F:4.5 的标注。

2) 物镜的光强度

由几何光学可知,摄影时焦平面中心的照度为

$$E_0 = k_a \frac{\pi B}{4} \left(\frac{d}{f} \right)^2 \tag{2.8}$$

式中,E_0 是焦平面中心的照度,k_a 为物镜的透光率,B 为被摄景物的亮度。从式(2.8)可以看

出，E_o 和相对孔径的平方成正比，即在相同景物亮度的情况下相对孔径越大像面上得到的照度越大，相对孔径越小照度越小，且以平方的关系变化。

对于不同的物镜，最大相对孔径决定了其在像平面上产生照度的能力，也可以说是其收集景物光线的能力，这个能力称为物镜的光强度。设有两个物镜，其最大相对孔径分别是 1∶2 和 1∶4.5，则它们在产生的照度之比为

$$\left(\frac{1}{2}\right)^2 : \left(\frac{1}{4.5}\right)^2 \approx 5$$

即前者的光强度约是后者的 5 倍。

物镜的最大相对孔径除了表示物镜的光强度外，还反映了物镜的光学质量。对于一个物镜，焦距是一个常数，最大相对孔径越大，就表示物镜的可用面积越大，其光学质量就越好。

3）光圈系数

相对孔径的倒数称为光圈系数，通常用 k 表示，即

$$k = \frac{f}{d} \tag{2.9}$$

从式（2.8）和式（2.9）可以看出焦平面上的照度与光圈系数 k 的平方成反比，说明光圈系数越大，使用的镜头面积越小，反之越大。

普通照相机通过光圈系数和曝光时间的密切配合，使位于像平面上的胶片或光电探测器获得正确的曝光量。为了使用方便，照相机上的光圈系数不是连续变化的，而是像曝光时间一样分档设置，这种分档设置的光圈系数称为光圈号数。目前国际上通用的光圈号数系统为

$$1, 1.4, 2.8, 4, 5.6, 8, 11, 16, 22, 32 \cdots$$

这是一个以 $\sqrt{2}$ 为公比的等比数列，即相邻档的光圈号数相差 $\sqrt{2}$ 倍。这样设置光圈号数的原因是摄影时胶片或光电探测器所需要的曝光量是一个定值，而曝光量等于照度和曝光时间的乘积，即

$$H = E \cdot t \tag{2.10}$$

式中，H 为曝光量，E 是像平面上的照度，t 是曝光时间。将式（2.8）代入，并考虑式（2.9），有

$$H = k_a \frac{\pi B}{4k^2} \cdot t \tag{2.11}$$

可以看出，在景物条件不变时，如果曝光时间改变 1 倍，则相应的光圈系数必须改变 $\sqrt{2}$ 倍，才能使曝光量保持不变。由于曝光时间档是以 2 为公比的等比序列，因此改变一档，曝光时间则相差 1 倍。如果将光圈号数以 $\sqrt{2}$ 为公比进行排列，相邻档正好相差 $\sqrt{2}$ 倍。当曝光时间改变 n 档时，只要光圈号数改变相应的档数就能保证正确的曝光量，反之亦然，这样十分方便用户的使用。

3. 焦平面上的照度分布

光通过物镜后，在焦平面上的照度分布是不均匀的，焦面照度由中心到边缘逐渐减小，并与光线倾斜角余弦的四次方成正比，即

$$E_\omega = E_o \cdot \cos^4 \omega \tag{2.12}$$

式中，E_o 是焦平面中央的照度，ω 是任意像点投射线与主光轴的夹角，E_ω 是焦平面上与主光轴成 ω 角处的照度。表 2.1 列出了不同 ω 处像面照度与中心照度的比值。

由表 2.1 可见，随着 ω 的增大，像面照度将会急剧下降。这对小像幅相机影响不大，但对

大像幅相机的影响十分明显,因此当用大像幅相机进行摄影时必须对影像照度进行补偿。

表 2.1　像面照度与中心照度的比值

$\omega/(°)$	0	5	10	15	20	25	30
$\cos^4\omega$	1	0.985	0.941	0.870	0.780	0.675	0.562
$\omega/(°)$	35	40	45	50	55	60	65
$\cos^4\omega$	0.450	0.345	0.250	0.171	0.108	0.063	0.032

4. 色差

光学玻璃对不同波长光线的折射率是不同的,波长越长,折射率越小。因此,摄影时发自同一物点的不同波长的光不能汇聚于像面上的同一点而形成色像差,简称色差。色差分为纵向色差和横向色差两种,如图 2.6 所示。

纵向色差也称轴向色差,是指在光轴上因波长不同产生不同焦点的现象,如红色光线的焦点比蓝色光线的焦点更远离镜片。纵向色差使像在任何位置观察,都带有色斑或晕环,使像模糊不清。

横向色差又称倍率色差,是指因光线波长的差异,所引起的映像倍率的改变。它使不同波长光线的像高不同,在理想像平面上物点的像成为一条小光谱。这是一种轴外像差,随视场角的增大而增大。

色差将使反射不同波长光线的地物不能清晰地聚集在同一个焦平面上,尤其在航空摄影中,摄影的波长范围不但包括可见光谱区,而且还要求包括近红外波谱段。因此,航摄仪物镜在消色差方面的要求很高,航摄仪制造厂商一般都向用户指明该物镜的色差校正范围。现代优质航摄仪的色差校正范围为 400~900 nm。

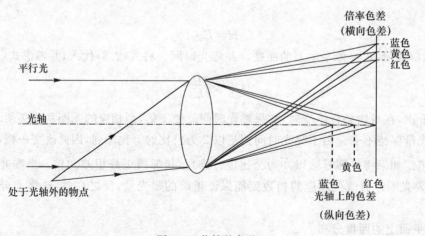

图 2.6　物镜的色差

5. 畸变差

无像差的理想物镜,所有向前节点 N 投射的入射光线,其出射光线必定通过后节点 N',并且与相应的入射光线平行,即 $\alpha=\alpha'$。但实际上,设计物镜时,总存在一些残余像差,而且即使在光学设计上能满足这一要求,在加工、安装和调试物镜时也难免存在一定的残差,这样就使被摄景物与影像之间不能保持精确的相似性,从而造成了影像的几何变形,如图 2.7 所示。

实际像点到主光轴的距离 $a'o$ 与理想像点到主光轴的距离 ao 之差称为影像的畸变差，一般用 Δ 表示。

畸变差使像点偏离了正确位置，破坏了像点、物点和镜头中心共线的几何关系，因此当照相机用于摄影测量时，必须对其进行检测和校正。

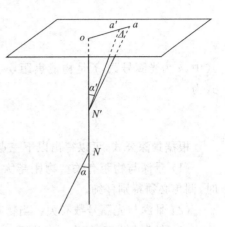

图 2.7　物镜畸变差

6. 分辨率

分辨率是指物镜对被摄物体微小细节的分辨能力，以 1 mm 宽度内所能分辨的黑白线条对数来表示，单位是 pl/mm。分辨率是表示物镜质量的又一个重要指标，在这方面普通相机与专业相机相差甚大。普通相机物镜中心的分辨率一般在 30～40 pl/mm；专业航空摄影机则达 80～100 pl/mm；高分辨率航天摄影物镜可达 120 pl/mm，甚至更高。

7. 景深和超焦点距离

1）景深

根据透镜成像公式，当对有一定纵深的景物进行摄影时，只有调焦处能得到真正清晰的影像，所有远于或近于调焦处的景物都不能真正清晰成像，其影像都有不同程度的模糊。假设物方空间有三个不同远近的物点 A、B、C，摄影时对 A 点进行调焦，则在像平面上 A 点被正确聚集为一个像点，而 B 点和 C 点由于不满足成像公式，在像平面上将形成有一定大小的圆斑，如图 2.8 所示。这种由于不满足成像公式而在像平面上形成的模糊圆斑称为模糊圆，其直径用 ε 表示。

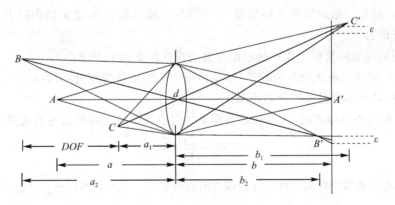

图 2.8　景深公式图解

由于人眼分辨能力的限制，当模糊圆直径小到一定程度（如 $\varepsilon \leqslant 0.1$ mm）时，人眼感觉不到模糊，而认为是"清晰"的像。因此，在摄取有一定纵深的景物时，只要保证物方的前景和后景形成的模糊圆足够小，在视觉上就能得到该纵深范围的清晰影像。在摄影中，将能摄取视觉上清晰影像的物方最大纵深范围称为景深，一般用 DOF 表示。在图 2.8 中，假定 B 和 C 分别是能成像清晰的最远点和最近点，其物距分别是 a_2 和 a_1，则有

$$DOF = a_2 - a_1 \tag{2.13}$$

式中，a_1 称为前景清晰起点，a_2 称为后景清晰终点。

由透镜公式及相似三角形的比例关系,并考虑 a 远大于 f,可得

$$\left.\begin{aligned} a_1 &= \frac{af^2}{f^2 + ak\varepsilon} \\ a_2 &= \frac{af^2}{f^2 - ak\varepsilon} \end{aligned}\right\} \tag{2.14}$$

式中,k 为光圈号数,f 是物镜焦距,ε 为模糊圆直径。将式(2.14)代入式(2.13)可得景深公式为

$$DOF = \frac{2a^2 f^2 k\varepsilon}{f^4 - a^2 k^2 \varepsilon^2} \tag{2.15}$$

根据景深公式,可以得出以下三点结论:

(1)景深与物距有关。物距越大,景深越大;反之,景深越小。因此,对近距离目标摄影时,调焦必须特别仔细。

(2)景深与光圈号数有关。当物距 a 和焦距 f 固定时,光圈号数越大景深也越大。

(3)景深与焦距有关。当物距 a 与光圈号数 k 一定时,采用短焦距物镜摄影时所得的景深要比用长焦距物镜所得的景深大。

2)超焦点距离

当物镜对无穷远目标调焦时,在距离物镜某一距离 H 至无穷远范围内的所有物体都能得到清晰的影像,这个距离 H 称为超焦点距离。显然,超焦点距离就是在调焦无穷远时能得到清晰影像的最近物方距离。

令 $a = \infty$,代入式(2.14)中 a_1 的计算公式,可得

$$H = \frac{f^2}{k\varepsilon} \tag{2.16}$$

由此可知,对某一给定焦距 f 的物镜,当安置好光圈号数 k,并确定模糊圆大小 ε 后,超焦点距离即可算出。

超焦点距离在实际摄影工作中的应用主要表现在以下三个方面:

(1)对出厂时标定在无穷远的相机,如各种用于摄影测量的相机,可以用式(2.16)方便计算超焦点距离,从而确定最近的摄影距离。

(2)当已知超焦点距离时,计算摄影景深更加方便快捷。此时的景深公式简化为

$$DOF = \frac{2Ha^2}{H^2 - a^2} \tag{2.17}$$

(3)当调焦于超焦点距离时可以得到最大的摄影景深。此时,$a = H = \frac{f^2}{k\varepsilon}$,代入式(2.14)得

$$\left.\begin{aligned} a_1 &= \frac{H}{2} \\ a_2 &= \infty \end{aligned}\right\} \tag{2.18}$$

即景深范围从 $\frac{H}{2}$ 到无穷远。

2.1.3　胶片相机和数码相机

胶片相机和数码相机的基本结构大同小异,只是安装在暗箱中的感光材料不同。胶片相机的感光材料是一次性的摄影胶片(胶卷),数码相机则由能反复使用的光电转换器件(如

CCD、CMOS 等)完成对景物的感光。

1. 胶片相机

胶片相机利用曝光瞬间镜头收集到的地物辐射光线使感光材料感光,获得景物的潜影,然后经显影、定影等冲洗处理,得到色调与景物互补的影像(负像);再对负像进行接触印相或放大印相,方可获得与景物色调一致的影像(正像)。

胶片相机所用的感光材料主要由感光乳剂和片基构成,其中感光乳剂的主要成分是卤化银、明胶和增感剂,片基主要由透明胶片和耐水纸来充当。将感光乳剂均匀涂布在片基上即可得到感光材料。

感光材料的种类很多,按感光波长范围可分为盲色片(蓝光及以短)、正色片(绿光及以短)、全色片(可见光及以短)、红外片(近红外及以短)。按用途可分为负片和正片,负片以透明胶片为片基,一般为全色片或红外片,可直接装在相机内来获取负像;正片多以耐水纸为片基,因此常称为相纸,用于晒印和放大像片,也有用透明胶片作为片基的正片,主要用于拷贝备份负片和制作幻灯片。按颜色感光材料可分为黑白片和彩色片,黑白片只有一层乳剂,只能表达景物的亮度;彩色片由添加不同成色剂的三层乳剂构成,各层分别对蓝、绿、红(或绿、红、红外)感光,从而获得能表达景物色彩的真彩色或假彩色像片。

2. 数码相机

数码相机(digital camera,DC)是一种利用光电传感器把光学影像转换成电子数据的照相机。数码相机与胶片相机的感光原理不同,数码相机的传感器是一种光感应式的电荷耦合器件(charge coupled device,CCD)或互补金属氧化物半导体(complementary metal oxide semiconductor,CMOS)。数码相机由镜头、影像传感器、A/D 转换器和微处理器等组成,如图 2.9 所示。

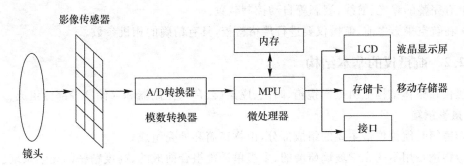

图 2.9 数码相机的基本组成

数码相机按其结构可分为一体式数码相机和单反数码相机。

一体式数码相机是将镜头和机身固定在一起的相机,"傻瓜"机、卡片机都属此类相机。这种相机操作便捷,但其手动功能较弱、镜头性能较差,且都是自动对焦,因而没有固定的主距。除专业定制外,一般的一体机不能用于摄影测量。

单反数码相机又称单镜头反光数码相机,是一种镜头和机身可分离且能更换镜头的相机。该相机的最大特点是镜头和感光元件之间由一块反光镜进行隔离,取景时反光镜将景物反射到取景框,拍摄时反光镜向上弹起,感光元件感光,然后反光镜恢复原位,取景框中可以再次看到影像。单反数码相机可以更换不同性能的镜头,其感光元件的面积较大,且具有完备的手动功能,因而在近景摄影测量或低空摄影测量中被广泛使用。

2.2 航空摄影机

安装在航空飞行器上能自动获取地面影像的摄影机(照相机)统称为航空摄影机。专门为摄影测量设计制造的航空摄影机,由于要满足测量精度的要求,必须具有精密的光学成像系统、电子控制系统和机械装置,实际上是一种光、机、电集成的复杂精密仪器,因此特称这种摄影机为航摄仪。在不同场合,航摄仪也称为专业航空摄影相机或量测型航空相机。航摄仪分为模拟航摄仪和数字航摄仪两类,前者用胶片作为感光介质,后者用 CCD(或 CMOS)芯片完成感光。一些普通数码相机,在进行内方位元素和畸变差严密检校后也可用于低空摄影测量,这些相机称为小型数码相机。

2.2.1 摄影测量对航空摄影机的要求

摄影测量中使用的摄影机,除担负摄影任务外,还起着量测仪器的作用,是整个测量系统的一部分。摄影像片是摄影测量中用于定位和测图的依据,因此对摄影机的质量要求比普通相机高得多,具体有以下几点:

(1)镜头分辨率高、畸变小、透光力强、焦面照度分布均匀。

(2)快门具有较宽的曝光时间变更范围。

(3)有良好的稳定固化和减震性能,以防止在航空摄影过程中内方位元素发生漂移。

(4)有精密的胶片压平装置(仅对模拟相机)。

(5)有精密框标标志(仅对模拟相机)。

(6)有完整的曝光、航线、姿态等自动控制装置。

(7)在航空摄影之前,航摄仪要进行严格检校,具有精确的相机参数。

2.2.2 航摄仪的基本结构

航摄仪在整体结构上由摄影镜箱、暗匣、座架(云台)、控制器和存储器等部分组成。

1. 摄影镜箱

摄影镜箱是航摄仪最主要的组成部分,由物镜筒和外壳组成。

航摄物镜是用不同光学玻璃研磨的、多组单透镜组合而成的、高度精密的光学系统。光圈和快门都设置在光学系统的透镜组之间。为了补偿空中蒙雾亮度的影响或进行光谱带摄影,物镜前可以安装不同类型的滤光片。镜箱的外壳长度一般都超过物镜筒,形成一个安全罩,用于保护物镜和消除旁射光的影响。

为了使航摄仪能适应在低温条件下的正常工作,并保持内方位元素的稳定性,在镜箱内部设有加温装置。

2. 暗匣

暗匣是一个装置在摄影镜箱上部的不透光的匣子。它除了安装航摄胶片外,一般还有两个重要作用:一是在每次曝光后控制航摄胶片按固定长度输送;二是使航摄胶片在曝光瞬间严格展平于焦平面上。

航摄胶片的展平是由压平机构实现的,展平胶片的方法有气压法和机械法两种。气压压平是利用吸气的方法在压片板和胶片之间造成真空,使胶片均匀地紧贴在压片板上,从而实现胶片的完全压平。机械压平是利用压片板将航摄胶片紧紧地压在安置于焦平面的光学玻璃上,以达到展平胶片的目的。机械压平时,为防止出现光晕现象,压片板的表面通常都蒙上一层黑色织物。

数字航摄仪不需要拉片和压平装置,因此暗匣结构比模拟航摄仪简单得多。

3. 座架(云台)

座架(云台)是安置航摄仪主体的一个支承架,是连接航摄仪主体与飞机的一个重要部件。座架有 3 个或 4 个支柱,依靠它将座架固定在飞机发动机震动影响较小的舱底。航摄飞机在摄影过程中,由于受到气流的影响,飞机不可能保持平稳的飞行姿态,会出现不同程度的侧滚(飞机两翼不水平)、俯仰(机头和机尾的高低变化)和旋转(飞机纵轴和航线方向不一致)。因此,若将航摄仪刚性固定在飞机上,必定影响航摄仪的摄影姿态,满足不了摄影测量对摄影姿态的要求。座架(云台)将航摄仪和飞机进行柔性连接,一方面减小航摄仪的震动,另一方面则降低飞机飞行姿态对摄影姿态的影响,保证航摄像片能满足摄影测量的需要。

航摄仪的座架(云台)有多种结构和不同的稳定方式,目前比较典型的有陀螺稳定云台和重力型锤摆式稳定云台。陀螺稳定云台是一种复杂的机、电装置,一般设有内外两个活动环,摄影机安置在内环上;每个环有一个轴,内环轴与外环相连,外环轴与座架套相连,内外环的轴互相垂直,每个环由陀螺稳定其姿态。这种云台由于稳定性好,既可用于模拟航空摄影,也可用于数字航空摄影。重力型锤摆式稳定云台是将航摄仪悬挂在一个支架上,由重力来保持相机的稳定。这种云台结构简单,造价低廉,但只适用于数字航摄仪,原因是在摄影过程中模拟航摄仪的重心在不断变化,而数字航摄仪则保持不变。

4. 控制器

控制器是操纵航摄仪工作的指挥协调机构,它通过有线或无线方式指挥并监督整个航摄仪的工作。控制器将航摄仪和高差仪、无线电测高仪、GPS 接收机、惯性导航单元等辅助仪器设备有机地结合在一起,当把要求的摄影参数输入后,只要打开启动开关,就能指挥航摄仪自动完成航空摄影。高端控制器还能起到自驾仪的作用,能使航摄飞机进行自主飞行。

5. 存储器

模拟航摄仪的存储器只用于保存飞行参数,需要的存储空间非常小,而数字航摄仪的存储器不仅要保存飞行参数,更主要的是存储影像数据,因此所需存储量巨大。数字航摄仪的存储器由高速硬盘、磁盘阵列及接口电路组成,一般分组配置,这样可根据摄影区域的大小随飞机携带一组或多组,从而满足不同数据量的需求。

2.2.3　典型模拟航摄仪

1. RC 型航摄仪

RC 型航摄仪由威特(Weirt)厂出品,其系列产品有 RC-10、RC-20 和 RC-30 等,每种型号又配有几种焦距的物镜,像幅均为 23 cm×23 cm。该系列航摄仪的主要技术参数如表 2.2 所示,其中 AWAR 为面积加权平均分辨率。

表 2.2   RC 系列航摄仪的主要技术参数

项目	技术参数 物镜型号	SAGA-F	UAGA-F	NAGH-F	NATA-F
焦距/mm		88	153	213	303
像场角/(°)		120	90	70	55
光圈号数		4～22			
畸变差/μm		±7			
分辨率/(pl/mm)		AWAR=70～80 最大值=133			
快门速度/s		1/100～1/1 000			
色差校正范围/nm		400～900			
最短循环周期/s		2			

RC-10 和 RC-20 的光学系统基本上是相同的,但后者具有前移补偿(forward motion compensation,FMC)装置。RC 型航摄仪在结构上有一个重要特点,即座架、镜箱和控制器是基本部件,但镜箱体中不包括摄影物镜,暗匣和物镜筒都是可以替换的,此外,压片板不在暗匣上,而是设置在镜箱体上,因此,RC 型航摄仪的暗匣对每一种型号而言都是通用的。

图 2.10   RC-30 航摄仪

RC-30 航空摄影系统由 RC-30 航摄仪、陀螺稳定平台(PAV30)和飞行管理系统(ASCOT)组成,如图 2.10 所示。其镜头几何畸变很小,镜头/胶片组合分辨率高达 100 线对每毫米。具有像移补偿装置和 PEM-F 自动曝光控制,并有 8 个框标、导航等数据接口。

飞行管理系统是基于 GPS 的航测飞行管理系统,提供航空摄影从飞行设计、飞行导航、传感器控制到管理、飞行后数据处理全程的控制与质量保证。该系统硬件坚固可靠,为航空环境所特制;飞行设计简便易行,飞行中提供精确导航、传感器全面管理与监控、飞行员与传感器作业员导航与作业状态显示等功能;飞行后提供飞行报告与飞行质量分析,并可与地面站 GPS 数据进行事后处理。

2. RMK 型航摄仪

RMK 型航摄仪是由奥普通(Opton)公司生产的全自动航摄仪,它有 5 个不同焦距的摄影物镜,像幅均为 23 cm×23 cm,色差校正范围均在 400～900 nm,且都具有自动测光系统(EMI 型曝光表)。RMK 型航摄仪的前移补偿装置称为 RMK-CC24 像移补偿暗匣,最大像移补偿速度为 30 mm/s。表 2.3 列出了 RMK 型航摄仪的主要技术参数。

表 2.3 RMK 型航摄仪的主要技术参数

物镜型号 技术 参数 项目	S-Pleogon	Pleogon A	Toparon A	Topar A	Telikon A
焦距/mm	85	155	210	305	610
像场角/(°)	125	93	77	56	30
光圈号数	4～8	4～11	5.6～11	5.6～11	6.3～12.5
畸变差/μm	7	3	4	3	50
快门速度/s	1/50～1/500	1/100～1/1 000			
分辨率/(pl/mm)	AWAR＝40～50 中心 70～80				
最短循环周期/s	2				

　　RMK-TOP 是在 RMK 的基础上改进成具有陀螺稳定装置的航摄仪。该航摄仪具有高质量的物镜和内置滤镜,前移补偿(FMC)装置及陀螺稳定平台(TOP)可以对影像质量进行补偿,并提供支持 GPS 的航空摄影导航系统。RMK-TOP15 和 RMK-TOP30 的技术参数如表 2.4 所示。

表 2.4 RMK-TOP15 和 RMK-TOP30 航摄仪的技术参数

相机型号 技术 参数 项目	RMK-TOP15	RMK-TOP30
物镜型号	Pleogon A 广角物镜	Topar A
焦距/mm	153	305
像场角/(°)	93	56
光圈号数	4～22	5.6～22
畸变差/μm	≤3	
快门速度/s	1/50～1/500	
最短循环周期/ms	40	

3. MRB 和 LMK 型航摄仪

　　MRB 和 LMK 型航摄仪都是蔡司(Zeiss)公司的产品,其代表作有 MRB、LMK、LMK1000 和 LMK2000。

　　MRB 航摄仪的主要特点是每次曝光时在像幅的四边记录有许多等间隔的短线段,将负片透光观察时,则在每一黑色短线段中都能看到一个透明的十字线,由于这些十字线的位置是固定的,相距均为 1 cm,因此,利用这些十字线可以量测航摄负片的变形。此外,在每张负片上还记录有一个光楔影像,借此可根据感光测定原理评定航空摄影中的曝光和冲洗质量。

　　LMK 航摄仪将镜箱和座架合二为一,在结构上和其他航摄仪有较大区别。其前移补偿装置是测图航摄仪中首先试制成功和推广使用的。此外,自动测光系统采用微分测光原理,能提供景物反差值。LMK1000 在 LMK 的基础上增加了一个焦距为 210 mm 的物镜筒,且最大像移补偿速度由 32 mm/s 提高到 64 mm/s。LMK2000 主要将座架改进成了陀螺稳定云台，进一步提高了航摄影像的质量。表 2.5 列出了 MRB 和 LMK2000 航摄仪的主要技术参数。

表 2.5　MRB 和 LMK2000 航摄仪的主要参数

航摄仪型号 技术　参数 项目	MRB			LMK2000			
焦距/mm	90	152	305	89	152	210	305
像场角/(°)	122	92	55	119	90	72	53
光圈号数	5.6～11	4.5～8	5.6～11	5.6～11	4～16	5.6～16	5.6～16
畸变差/μm	±5	±3	±2	±5	±2	±2	±2
分辨率/(pl/mm)	AWAR=76						
色差校正范围/nm	400～900						
快门速度/s	1/50～1/500			1/100～1/1 000		1/60～1/1 000	
最短循环周期/s	1.7			<1.7			

2.2.4　数字航摄仪

数字航摄仪采用电荷耦合器件(CCD)作为感光器件，由于不用胶片，能直接获取数字影像，因此不仅使摄影成本降到几乎为零，而且大大提高了摄影测量的处理效率。目前，在摄影测量领域，数字航摄仪已完全取代了模拟相机，已成为航空影像获取技术研究的重点和热点。

数字航摄仪分为线阵和面阵相机两大类。线阵相机用线阵 CCD 作为光电转换器件，采用帚推式扫描完成对地面的成像；面阵相机用面阵 CCD 作为感光器件，一次曝光就能获取一个区域的地面影像。由于目前单个面阵 CCD 的幅面还较小，最大像元数一般在 7 000×4 000 左右，难以满足高精度摄影测量的需求，因此大面阵数字航摄仪都是由多块面阵 CCD 拼接而成，目前最为流行的是由四块 CCD 拼接而成的，即所谓的四拼相机。由 9 块甚至 12 块 CCD 拼接的超大面阵数字航摄仪正在研制之中。

另外，为满足三维场景建模的需要，多视倾斜摄影相机越来越得到重视。这种相机由多个不同倾斜方向的摄影头组成，可获取同一场景每个侧面的多视角影像，便于对场景的真三维建模。下面介绍几种目前在航空摄影测量中常见的数字航摄仪，包括其成像方式、性能参数、主要特点等。

图 2.11　ADS40 航空数字相机

1. ADS40 和 ADS80

ADS(airborne digital sensor) 系列航空数码相机是 LH 公司(由徕卡公司和 Helava 公司共同组建)的产品，ADS40 是其于 2000 年推出的第一台大型推扫式航空摄影系统，主要搭载 CCD 三线阵机载数字传感器，能够同时获取立体影像和彩色多光谱影像，如图 2.11 所示。它采用线阵列推扫成像原理，能同时获取 3 个全色与 4 个多光谱波段数字影像。该相机全色波段的前视、下视和后视影像可构成 3 个立体像对，实际上是利用 3 个航空摄影条带进行摄影测量。彩色成像部分由 R、G、B 和近红外 4 个波段,经融合处理可获得真彩色影像和彩红外影像。ADS40 集成了 POS 系统(GPS 和 IMU),该系统主要由四部分组成,即相机主体、成像处理器、位置与姿态处理器和后处理软件包,具体性能参数参见表 2.6。

表 2.6　ADS40 数字成像系统主要参数

项目	技术参数	项目	技术参数
焦距 f	62.5 mm	全色扫描	2×12 000 像素
像素大小	6.5 μm×6.5 μm	RGB 彩色和近红外扫描	12 000 像素
视场角(FOV)	46°	立体底点视角	16°
立体前视角	26°	立体后视角	42°
红色波段	0.608～0.662 μm	绿色波段	0.533～0.587 μm
蓝色波段	0.428～0.492 μm	近红外	0.703～0.757 μm
近红外 2	0.833～0.887 μm	地面采样间隔(3 000 m 高度)	16 cm
动态范围	12 bit	地面幅宽(3 000 m 高度)	3.75 km
辐射分辨率	8 bit	实时存储能力	200～500 GB

2008 年,徕卡公司又推出了第二代机载数字航空摄影测量系统 ADS80,配备全新的 CU80 控制系统,可提供更优的航空影像数据获取和数据处理解决方案。ADS80 使用新型镜头 SH81 或 SH82,在同一角度,可同时获取 5 个波段(R、G、B、NIR、PAN)专业的数字影像来满足当前航测制图与遥感应用需求。ADS80 能够高效率地获取真正的同一分辨率、高品质、高分辨率彩色、近红外及全色数字影像数据。表 2.7 列出了 ADS80 的主要参数。

表 2.7　ADS80 主要技术参数

项目	技术参数
光谱范围	420～900 μm
CCD 阵列	12 条 CCD,每条 12 000 像素
CCD 大小	6.5 μm
硬盘容量	768 GB/384 GB 可选
光学镜头	SH81 或 SH82
IPAS(惯性定位及定向系统)型号	NUS4、NUS5、CUS6

ADS80 采用线阵推扫成像原理,系统集成了 GPS 和惯性测量装置(IMU),可以为每条扫描线产生较准确的外方位初值,因此在后期做空三处理时不再像传统摄影测量的空三需要很多的平面控制点和高程控制点,只需要在四角和中心加测地面控制点,或在无地面控制的情况下利用 POS 技术完成地面目标的三维定位,为摄影测量实现自动化开辟了新途径。

2. DMC 数字航摄仪

DMC(digital mapping camera)是 Z/I 公司推出的面阵航空数码相机,如图 2.12 所示。DMC 基于面阵 CCD 的设计,由 4 台全色 CCD 传感器和 4 台多光谱传感器组成,摄影时相机同时曝光。4 台全色相机倾斜安装,互成一定角度,影像间有 1‰的重叠度,提供给用户的是经过辐射与几何纠正的、拼接成的有效影像。DMC 是一个专门用于光学摄影的高分辨率和高精度数字摄影系统,它的设计思想是取代传统胶片摄影相机的关键。DMC 基于面阵 CCD 设计,保证了类似胶片一样严格的几何精度,即使在 GPS 信号完全失去、运行器不稳定和光照条件较差的情况下仍然具有获得高质量影像的性能。它还具有电子 FMC 和每像素 12 bit 的灰度量级,获得的数字影像比扫描胶片获得的影像具有更好的品质。表 2.8 列出了 DMC 相机的主要参数。

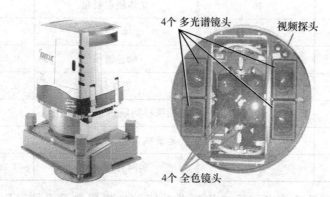

图 2.12　DMC 相机外形及构成

表 2.8　DMC 相机主要技术参数

技术参数 项目	全色影像	多光谱影像
视场角(FOV)/(°)	74×44	72×50
像素数	13 500×8 000	3 000×2 000
镜头数	4 镜头	R、G、B、NIR4 通道
焦距/mm	120	25
像素大小/μm	12×12	12×12
影像尺寸/mm	168×95	
存储性能	840 GB 3 000 帧影像	280 GB 5 000 帧影像
辐射分辨率/bit	12	12

3. UCD/UCX 数字航摄仪

UltraCAM 是 Vexcel 集团公司发明、威特厂生产制造的面阵航空相机,包括 UltraCAM-D(UCD)和 UltraCAM-X(UCX)两种型号,其中 UCX 是 UCD 的升级型号。UltraCAM 采用面阵 CCD 传感器件,其主要技术指标见表 2.9。

表 2.9　UCX 和 UCD 数码航摄仪主要技术参数

项目 \ 技术参数 \ 型号	UCX	UCD
全色像元尺寸/μm	7.2	9
全色影像像素总数	14 430×9 420	11 500×7 500
面阵尺寸/mm	104×68.4	103.5×67.5
全色物镜焦距/mm	100	100
最小光圈号数	5.6	5.6
旁向视场角(航向)/(°)	55(37)	55(37)
彩色(多光谱性能)	四通道 R、G、B 和 NIR	四通道 R、G、B 和 NIR
彩色像元尺寸/μm	7.2	9
彩色影像像素总数	4 992×3 328	4 008×2 672
彩色物镜焦距/mm	33	28
彩色物镜最小光圈号数	4	4
彩色影像视场角(航向)/(°)	55(37)	65
可选快门速度/s	1/500~1/32	1/500~1/60
像移补偿(FMC)	TDI 控制	TDI 控制
最大像移补偿性能/(像素每秒)	50	50
辐射精度	14 比特灰度等级	>12 比特灰度等级

　　UltraCAM 数字航空摄影仪由 8 个镜头构成,其中有 4 个全色镜头和 4 个多光谱镜头。UltraCAM 系统的 4 个全色镜头沿飞行方向等间距顺序排列,另外 4 个多光谱镜头对称排列在全色镜头的两侧,如图 2.13 所示。

　　在航摄过程中,UltraCAM 数字航空摄影仪运用多镜头同地点延时曝光技术。具体过程为:当第一个全色镜头到达目标上空,正中心的 1 个 CCD 被曝光;随飞机的飞行,第二个全色镜头(主镜头)到达相同位置时,四角的 4 个 CCD 以及红色和蓝色镜头对应的 2 个 CCD

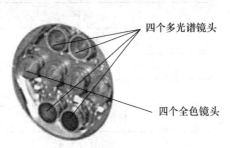

四个多光谱镜头

四个全色镜头

图 2.13　UCX 相机镜头

曝光;第三个全色镜头到达同一位置时,上下 2 个 CCD 以及绿色和近红外镜头对应的 CCD 曝光;第四个全色镜头到达时左右 2 个 CCD 曝光。至此,整个像幅内所有 CCD 的曝光操作全部完成。由于每个像机(全色)镜头之间的距离很短,所以相邻镜头之间的曝光时间也很短(大约 1 ms),因此所有镜头几乎都是在同一位置、同一姿态下曝光,这样就能将 9 个 CCD 面阵拼接,得到一个完整的中心投影大幅面全色影像。全色影像通过与同步获取的 RGB 和彩红外影像进行融合、配准等处理,生成高分辨率的真彩和彩红外影像产品。

4. SWDC 数字航摄仪

SWDC(Siwei digital camera)航空相机是北京四维远见信息技术有限公司与河南理工大学共同研制的系列化数字相机,能适应大中小不同载荷飞机的搭载飞行,其代表产品是SWDC-4,如图 2.14 所示。SWDC-4 由 4 个交向摄影的小面阵普通数码相机构成,每个单机像素数为 3 900 万,像元大小为 6.8 μm,摄影后采用外视场拼接技术,将 4 个小面阵影像拼接为具有单一投影中心的 14 500×11 000 像素的大面阵影像。

图 2.14　SWDC-4 相机

SWDC-4 的显著特点有:可根据摄影区域的海拔和气候条件随意更换 35 mm、50 mm 或80 mm 镜头的任一种;基高比大,高程精度高,高程精度可达 0.5～1 倍地面采样间隔(GSD);内置双频 GPS 接收机,可实现高精度定点曝光,并记录投影中心精确坐标;获取影像为可进行立体测量的真彩色数字影像。SWDC-4 的相关技术参数见表 2.10。

表 2.10　SWDC-4 的技术参数

项目	技术参数
焦距 f	35 mm/50 mm/80 mm
畸变差	<2 μm
像素大小	6.8 μm
拼接后影像像元数	14 500×11 000
辐射分辨率	12 bit RGB 真彩色
旁向视场角	112°/91°/59°
航向视场角	95°/74°/49°
60%重叠度时的基高比	0.87/0.59/0.31
数据存储量	40～100 GB CF 卡
一次飞行可拍摄影像数量	850～1 700
最短曝光时间	3 s

续表

项目	技术参数
快门方式(曝光时间)	中心镜间快门(1/320,1/500,1/800)
光圈	最大 3.5
感光度(ISO)	50/100/200/400
影像文件大小	300 MB

5. 倾斜航空摄影机

垂直航空摄影技术主要通过在飞机上搭载一个单镜头数码相机进行垂直拍摄,利用该技术获取的影像为垂直影像,它可以提供地物的顶部信息,常用于判断各目标的位置关系。垂直影像是更新地形图以及地理信息数据库的重要数据源。但是在现有的技术条件下,由于单个相机的影像幅面小,只能获取地物的顶部信息,地物的侧面存在较大的遮挡;且航线多,增加了航摄工作量,因而单一的垂直影像已经无法满足用户的生产需求,人们希望能够从多个角度去观测建筑物,获得地物的侧面纹理信息,实现多视角立体观察。在这样的趋势下,人们通过将多个相机按照垂直和倾斜的方式进行组合并安置在同一飞行平台上,从而获取垂直影像和多个角度的倾斜影像。与垂直航空摄影相比,集成多传感器的倾斜航摄相机一次航摄获取的影像数成数倍增加。

相比于垂直航空摄影,利用倾斜航空摄影获取影像时,垂直相机正对地面垂直拍摄,而另外的 4 台相机按照一定的角度放置进行拍摄,如图 2.15 所示,从而可以得到目标物前、后、左、右及下视五个方向的影像,因此这种相机也称为多视多角度摄影相机。倾斜航空摄影的垂直影像提供建筑物的顶部信息,主要用于数字正射影像图、数字线划图的制作、大比例尺测图等,而倾斜影像为建筑物提供更为丰富的侧面纹理信息,主要用于纹理提取、建筑物高度量测和快速真实三维建模。

图 2.15　倾斜摄影机的镜头布局

目前世界各国已发展了多种较为成熟的倾斜航空摄影机,其主要特点如表 2.11 所示。

表 2.11　倾斜航摄相机

相机名称	国家	公司名称	相机参数	结构特点
Pictometry	美国	Pictometry	5 镜头 分辨率:1 100 万像素 像幅:4 008×2 672 相机倾角:40°～60°	采用 1 个垂直相机和 4 个倾斜非量测相机构成马耳他十字形结构
MIDAS	荷兰	Track′air	5 镜头 分辨率:2 100 万像素 像幅:4 992×3 328 相机倾角:45°	采用 1 个垂直相机和 4 个倾斜非量测相机构成马耳他十字形结构

相机名称	国家	公司名称	相机参数	结构特点
AOS	德国	天宝(Trimble)	3 镜头 分辨率:3 900 万像素 像幅:7 228×5 428 相机倾角:倾角 30°～40°	采用 1 个垂直相机和 2 个倾斜量测相机构成 3 相机系统,自动旋转相机来拍摄四个方向的倾斜影像
RCD30	瑞士	徕卡(Leica)	5 镜头 分辨率:6 000 万像素 像幅:8 956×6 708 相机倾角:45°	采用 1 个垂直相机和 4 个倾斜量测相机构成马耳他十字形结构
SWDC-5	中国	四维远见	5 镜头 分辨率:4 000 万像素 像幅:7 216×5 412 相机倾角:40°～45°	采用 1 个垂直相机和 4 个倾斜相机构成马耳他十字形结构
AMC580	中国	上海航遥	5 镜头 分辨率:8 000 万像素 像幅:10 328×7 760 相机倾角:42°	采用 1 个垂直相机和 4 个倾斜量测相机构成马耳他十字形结构
TOPDC-5	中国	中测新图	5 镜头 分辨率:4 000 万/6 000 万 像幅:7 360×5 562 相机倾角:45°	采用 1 个垂直相机和 4 个倾斜量测相机构成马耳他十字形结构

2.2.5　小型数码相机

小型数码相机主要搭载在无人机或小型飞机上,从而组成低空或超低空摄影系统。这种系统具有受天气影响小、飞行灵活、成本低廉,因此在灾害监测、应急测绘和小区域摄影测量中被广泛应用。

可用于摄影测量的小型数码相机主要是各种档次的单反相机,如高端的哈苏、宾得等单反相机系列,中低端的有佳能、尼康、索尼等单反相机系列。由于这类相机的种类和型号较多,这里不再一一赘述,只对有代表性几种相机作简要介绍。

1. 哈苏 H5D-60

哈苏 H5D-60 是一款高端的中画幅(40.2 mm×53.7 mm)小型单反数码相机,拥有 6 000 万有效像素,采用电子影像处理引擎,快门速度 1/256～1/800 s,重量为 2 290 g。

2. 佳能 5D Mark Ⅲ

佳能 5D Mark Ⅲ 套机是一款中端的全画幅(36 mm×24 mm)小型单反数码相机,拥有 2 230 万有效像素,标配镜头为佳能 EF 24—70mm f/4L IS USM,取景器类型采用眼平五棱镜,快门是电子控制焦平面快门,快门速度为 1/60～1/8 000 s,重量为 950 g。

3. 尼康 D4s

尼康 D4s 是一款中端的全画幅小型单反数码相机,拥有 1 623 万有效像素,快门速度为 1/30～1/8 000 s,取景器采用眼平五棱镜,重约 1 350 g。

2.3　航空摄影

航空摄影是利用安装在各种航空飞行器(飞机、无人机、飞艇、热气球等)上的摄影相机,按一定的技术要求从空中获取地面影像的技术过程,一般简称为航摄。其目的是为了获取指定范围内、规定比例尺和规定重叠度的航空影像,以满足摄影测量、资源调查及地理国情监测对基础影像数据的需求。航空摄影系统主要包括航空摄影相机(航摄仪)、航空平台和辅助设备等。本节主要介绍航空摄影的技术参数、技术流程、技术设计、飞行质量和影像质量检查验收等内容。

2.3.1　航空摄影技术参数和基本术语

1. 摄影比例尺和地面采样间隔

像片比例尺是像片上两点距离和对应地面距离的比值,一般用 $1/m$ 表示,其中 m 称为比例尺分母。由于地面起伏和摄影姿态的变化,像片比例尺是处处不一致的。但在航空摄影中,为了方便计算摄影技术参数,一般将一个航摄区域的像片比例尺平均值称为摄影比例尺,并仍用 $1/m$ 表示。这样摄影比例尺和相机焦距、摄影航高的关系可简单表示为

$$\frac{1}{m} = \frac{f}{H} \tag{2.19}$$

式中, f 是航摄仪焦距, H 为摄影航高。在航空摄影之前,要首先根据成图比例尺确定摄影比例尺,然后根据式(2.19)计算摄影航高。

地面采样间隔(ground sampling distance,GSD)是数字航摄仪所摄像片的一个重要概念,它是指数字影像像上一个像素所对应的地面尺寸。在数字航空摄影前,一般根据成图比例尺先确定 GSD,然后再计算航高。设数字航摄仪的像素大小为 d ,要求的地面采样间隔为 D ,航摄仪的焦距为 f ,则摄影航高为

$$H = \frac{D}{d} f \tag{2.20}$$

2. 像片重叠度

相邻像片重叠部分的长度和像片边长的百分比称为像片重叠度,一般用 q 表示。在图 2.16 中,相邻像片重叠部分的长度为 p ,像片的边长为 l ,则其重叠度为

$$q = \frac{p}{l} \times 100\% \tag{2.21}$$

像片重叠度分为航向重叠度和旁向重叠度。相邻像片在航线方向的重叠度称为航向重叠度,用 q_x 表示;相邻航线间的重叠度称为旁向重叠度,用 q_y 表示。

3. 像片倾斜角

航空摄影瞬间摄影机主光轴与铅垂线的夹角称为像片倾斜角,一般用 α 表示。在图 2.17 中, oO 表示摄影瞬间的摄影机主光轴, S 是摄影机的镜头中心(摄站),则 oO 与过 S 的铅垂线 nN 的夹角 α 即为该张像片的倾斜角。显然像片倾斜角实际上是像平面和地平面的夹角。

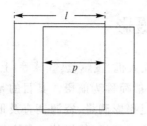
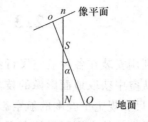

图 2.16　像片重叠度　　　　　　　　　图 2.17　像片倾斜角

4. 摄影基线和航线间隔

沿航线方向相邻两个摄站之间的连线称为摄影基线,一般用 B 表示。摄影基线与航向重叠度、摄影比例尺及像片的航向边长的关系为

$$B=(1-q_x)ml_x \qquad (2.22)$$

式中,B 为摄影基线,q_x 航向重叠度,l_x 是航摄像片的航向边长,m 为航摄比例尺分母。

摄影基线与摄影航高的比值称为基高比,即

$$基高比=\frac{B}{H}=\frac{(1-q_x)l_x}{f} \qquad (2.23)$$

基高比直接决定了摄影测量的高程测量精度。基高比越大,高程测量精度越高,反之则越低。从式(2.22)可以看出,在影像重叠度一定的情况下,提高基高比有两个途径,一是增大航向像幅,二是使用短焦距镜头。

相邻航线之间的距离称为航线间隔,其与旁向重叠度、摄影比例尺及像片旁向边长的关系为

$$航线间隔=(1-q_y)ml_y \qquad (2.24)$$

式中,q_y 为旁向重叠度,l_y 是航摄像片的旁向边长,m 为航摄比例尺分母。

5. 像片旋偏角

航空摄影中,相邻像片的像主点连线与像幅沿航线方向的两框标连线之间的夹角,称为像片旋偏角,一般用 κ 表示。从图 2.18 可以看出,旋偏角直接影响像片的重叠度,旋偏角过大将使像片重叠度不能满足摄影测量的要求。

6. 航线弯曲度和航高差

一条航线内各摄站偏离航线首末摄站连线的最大距离与航线长度之比的百分值称为航线弯曲度,如图 2.19 所示。航线弯曲度是航线直线性的一个度量指标,过大会影响航向和旁向重叠度,产生航摄漏洞,也不利于航线模型的建立。

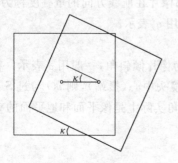
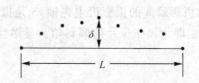

图 2.18　像片旋偏角　　　　　　　　　图 2.19　航线弯曲度

航高差是航线内摄影航高的最大、最小值之差,是评价航线平直性的指标。航高差会引起像片比例尺的差别,从而影响立体观察。

7. 航迹

航空飞行器投影在地面上的飞行轨迹称为航迹,航迹与南北图廓线的夹角称为航迹角。

8. 构架航线

摄影测区内为减少野外控制点的布设,在航线两端垂直于原航线加飞的大重叠度航线称为构架航线。构架航线的重叠度要达到 80% 甚至 90%,像片比例尺也更大,主要是为了提高空三精度,从而在航线两端提供较为密集的控制点。

9. 航摄漏洞

航空摄影时,像片重叠度小于规范要求或缺失影像的区域称为航摄漏洞,其中重叠度小于规定要求的称为相对漏洞,缺失影像的称为绝对漏洞。

10. 像移补偿

航空摄影时,由于飞机的飞行速度很快,即使曝光时间很短,在航摄仪成像面的地物构像也会在航线方向上产生位移,使影像模糊,这个现象称为影像位移(像移)。如图 2.20 所示,设在曝光时间内镜头中心从 S_1 移动到 S_2,使地面点 A 的像从 a 移动到了 a',则 aa' 即是像移的大小。若用 δ 表示像移,则有

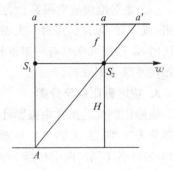

图 2.20　镜头移动产生的像移

$$\delta = \frac{f}{H}wt \tag{2.25}$$

式中,w 为飞机的地速,t 为曝光时间。

消除或减小像移影响的方法主要有:缩短曝光时间,使像移小于 0.1 mm;加装一个移动装置,使像平面在曝光时按速度 $v = \frac{f}{H}w$ 向前移动,由于这种方法是通过像平面向前运动来消除像移,因此这种像移补偿装置称为前向移动补偿装置(即前移补偿);数字航摄仪一般采用延时积分技术(time delay and integration,TDI)实现前移补偿。

2.3.2　航空摄影的分类

1. 按像片倾斜角分类

像片倾斜角是曝光瞬间航空摄影机主光轴与通过透镜中心的地面铅垂线(主垂线)之间的夹角,根据像片倾斜角的大小不同,可将航空摄影分为竖直航空摄影和倾斜航空摄影。

(1)竖直航空摄影。像片倾斜角等于 0° 时,像片平面与地面平行,摄影机主光轴垂直于地面(与铅垂线重合),称为竖直航空摄影。但由于航空摄影平台在飞行中受各种因素影响,像片倾斜角不可能绝对等于 0°,一般凡倾角小于 3° 的均称之为竖直航空摄影。

(2)倾斜航空摄影。像片倾斜角大于 3° 的航空摄影,称为倾斜航空摄影,所获得的像片称为倾斜像片。这种像片可单独使用,也可以与水平像片配合使用。由于倾斜航摄像片具有较强的透视感,对地物和目标的判读特别有利,因此特别适合对农业、林业和城市建筑物等作样本分析。

2. 按航空摄影方式分类

根据用户的实际需要,可将航空摄影分为航线航空摄影、面积航空摄影和独立地块航空摄

影三类。

（1）航线航空摄影。沿一条航线，对地面狭长地区或沿线状地物（铁路、公路等）进行的连续摄影，称为航线航空摄影。航线的长度较长，但不再是一条直线（划分为许多航线段，在每个航线段中仍按直线飞行），而是沿着指定的线路或者河流走向敷设。为了使相邻像片的地物能互相衔接以及满足立体观察的需要，相邻像片间需要有一定的重叠，称为航向重叠。航向重叠一般应达到 60%，至少不小于 53%。

（2）面积航空摄影。在设计的航行高度上，有计划的沿数条航线对较大区域进行连续摄影，称为面积航空摄影（或区域摄影）。面积摄影要求各航线互相平行，在同一条航线上相邻像片间要满足航向重叠。相邻航线间的像片也要有一定的重叠，称为旁向重叠。实施面积摄影时，通常要求航线与纬线平行，即按东西方向飞行，但有时也按照设计航线飞行。由于在飞行中难免出现一定的偏差，故需要限制航线长度，一般为 60～120 km，以保证不偏航，避免产生漏摄。面积航空摄影主要用于测绘地形图或进行大面积资源调查。

（3）独立地块航空摄影。为拍摄单独固定目标而进行的摄影称为单片摄影，一般只摄取一张（或一对）像片。而对于大型工程建设或矿山勘探部门，一张或一对像片不足以容纳整个摄区时，需拍摄几张具有一定重叠度的像片，称之为独立地块航空摄影，主要为工程或矿山建设提供基础数据资料。

3. 按摄影比例尺分类

摄影比例尺是指空中摄影计划设计时的像片比例尺。按照摄影比例尺的大小，可将航空摄影分为三类：大比例尺航空摄影 $1/m \geqslant 1/10\ 000$；中比例尺航空摄影 $1/10\ 000 > 1/m > 1/25\ 000$；小比例尺航空摄影 $1/m \leqslant 1/50\ 000$。

除上述分类，按照航摄仪的焦距、航高、像幅大小等也有相应的分类，这里不再赘述。

2.3.3　航空摄影的技术流程

航空摄影主要涉及用户单位、航摄单位和当地航空主管部门，一般由用户单位提出航摄任务和具体要求，承担航摄的单位向当地航空主管部门申请升空权后负责组织具体实施。具体技术流程如下。

1. 提出航摄技术要求

对于航空摄影中所涉及的各项技术，大部分在航摄规范中有明确的规定，但用户单位在确定航摄任务时应根据本单位的具体情况进行仔细分析，对部分技术内容提出自己的要求。

2. 签订技术合同

根据测图需要，拟定航摄任务，由航摄委托单位和航摄执行单位共同商定有关具体事项，制订航摄计划，签订航摄合同。航摄合同的主要技术内容应包括：航摄地区和摄影面积（摄区范围应以经纬度和图幅号用略图标明）；测图方法、测图比例尺和摄影比例尺；航线敷设方法、像片航向和旁向重叠度；航摄仪类型、技术参数和航摄附属设备；需提供的航摄成果的名称和数量；执行航摄任务的季节和期限；其他特殊技术要求等。

双方应认真的对航摄任务中提出的技术指标进行讨论、协商。因为用户单位的技术要求有些遵从航摄规范要求，而有些也许会高于规范要求，但在航摄任务完成后进行验收时是依据合同进行的。所以，航摄单位应在与用户单位平等、真实、自愿的基础上，经充分讨论确定最终技术指标后双方签订航摄任务技术合同。

3. 申请升空权

签订合用后,航摄单位应向当地航空主管部门申请升空权。申请报告书中应说明航摄高度、航摄日期等具体数据,还应附上标注经纬度的航摄区域略图。

4. 航摄准备工作

航摄单位在与用户单位签订合同后,就开始着手航摄物资(如相机调配、相机检校、GPS和 IMU 的安装与调试等)以及航摄技术计划等准备工作。

5. 航空摄影实施

航摄准备工作结束后,按照实施航空摄影的规定日期,调机进入摄区机场,并等待良好的天气进行航空摄影。

6. 送审

申请升空权和送审航摄影像是世界各国在航空摄影时都必须遵守的制度,因此,航摄单位在完成航摄工作后,应将航摄影像送至当地航空主管部门进行安全保密检查。

7. 资料验收

航摄影像送审完毕,确定合格后,由用户单位以合同为依据对航摄资料进行验收。验收的主要内容为检查摄影资料飞行质量和影像质量,同时检查航摄资料的完整性。

2.3.4　航空摄影技术设计

航空摄影技术设计是航摄的最重要准备工作之一,主要内容是根据用户要求计算必要的飞行参数,设计飞行航线和各个摄站位置,最后编制航空摄影技术设计书。

1. 获取航空摄影范围

航空摄影范围由用户提供。根据航摄任务要求,用户在航摄计划用图上用框线标出摄区范围,并标明框线各拐点的坐标。拐点坐标一般应以经纬度(地理坐标)的方式给出,但在摄区范围较小时(如只有几平方千米或更小)可用高斯坐标或局部坐标给出。

2. 划分航摄分区

划分航摄分区是为了限制航摄分区内的地形高差和避免过长航线,因此航摄分区的划分一般要按照测区的地形起伏情况和图幅分幅方法来进行,具体应遵循以下原则:

(1) 分区界线一般应与图廓线相一致。

(2) 在测制中、小比例尺地形图时,分区内的地形高差不应大于四分之一摄影航高;在测制大比例尺地形图时,分区内的地形高差不应大于六分之一摄影航高。

(3) 在地形高差符合上述条件时,且能够确保航线的直线性的情况下,分区的跨度应尽量划大。分区的最小范围在 1∶5 000 测图不得小于两个图幅,1∶1 万、1∶2.5 万、1∶5 万测图不得小于一个图幅。

(4) 当地面高差突变,地形特征差别显著或有特殊要求时,可以破图廓划分航摄分区。

3. 确定摄影比例尺或地面采样间隔

航摄资料主要用于地形图测绘和信息提取,因此摄影比例尺的选择必然与地形图成图比例尺和地形图所需表示的最小地物的判读有关,另外还需要考虑经济性和摄影资料的可用性。确定摄影比例尺的一般原则是,在满足成图精度和像片判读精度的前提下尽量选择较小的摄影比例尺。如何根据成图比例尺确定摄影比例尺,在相应规范中都有明确的规定,读者可参考执行。

在数字航空摄影中,可直接根据成图比例尺确定航空摄影的地面采样间隔(GSD),而不是确定摄影比例尺。这是因为各种比例尺地形图都有明确的精度要求,而 GSD 和成图精度又有明确的数学关系,因此直接选择 GSD 更能保障测图精度。在数字航空摄影规范中,对 GSD 和成图比例尺的关系有明确的规定,读者可参考执行。

4. 计算航高

航高是指航摄飞机在摄影瞬间相对于某一基准面的高度,从该基准面起算向上为正号。在航空摄影中,根据基准面的不同,航高可分为绝对航高、相对航高、真实航高和摄影航高,如图 2.21 所示。

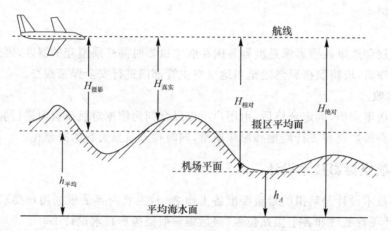

图 2.21　飞机航高

飞机相对于平均海水平面的航高称为绝对航高,是摄影物镜在摄影瞬间的真实海拔高度。航空摄影时,飞机一般根据绝对航高飞行。飞机相对于某一基准面(如机场等)的高度称为相对航高。在摄影瞬间飞机相对于实际地面的高度称为真实航高。飞机相对于摄影分区平均平面的高度称为摄影航高,它是航摄技术计算的一个基本参数。

先利用式(2.19)或式(2.20)计算摄影航高 $H_{摄影}$,则绝对航高为

$$H_{绝对} = H_{摄影} + h_{平均} \qquad (2.26)$$

相对航高和真实航高一般不需要计算。

5. 航线设计

当确定了航飞高度后,应根据相机参数和用户要求的像片重叠度进行航线设计,从而确定航线数、每条航线的位置、每条航线的像片数及每个摄站的坐标,并生成航线设计文件,最后根据相机的储存能力确定飞行架次。

(1)航线敷设的原则。

航线一般按东西向平行于图廓线直线飞行,特定条件下也可作南北向飞行或沿线路、河流、海岸、境界等方向飞行;常规摄影航线应与图廓线平行敷设,曝光点应尽量采用数字高程模型依地形起伏逐点设计;进行水域、海区摄影时,应尽可能避免像主点落水,要确保所有岛屿达到完整覆盖,并能构成立体像对。

(2)调整像片重叠度。

如图 2.22 所示,地形起伏对像片重叠度有直接影响,且在等间隔曝光的情况下,地面越高重叠度越小,地面越低重叠度越大,因此若以用户要求的重叠度为摄区平均面的重叠度来设计

航线则必有部分像片的重叠度小于用户要求。为保障满足用户对重叠度的需求,同时减小航线设计的难度,以用户要求的重叠度作为摄影区最高点的重叠度来进行航线设计,这就需要对平均面上的重叠度进行调整。

在图 2.22 中,摄区最高处航线方向影像的地面长度为 L_x',相邻影像的地面重叠长度为 P_x',在平均面上的对应参数分别为 L_x 和 P_x,则两处的重叠度分别为

$$q' = \frac{P_x'}{L_x'}100\% ,\quad q = \frac{P_x}{L_x}100\%$$

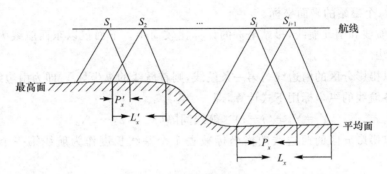

图 2.22　地形起伏对重叠度的影响

由于整条航线的摄影基线是相等的,并考虑式(2.22),则有

$$(1-q_x)ml_x = (1-q_x')m'l_x \tag{2.27}$$

式中,m'、m 分别是最高处和平均面的像片比例尺分母,l_x 是航线方向的像幅长度。再考虑

$$m = \frac{H_{摄影}}{f} ,\quad m' = \frac{H_{摄影}-\Delta h}{f}$$

代入式(2.27)整理后可得

$$q_x = q_x' + (1-q_x')\frac{\Delta h}{H_{摄影}} \tag{2.28}$$

对于旁向,同样可得

$$q_y = q_y' + (1-q_y')\frac{\Delta h}{H_{摄影}} \tag{2.29}$$

式(2.28)和式(2.29)即为调整重叠度的计算公式。

(3) 计算摄影基线 B 与航线间隔。

对整个摄影分区按调整后的重叠度分别利用式(2.22)和式(2.25)计算摄影基线 B 与航线间隔。

(4) 计算每条航线的像片数目 N_1。

航摄规范规定,航线方向的两端各自多飞一条摄影基线,因此像片数目应加上一个常数3,计算公式为

$$N_1 = \text{int}\left(\frac{摄影分区长度}{B} + 0.5\right) + 3 \tag{2.30}$$

(5) 计算摄影分区的航线数目 N_2。

$$N_2 = \text{int}\left(\frac{摄影分区长度}{航线间隔} + 0.5\right) + 1 \tag{2.31}$$

(6) 计算摄影分区的像片总数 N。

$$N = N_1 \cdot N_2 \tag{2.32}$$

（7）计算容许的最大曝光时间。

航摄分区内，容许的最大曝光时间为

$$t_{最大} = \delta_{最大} \frac{H_{高}}{W \cdot f} \tag{2.33}$$

式中，$\delta_{最大}$ 为规定容许的像移值，$H_{高}$ 摄影分区最高点的航高，W 为飞机相对于地面的速度，f 为航摄仪的主距。

（8）计算每个摄站的平面坐标。

对于东西航线和南北航线，摄站坐标的计算比较简单。下面仅以东西航线为例说明摄站坐标的计算方法。

第一步：以摄影分区的南边线为第一条航线，则首航线的纵坐标 Y_1 即为南边线的坐标；

第二步：各航线的纵坐标用下式计算，即

$$Y_j = Y_1 + (j-1) \times 航线间隔 (j = 1, 2, \cdots, N_2)$$

第三步：以摄影分区的西边线的横坐标减去 1 个基线长度作为航线第一个摄站的横坐标 X_1；

第四步：航线内各摄站的横坐标为

$$X_i = X_1 + (i-1) \times B (i = 1, 2, \cdots, N_1)$$

第五步：按航线和曝光顺序将各摄站坐标整合为一个数据文件，以控制相机按设计的摄站位置进行曝光。在整合文件时，奇数航线的横坐标按正序排列，偶数航线的横坐标按倒序排列。

对于斜飞航线，先将坐标系的横轴旋转至与航线平行，然后按上述方法计算摄站坐标，最后用旋转变换解求每一摄站的真实坐标。

目前大多数航空摄影系统都有自己的航线设计软件，用户只需输入摄区范围、摄影比例尺（或 GSD）和重叠度即可自动完成航线设计工作。

6. 航摄技术设计书的编制

航空摄影项目均应进行技术设计，技术设计书未经批准不能实施。在项目技术设计中应积极采用适用的新技术、新方法和新工艺，从实际出发，设计航空摄影的最佳方案。技术设计应体现整体性原则，并满足用户的要求，同时要以可靠的设计质量确保航摄成果质量。航摄技术设计书应内容明确、文字简练、数据正确，所设计方案应体现经济效益和社会效益的统一。技术设计的依据以用户单位与航摄单位签订的航空摄影合同为主，同时参照相关的法规和技术标准。

航摄技术设计书的编制主要包括技术设计书封面和技术设计书的内容。技术设计书封面一般应包括：设计书名称、摄区代号、用户单位、执行期限、编制单位、编制人、审批人及编制时间等。技术设计书内容一般包括：封面、任务说明、航摄参数计算表、飞行时间计算表、GPS 导航航线数据表、摄区略图等。除此之外，航摄技术设计书还应包括用户单位在航空摄影合同中提出的特殊要求。

航空摄影技术设计书中的相关图表主要包括：摄区范围图、航空摄影分区图、航空摄影分区航线图、航空摄影因子计算表、GPS 领航数据表和 POS 数据、航空摄影飞行时间计算表。其中，航摄因子计算主要内容包括：地区困难类别、分区面积、航摄比例尺、分区平均高程、摄影航高和绝对航高、重叠度、基线长度、航线间隔、航线长度、分区像片数。

技术设计书编制完成后,编制人员应对其进行自查与互查,并由设计单位技术负责人进行校核签字,再由执行航摄任务单位的业务主管部门对其进行审批,确定合格后方可按其组织生产。

2.3.5　飞行质量和影像质量要求

航空摄影质量主要分为飞行质量和影像质量两类,对每类的质量要求在相应的航空摄影规范或航空摄影任务书中都有明确的规定。但为了方便读者,下面对较为重要的质量要求作简要介绍。

1. 飞行质量要求

（1）像片重叠度。

航向重叠度一般应为 $60\%\sim65\%$,最小不应小于 56%。个别像对的航向重叠度虽然小于 56%,但应大于 53%,且其相邻像对的航向重叠度不应小于 58%,并能确保测图定向点和测绘工作边不超出像片边缘。

旁向重叠度一般应为 $30\%\sim35\%$,个别最小不应小于 13%,但不得连续出现。

制作真正射影像图时,航向重叠度一般应为 80%,旁向重叠度一般应为 60%。

（2）像片倾斜角。

像片倾斜角一般不应大于 $2°$。$1:500$、$1:1000$、$1:2000$ 测图最大不应大于 $4°$,$1:5000$、$1:1$ 万、$1:2.5$ 万、$1:5$ 万测图最大不应大于 $3°$。

（3）像片旋偏角。

$1:500$、$1:1000$、$1:2000$ 测图旋偏角一般不应大于 $15°$,在确保像片航向和旁向重叠度满足要求的前提下最大不应大于 $25°$;$1:5000$、$1:1$ 万、$1:2.5$ 万、$1:5$ 万测图旋偏角一般不应大于 $10°$,在确保像片航向和旁向重叠度满足要求的前提下最大不应大于 $15°$。

在一条航线上连续达到或接近最大旋偏角的像片数不应大于三片;在一个摄区内出现最大旋偏角的像片数不应大于摄区像片总数的 4%。

（4）航线弯曲度。

航线弯曲度一般不大于 1%,当航线长度小于 5000 m 时,航线弯曲度最大不大于 3%。

（5）航高差。

同一航线上相邻像片的航高差不应大于 30 m;最大航高与最小航高之差不应大于 50 m。当相对航高小于等于 1000 m 时,航摄分区内实际航高与设计航高之差不应大于 50 m;当相对航高大于 1000 m 时,其实际航高与设计航高之差不应大于设计航高的 5%。

（6）摄区、分区覆盖保证。

航向覆盖超出摄区边界线不少于一条基线,旁向覆盖超出摄区边界线一般不少于像幅的 30%。在便于施测像片控制点及不影响内业正常加密时,旁向覆盖超出摄区边界线不少于像幅的 15%。分区边界线覆盖应满足分区各自满幅的要求。

2. 影像质量要求

（1）影像应清晰,层次丰富,反差适中,色调柔和;应能辨认出与地面分辨率相适应的细小地物影像,能够建立清晰的立体模型。

（2）影像上不应有云、云影、烟、大面积反光、污点等缺陷。虽然存在少量缺陷,但不影响立体模型的连接和测绘时,则认为可以用于测制线划图。

(3)确保因飞机地速的影响,在曝光瞬间造成的像点位移一般不应大于 1 个像素,最大不应大于 1.5 个像素。

(4)拼接影像应无明显模糊、重影和错位现象。

(5)融合形成的高分辨率彩色影像不应出现明显色彩偏移、重影、模糊现象。

2.3.6　航空摄影质量检查验收

航空摄影完成后,用户要委托第三方对航摄成果的质量进行检查验收,若发现航摄质量不符合要求要督促航摄方及时进行补摄。检查验收的主要内容有:成果资料的完整性和真实性、航空摄影的飞行质量及影像质量。其中影像质量主要靠人工目视检查,因此本节不再过多介绍。

1. 成果资料完整性检查验收

航摄工作结束后,航摄单位应对航摄资料进行内部检查,并编写内检报告,之后向用户单位提供航摄资料,并由第三方作最后的完整性检查验收。一般情况下,应提交的航摄资料包括:航摄技术设计书、航摄仪技术参数检定报告、空管单位批文、航摄飞行记录、影像数据、纸质像片、索引影像、摄站坐标数据、摄站结合图、航线、像片结合图、摄区范围完成情况图、航摄鉴定表、航摄资料移交书、航摄资料解密审查报告、其他有关资料。

2. 飞行质量检查验收

飞行质量检查验收是整个航摄质量检查中最重要、工作量最大的环节。飞行质量检查验收可采用人工方法,也可采用计算机自动方法,但后者只能对数字影像进行验收。由于目前普遍采用数字相机进行航空摄影,且航摄单位对快速现场验收有迫切需求,因此下面只介绍飞行质量的自动检查验收方法。该方法涉及本书后面章节的许多内容,需要读者学习完全书后再进行反向理解。

自动验收可根据航空摄影系统的装备情况,分为有 GPS 数据、有 POS 数据和只有影像数据三种类型,按不同的方法分别进行检查验收,这样不仅能快速完成飞行质量的检查,且能适应不同的数字航空摄影系统。

当有 POS 数据时,由于像片外方位元素中的线元素和角元素全部为已知,因此像片倾斜角和旋偏角可直接得出,其他参数则可由外方位线元素进行计算。当只有 GPS 数据时,由于只知道外方位线元素,而角元素为未知,因此像片倾斜角和旋偏角可通过影像特征点提取、特征匹配、相对定向而得到,其他参数则可由 GPS 数据直接计算和分析。当没有 GPS 和 POS 数据时,所有检查验收参数只能通过特征提取、特征匹配及相对定向,建立影像间拓扑关系后,才能进行计算。由此可见,特征提取、特征匹配和相对定向是飞行质量检查验收的理论基础。这些内容将在后面章节分别进行详细介绍。

按照上述思路,可形成如图 2.23 所示的飞行质量自动检查验收的技术流程。

(1)有 POS 数据的检查验收。

有 POS 数据的检查验收过程为:①输入摄区范围;②读取相机参数和航摄设计参数,如相幅、焦距、摄影比例尺等;③读取 POS 数据;④对 POS 数据进行内插处理,获取每个摄站点坐标 X、Y、Z 和每张像片的姿态角 φ、ω、κ;⑤用摄站坐标计算航向、旁向重叠度,分析航摄漏洞;⑥用摄站坐标计算航线弯曲和航高差;⑦用摄站坐标分析测区覆盖;⑧用姿态数据计算像片倾

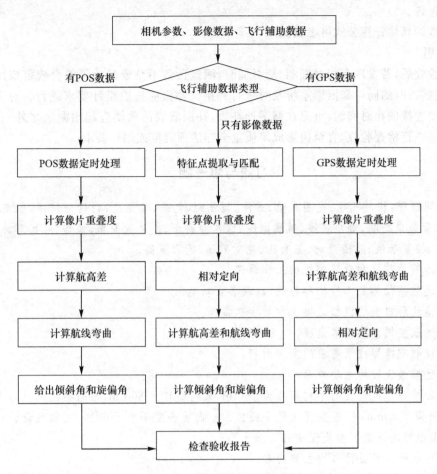

图 2.23 检查验收的技术流程

斜角和旋偏角;⑨输出检查验收报告。

(2) 有 GPS 数据的检查验收。

有 GPS 数据的检查验收过程为:①输入测区范围;②读取相机参数和航摄设计参数,如像幅、焦距、摄影比例尺等;③读取 GPS 数据和影像数据;④对 GPS 数据进行同步内插处理,获取每个摄站点坐标 X、Y、Z;⑤用摄站坐标计算航向、旁向重叠度,分析航摄漏洞;⑥用摄站坐标计算航线弯曲和航高差;⑦用摄站坐标分析测区覆盖;⑧在影像的格鲁伯点附近提取特征点;⑨用特征匹配方法,在左右影像上寻找同名像点作为相对定向点;⑩采用连续相对定向系统进行相对定向,获得相对定向角元素;⑪用相对定向角元素计算像片倾斜角和旋偏角;⑫输出检查验收报告。

(3)只有影像数据的检查验收。

只有影像数据的检查验收过程为:①读取相机参数和航摄设计参数,如相幅、焦距、摄影比例尺等;②读取影像数据;③在格鲁伯点附近提取特征点;④用特征点匹配方法,在左右影像上寻找同名像点作为相对定向点;⑤采用连续相对定向系统进行相对定向,获得相对定向元素;⑥用相对定向角元素计算像片倾斜角和旋偏角;⑦用相对定向线元素计算每个摄站点坐标 X、Y、Z;⑧用同名像点坐标计算航向、旁向重叠度;⑨用摄站坐标计算航线弯曲和航高差;⑩输出检查验收报告。

各参数的具体计算公式可参阅文献。

3. 补摄

检查验收后,若发现有相对漏洞、绝对漏洞、测区覆盖不全或其他不符合规范或用户要求的,要采用航摄时的同一套摄影系统及时进行补摄。补摄应按原设计要求进行。对不影响内业加密模型连接的相对漏洞,可只在漏洞处补摄,补摄航线的两端应超出漏洞之外一条基线。补摄后仍需进行检查验收,直至摄影成果质量全部达到规范或用户要求。

习题与思考题

1. 名词解释:相对孔径、光圈系数、景深、超焦距、色差、畸变差、物镜分辨率、航空摄影、航向重叠度、旁向重叠度、摄影基线、航线间隔、像片倾斜角、像片旋偏角、像移、航线弯曲度、航迹线、航迹角、控制航线、航摄漏洞、基高比、绝对航高、摄影航高。

2. 简述胶片相机和数码相机的工作原理。

3. 简述航摄仪的基本结构和组成,以及各自功能。

4. 简述几种典型的模拟航摄仪和数字航摄仪。

5. 简述航空摄影的技术流程。

6. 简述航空摄影技术要求的主要内容。

7. 简述航线设计的主要步骤。

8. 已知某一地区地面的平均高程为 150 m,最高高程为 300 m,当航摄比例尺为 1∶1 万,航摄仪焦距为 152 mm 时,若要保证整个摄区的航向重叠度不小于 60%,则航线设计时相对于摄区平均基准面的航向重叠度至少应为多大?

9. 简述航摄技术设计书的主要内容。

10. 航空摄影技术设计书中的相关图表包括哪些?

11. 航摄飞行质量和影像质量要求有哪些内容?

12. 航摄成果质量的验收主要包括哪些内容? 如何检查?

第3章 单张像片解析

为了利用摄影像片确定被摄物体的空间位置、形状、大小及其相互关系,必须明确摄影像片的投影性质,分析摄影像片的几何特性及其与地面的投影关系,从而以解析方式建立像点坐标与物点坐标的严密关系,这就是摄影测量的理论基础——单张像片解析。

3.1 中心投影与透视变换

3.1.1 中心投影

1. 中心投影的基本概念

用光线照射物体(或物体自身辐射的光线)在某一几何平面上形成的影子(或影像)称为该物体的投影,如图3.1所示。其中,照射光线(或辐射光线)称为投射线,投影所在的平面称为投影面(或像平面)。

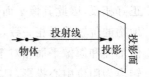

图 3.1 投影示意

所有投射线都平行的投影称为平行投影,如图3.2所示。在平行投影中,当投射线与投影平面斜交时称为倾斜投影,如图3.2(a)所示;投射线与投影平面正交时则称为正射投影,如图3.2(b)所示。一般情况下,地物受太阳光照射在地面形成的影子是地物的倾斜投影,但是当太阳位于天顶时,云朵在地面的影子是其正射投影。在测量中,局部范围的地形图是地面物体的正射投影。

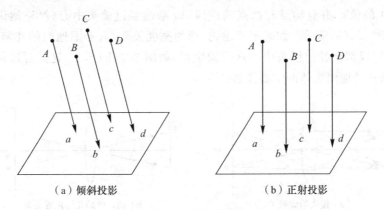

(a) 倾斜投影   (b) 正射投影

图 3.2 平行投影

如图3.3所示,所有投射线或其延长线都通过(或会聚于)空间一固定点的投影称为中心投影,该固定点称为投影中心,一般用 S 表示。在图3.3中,(a)是投射线相交于一点,(b)是投射线的延长线相交于一点,这两种情况均属于中心投影。所不同的是,在图3.3(a)中,投影中心位于物体和像面之间,这种投影称为阴位中心投影;在图3.3(b)中,投影中心位于物体和像面的同侧,这种关系称为阳位中心投影。

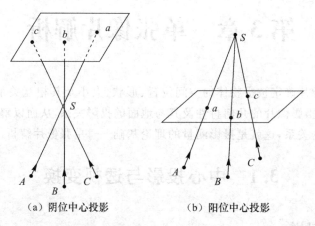

（a）阴位中心投影　　　　　（b）阳位中心投影

图 3.3　中心投影

　　阴位中心投影表达的是摄影时物、像和投影中心的真实状态,此时影像和地物的位置关系正好相反,因此其像平面位置称为负片位置,此处的像片称为负片。阳位中心投影时,影像和地物的位置关系相一致,相应的像片称为正片。若将阴位中心投影的像平面平移,使平移后的像平面和原像平面相对于投影中心对称,并将平移后的像平面旋转180°,即可将阴位中心投影转换为阳位中心投影,且转换后像点和物点的坐标关系保持不变。因此,虽然阳位中心投影不是摄影的真实状态,但为了绘图和分析物、像关系的方便,在摄影测量中常常采用阳位中心投影关系。

2. 摄影像片的投影性质

　　摄影像片是用镜头将景物成像在感光介质上,并在瞬间获取的整幅影像。由几何光学可知,当清晰调焦时,景物任一点 A 发出的进入镜头的所有光线都会被镜头会聚于像平面上一点,该点就是 A 的像 a ,并且物点和像点的连线 Aa 必然经过镜头中心（严格地讲是镜头的像方主节点）,如图 3.4(a)所示。如果不考虑物、像的亮度关系,只考虑他们的几何位置,则景物上所有点的投射线都会经过镜头中心这一固定点,如图 3.4(b)所示,这是标准的中心投影关系,因此摄影像片是地面物体的中心投影。

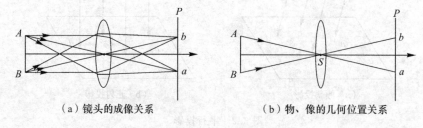

（a）镜头的成像关系　　　　　　　　（b）物、像的几何位置关系

图 3.4　摄影像片的投影性质

3.1.2　透视变换

1. 透视变换的基本概念

通过前面的分析可知,摄影像片是地面物体的中心投影。为了便于分析和理解摄影像片

的几何特性及中心投影的物点-像点位置关系,将摄影像片和物点所在的水平面都看作是无限大的数学平面,进而将空间物体的中心投影简化为地平面和像平面这两个平面间的中心投影。在数学中,两个平面间的中心投影称为透视变换。这样就可以利用透视变换原理研究摄影像片的各种特性。本节只考虑摄影测量的用语习惯,因此所用术语及符号和数学中的透视变换不尽相同。

在图 3.5 中,E、P、S 分别代表地平面、像平面和投影中心。可以看出,如果确定了地平面、像平面和投影中心的位置,则地平面和像平面的透视变换关系将唯一确定,因此地平面、像平面和投影中心称为透视变换的基本要素。其中,投影中心到像平面的距离称为摄影主距或像片主距,用 f 表示;投影中心到地平面的距离称为摄影航高,用 H 表示;地平面和像平面的交线称为透视轴或迹线,以 TT 表示。迹线既在地面上又在像面上,其上的点都是物、像合一点。

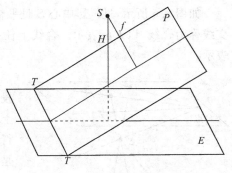

图 3.5 透视变换的基本要素

2. 透视变换的特殊面及其相关的特殊线和点

透视变换的特殊面及其相关点线的关系如图 3.6 所示。

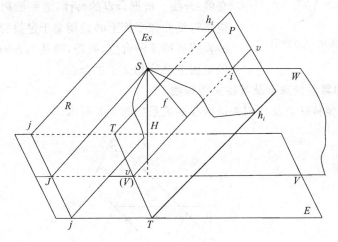

图 3.6 透视变换中特殊面及其相关点线

(1)主垂面及其相关的特殊线。

如图 3.6 所示,过投影中心 S 且与地平面和像平面都正交的铅垂面称为主垂面,以 W 表示。主垂面既垂直于像平面 P,又垂直于地平面 E,且垂直于迹线 TT,这是主垂面的一个重要特性。主垂面与像平面的交线称为主纵线,主垂面与地平面的交线称为基本方向线,分别以 vv 和 VV 表示。显然主纵线是基本方向线的投影(像),二者是一对透视对应线,都垂直于迹线。

(2)遁面与灭线。

如图 3.6 所示,过投影中心 S 且平行于像平面的平面称为遁面,用 R 表示;遁面与地平面的交线称为灭线,以 jj 表示。遁面上所有点都成像在无穷远处,也就是不能成像,因此得名。灭线在地面上,其上所有点都成像在无穷远处,因此称为灭点。在基本方面线上的灭点称为主灭点,以 J 表示。地面上相交于灭点的直线簇,由于灭点成像于无穷远处,因此在像平面上将成为平行线簇,且平行线的方向是该灭点和投影中心的连线方向;显然相交于主灭点的直线簇,其像是平行于主纵线的一组直线。这是灭点的主要特性,在透视作图和图形透视变换中有重要作用。

（3）合面与合线。

如图 3.6 所示,过投影中心 S 且平行于地面的平面称为合面,用 Es 表示;合面和像平面的交线称为合线,以 h_ch_i 表示。合线上任一点称为合点;合线和主纵线的交点称为主合点,用 i 表示。

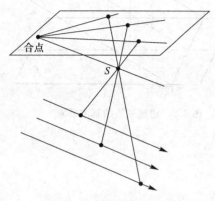

图 3.7　平行线的中心投影

图 3.7 是一组与像平面不平行的空间平行线的中心投影。由于平行线在无穷远处相交,因此它们在像平面上必定相交于一点,且该点是过投影中心与平行线组平行的直线和像平面的交点,这就是合点。换句话说,合点是平行线组无穷远点的中心投影。

在透视变换中,所有线都位于地平面内,且合面上所有过投影中心的直线都和地面平行,这些直线和像平面的交点就是合点,所有交点的轨迹就是合面与像平面的交线-合线。根据合点的特性,地平面内的一条直线或一组平行线在像平面上必然相交于过投影中心且与其平行的直线所确定的合点;同理,与基本方向线平行的直线在像平面上必然相交于主合点。

3. 透视变换的其他特殊点及其相关特殊线

透视变换中其他特殊点及其相关特殊线的关系如图 3.8 所示。

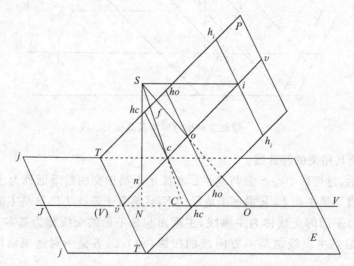

图 3.8　透视变换特殊点及相关的特殊线

（1）像主点与地主点。

如图 3.8 所示,由投影中心 S 作像片平面的垂线,该垂线与像平面的交点称为像主点,与地平面的交点称为地主点,分别用 o 和 O 表示。像主点和地主点都在主垂面内,是一对透视对应点。在摄影测量中像主点是一个十分重要的点或概念，其和投影中心的距离 So 就是摄影机主距或像片主距。So 的方向表示摄影方向，即摄影瞬间摄影机主光轴的方向。So 和过投影中心的铅垂线的夹角称为摄影倾斜角或像片倾斜角，用 α 表示，是衡量摄影质量的一个重要指标。

　　（2）像底点与地底点。

　　如图 3.8 所示，过投影中心的铅垂线与像片平面的交点称为像底点，与地平面的交点称为地底点，分别用 n 和 N 表示。像底点 n 和地底点 N 是一对透视对应点，都在主垂面内，且距离 SN 就是摄影航高。

　　根据合点的定义，像底点是空间铅垂线组的合点。因此所有垂直于地面的直线在像面上的构像必然与像底点相交；任何与地面垂直的有限线段，其影像必然位于以像底点 n 为中心的辐射线上。

　　（3）像等角点与地等角点。

　　如图 3.8 所示，像片倾角 α 的角平分线与像平面的交点称为像等角点，与地平面的交点称为地等角点，分别用 c 和 C 表示。像等角点和地等角点都在主垂面内，是一对透视对应点。

　　像等角点和地等角点是唯一保持物点透视变换前后方位角不变的一对点。也就是说，地面任一点以地等角点为原点的方位角和其像以像等角点为原点的方位角相等，这就是等角点的由来。

　　如图 3.9 所示，设地面上任一点 K，CK 与基本方向线的夹角为 $\angle A$，ci_K 和主纵线的夹角为 $\angle a$，则必然有

$$\angle a = \angle A \tag{3.1}$$

下面对这一结论做简要证明。在图 3.9 中，过投影中心 S 作 CK 的平行线，交于合线 i_K，则 i_K 是直线 CK 的合点。由于 c 是 C 的像，所以 K 的像必然位于 ci_K 这条直线上。因为 $Si /\!/ VV$ 且 $Si_K /\!/ CK$，所以有

$$\angle iSi_K = \angle A \tag{3.2}$$

在 $\triangle Sii_K$ 和 $\triangle cii_K$ 中，因为 $\angle Sii_K = \angle cii_K$，$Si = ci$，$ii_K$ 为公共边，所以有

$$\triangle Sii_K \cong \triangle cii_K \tag{3.3}$$

由此可得

$$\angle iSi_K = \angle a = \angle A \tag{3.4}$$

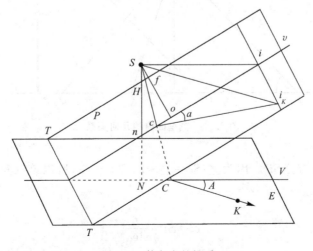

图 3.9　等角点的性质

（4）主横线与等比线。

在像平面上过像主点 o 且与主纵线垂直的水平线称为主横线，用 $hoho$ 表示；过等角点 c 且与主纵线垂直的水平线称为等比线，用 $hchc$ 表示，如图 3.8 所示。

在图 3.10 中，将倾斜像片 P 绕投影中心 S 顺时针旋转 α 角可得到一张理想的水平像片 P^0，此时像主点位置为 o^0，显然 P^0 和 P 必然相交于等比线 $hchc$。等比线既在倾斜像片 P 上，又在水平像片 P^0 上，所以等比线上的影像比例尺处处一致，且等于水平像片的摄影比例尺 f/H，不受像片倾斜角大小的影响，此即为等比线的特性和命名的由来。

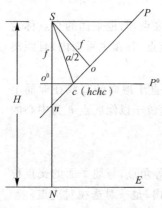

图 3.10　等比线的性质

4. 主垂面内的几何关系

根据前面内容可知，透视变换中的主要特征点都位于主垂面内，它们对研究透视变换的基本规律及在不同场合下摄影像片的解析表达非常重要，因此有必要对其相互关系进行分析和了解。图 3.11 所示为透视变换中主垂面内各个重要点的相对位置，从图中可以看出，$iSJ(Vv)$ 是一个平行四边形，在透视变换中称为透视平行四边形，其边长称为透视指数。显然有

$$\left.\begin{array}{l} Si=\dfrac{f}{\sin\alpha} \\[2mm] SJ=\dfrac{H}{\sin\alpha} \end{array}\right\} \tag{3.5}$$

式中，f 是像片主距，α 是像片倾斜角，H 是摄影航高。如果绕迹线（透视轴）把像平面或地平面旋转一个角度，同时移动投影中心 S，只要保持透视平行四边形存在且边长不变，则旋转前后物、像的位置关系保持不变，这就是透视旋转不变定律。

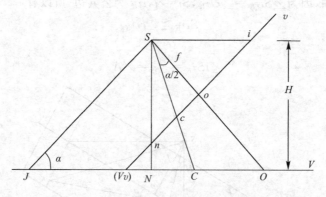

图 3.11　主垂面内的几何关系

在图 3.11 中，考查 $\triangle Sic$。因为 $\angle iSc = \angle Sci = 90° - \dfrac{\alpha}{2}$，所以该三角形是等腰三角形，则有

$$ci=Si=\frac{f}{\sin\alpha} \tag{3.6}$$

另外，也很容易得到其他各点在像平面或地平面中的距离关系。如

$$
\left.
\begin{aligned}
on &= f\tan\alpha \\
oc &= f\tan\frac{\alpha}{2} \\
oi &= f\cot\alpha
\end{aligned}
\right\}
\tag{3.7}
$$

及

$$
\left.
\begin{aligned}
ON &= H\tan\alpha \\
CN &= H\tan\frac{\alpha}{2}
\end{aligned}
\right\}
\tag{3.8}
$$

其他的几何关系请读者自行推导,这里不再赘述。从以上各式可以看出,在像片水平,即 $\alpha=0$ 时,on 和 oc 都等于零,说明水平像片上像底点 n、像等角点 c 和像主点 o 相重合;而 oi、JN 等于无穷大,即主合点 i 和主灭点 J 均在无穷远处。

5. 透视作图

透视作图可以直观显示地面物体经中心投影后在像片上的构像,从而形象理解地物在摄影像片上的形状变形规律。各种几何图形都可以看作是由点和线段构成,故在此只讨论点和线段的透视作图方法。

透视作图的关键是深刻理解合点、灭点、迹点的实际意义,并对它们的特性进行灵活运用。

(1) 点的透视作图。

在图 3.12 中,A 是物面 E 上一个点,如何求得其在像面上的像 a 呢? 首先过 A 作平行于主纵线的直线交于迹线 t,然后连接 ti,最后连接 SA,则其与 ti 的交点即是 A 的像 a。这是利用主合点和迹点的作图方法,也可用主灭点和迹点进行作图。当然,可以用任一合点或灭点与迹点配合完成点的透视作图。

(2) 线段的透视作图。

在图 3.13 中,AB 是物平面上的一个线段,现求其在像面上的像。首先延长 BA 交于迹线 t,然后过投影中心 S 作 tA 的平行线交于合线 i_A,连接 ti_A,最后作直线 SA 和 SB,它们与 ti_A 的交点分别为 a 和 b,则线段 ab 即是 AB 在像平面的像。这是用直线的合点求其影像的方法,用直线的灭点同样也可求得线段的影像。

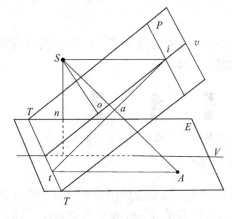

图 3.12　点的透视作图

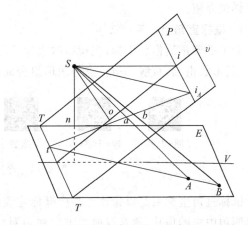

图 3.13　线段的透视作图

透视作图只能对物、像的透视变换关系进行形象或定性描述,因此要定量描述透视变换的物、像关系,就必须以解析形式建立透视变换公式。透视变换公式不仅能准确表达透视变换中的物、像坐标关系,而且对定量研究摄影像片的倾斜误差、投影误差、像片比例尺等特性有重要作用。由于透视变换公式只是中心投影物、像关系的一个特例,所以本节暂不给出其推导过程和具体形式,而在共线条件方程一节(3.2 节),通过限定投影条件从共线条件方程的一般形式中直接得到。

3.2 共线条件方程

在中心投影中,任一物点和对应像点与投影中心必然位于一条直线上(即三点共线),以此条件得到的描述像点与对应地面点(或地面点与对应像点)坐标关系的数学表达式称为共线条件方程。它是摄影测量的最基本公式,是摄影测量的理论基础。

建立共线条件的基本思路是:假设以投影中心为原点建立一个像方坐标系,以地面上某点为原点建立一个物方坐标系,则可唯一确定像点、物点在像方和物方坐标系中的坐标;此时,像点和物点在各自坐标系中,二者似乎没有什么关系。实际上在摄影瞬间,不但物点、像点和投影中心共线,且像方和物方坐标系的方向(坐标轴相对旋转)和位置(坐标原点相对平移)关系也已确定;如果我们知道了它们之间的相对方位,则可利用坐标旋转变换将物点和像点坐标都划归到像方或物方同一个坐标系中;在同一坐标系中,利用共线条件的坐标表达式即可推导出共线条件方程。由此可以看出,推导共线条件方程的主要过程为:合理定义像方和物方坐标系;确定像方和物方坐标系的旋转及平移关系;用坐标旋转变换将物点和像点坐标变换到同一个坐标系中;在一个坐标系中利用共线条件得到共线条件方程。

3.2.1 摄影测量常用的坐标系

摄影测量所用的坐标主要分为像方坐标系和物方坐标系。像方坐标系主要有像平面坐标系、框标坐标系和像空间坐标系,主要用于表示像点的位置;物方坐标系主要有地面辅助坐标系和大地坐标系,用于表达物点的相对或绝对坐标。为了方便像方坐标系和物方坐标系的坐标变换,还定义了像空间辅助坐标系,以完成物点和像点坐标的相互过渡。下面对这几个坐标系作详细介绍。

1. 框标直角坐标系 $o'\text{-}x'y'$

为了准确量测像点坐标,在模拟航摄像片的边沿中央或四角设置了 4 或 8 个黑白分明的框标,其形状由圆、直线、三角、点等图形组合而成,如图 3.14 所示。

圆+十字　　圆+十字+点　　米字　　三角形　　山形　　反三角形

图 3.14　常见的框标形状

框标直角坐标系是以像片上相应框标连线的交点作为原点建立的坐标系。对于框标设在像幅四边中央的像片,通常取航线方向两边对应框标连线作为 x' 轴,旁向两边对应框标连线作为 y' 轴,两连线的交点 o' 作为坐标原点,如图 3.15(a)所示。而对于框标设在像幅四角的像片,仍以相对框标连线的交点 o' 作为坐标原点,取两对相对框标连线在航线方向夹角的平分线

作为 x' 轴，垂直于 x' 轴方向作为 y' 轴，如图 3.15(b)所示。坐标轴的方向都按右手准则确定。由于框标是像片上唯一的显式标志，因此在量测像点坐标时，只能在框标坐标系中进行。

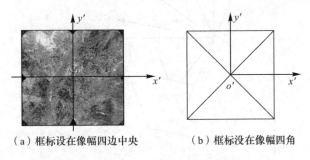

（a）框标设在像幅四边中央　　　　（b）框标没在像幅四角

图 3.15　框标坐标系

用数字相机直接获取的数字影像上一般没有框标，但可以用影像中心作为原点，以平行于影像上下边界方向为 x' 轴，建立右手坐标系来量测像点坐标。

2. 像平面直角坐标系 $o\text{-}xy$

如图 3.16 所示，像平面直角坐标系以像主点 o 为坐标原点，x、y 轴分别平行于框标坐标系的 x'、y' 轴。像点在该坐标系中的坐标代表像点在像平面上的位置。由于像主点在像片上不是显式存在的，因此像点在该坐标系中的坐标一般不能直接量测，只能通过框标坐标转换而来。这两个坐标系的转换关系将在像片内方位元素部分介绍。

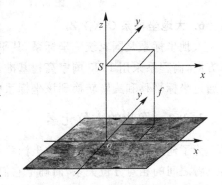

图 3.16　像平面坐标系与像空间坐标系

3. 像空间直角坐标系 $S\text{-}xyz$

像空间直角坐标系简称为像空系，它以投影中心（或摄站点）S 为坐标原点，摄影机主光轴 So 为 z 轴，朝上为正方向；其 x、y 轴分别与像平面坐标系的 x、y 轴平行，如图 3.16 所示。若某一像点在像平面坐标系的坐标为 (x,y)，则该点在像空间坐标系中的坐标为 $(x,y,-f)$，其中 f 是像片的主距。像空间坐标系表示的是像点在像方空间的位置，其相对于物方空间坐标系的旋转和平移代表了像片在地面坐标系中的方向（摄影姿态）和位置。

4. 地面辅助坐标系 $O_P\text{-}X_PY_PZ_P$

该坐标系简称为地辅系，是为了摄影测量作业的方便，在地面上建立的局部坐标系。该坐标系以地面某一点 O_P 为坐标原点，以铅垂方向为 Z_P 轴，以航线方向为 X_P 轴，Y_P 轴与 X_P 和 Z_P 构成右手坐标系。在摄影测量中，物方或地面坐标系一般是指该坐标系。

5. 像空间辅助坐标系 $S\text{-}XYZ$

该坐标系简称为像辅系，是为了方便研究像空间坐标系和地面坐标系的旋转关系而建立的过渡性坐标系。它以投影中心 S（摄站点）为坐标原点，X、Y、Z 三轴方向分别与地面辅助坐标系的 X_P、Y_P、Z_P 一致。

像空系、地辅系和像辅系的关系如图 3.17 所示。

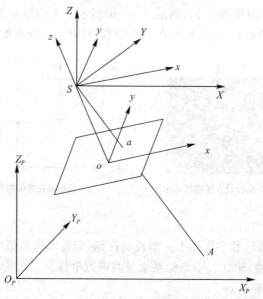

图 3.17　像空系、像辅系和地辅系的关系

6. 大地坐标系 $O\text{-}X_tY_tZ_t$

大地坐标系是国家统一坐标系，其平面采用高斯坐标系，X_t 轴指向正北方向，Y_t 轴指向正东方向，高程系采用 1985 国家高程基准，属于左手坐标系。地面点在地辅系中的坐标最终都要通过坐标平移和旋转转换到该坐标系中。

3.2.2　像片的方位元素

为了建立像点和对应物点的坐标关系，必须知道摄影时刻投影中心（镜头中心）、像片与地面三者之间的相对方位关系，而确定它们之间相对方位的参数称为像片的方位元素。像片的方位元素由内方位元素和外方位元素两部分组成。

1. 内方位元素

确定摄影机的投影中心（镜头中心）相对于像片平面位置关系的参数称为像片的内方位元素，它由像主点相对于像片中心的位置和投影中心到像平面的距离来描述。在摄影测量中，通常认为相应框标连线的交点是像片中心，因此像主点相对于像片中心的位置实际上是像主点在框标坐标系中的坐标 (x_0, y_0)，而投影中心到像平面的距离则是像片主距 f。由此可见，像片的内方位元素由 x_0、y_0 和 f 三个参数组成，如图 3.18 所示。

内方位元素不仅确定了像平面坐标系和框标坐标系的关系，也恢复了每个像点的投射线方向，即像片的光束形状。设像片上任一点的框标系坐标为 (x', y')，则其在像平面坐标系中的坐标为

$$\left.\begin{array}{l} x = x' - x_0 \\ y = y' - y_0 \end{array}\right\} \tag{3.9}$$

且其在像空系中的投射线方向可由

$$\left.\begin{array}{l} \beta = \arctan \dfrac{x}{f} \\[2mm] \varphi = \arctan \dfrac{y}{f} \end{array}\right\} \tag{3.10}$$

唯一确定,如图 3.19 所示。

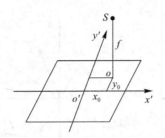

图 3.18　内方位元素

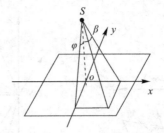

图 3.19　像点的投射线方向

2. 外方位元素

在恢复像片内方位的基础上,确定像片在摄影瞬间空间位置和姿态的参数称为像片的外方位元素。由于像空间坐标系代表了像片的像方空间,因此像片的外方位元素实际上是像空系相对于地面坐标系的平移和旋转参数,如图 3.17 所示。对于三维空间坐标系而言,描述两个坐标系的平移需要 3 个参数,即在各坐标轴上的平移分量,这 3 个参数称为线元素;描述两个坐标系的旋转关系也需要 3 个参数,即 3 个适当的旋转角度值,这些参数称为角元素。由此可见,像片的外方位元素有 6 个,其中 3 个是线元素,3 个为角元素。

像空系相对于地辅系的平移可用投影中心在地辅系中的坐标 (X_S, Y_S, Z_S) 来表示,如图 3.20 所示。由于像辅系的坐标原点也是投影中心,且与地辅系平行,如果外方位元素的三个线元素 X_S、Y_S、Z_S 已知,则地面任一点的像辅系和地辅系坐标关系可表示为

$$\left.\begin{array}{l} X = X_P - X_S \\ Y = Y_P - Y_S \\ Z = Z_P - Z_S \end{array}\right\} \tag{3.11}$$

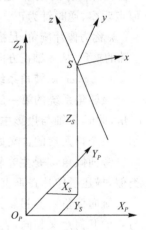

图 3.20　外方位线元素

假如将地面辅助坐标系平移 (X_S, Y_S, Z_S),则地辅系和像辅系重合,此时如何通过坐标轴旋转使像辅系和像空系重合呢? 理论上只要绕两个或三个坐标轴按合适的顺序做三次适当角度的旋转,不管第一旋转轴是哪个,都可以使两个三维直角坐标系重合,因此像片外方位元素的角元素在理论上有很多套。但在摄影测量中,每个角元素都应有明确的几何意义,能清晰地表达像片在摄影瞬间的姿态,因此可首先确定摄影主光轴在地面坐标系的方向,即先通过两个角度的旋转使像辅系的 Z 轴和像空系的 z 轴重合,此时像辅系的 X、Y 轴与像空系的 x、y 轴在同一平面上,但方向不一定相同,只要绕 Z 轴再旋转一个合适角度就可使像辅系和像空系完全重合,如图 3.21、图 3.22 和图 3.23 所示。按上述思路,可以采用三种转角系统来完成像辅系到像空系的旋转,相应地产生了三套外方位角元素。

(1) φ-ω-κ 转角系统。

该转角系统的第一旋转轴为 Y 轴。首先绕 Y 轴旋转 φ 角,然后绕旋转后的 X 轴再旋转 ω 角,此时 Z 轴与摄影主光轴重合,最后绕 Z 轴旋转 κ 角使两坐标系完全重合,如图 3.21 所示。三个角元素的含义如下:

φ 称为航向偏角,是主光轴 SO 在 XZ 平面上的投影与 Z 轴的夹角,沿 Y 轴正方向朝向坐

标原点方向观察,顺时针为正。该角表示了像片在航线方向上的俯仰程度。

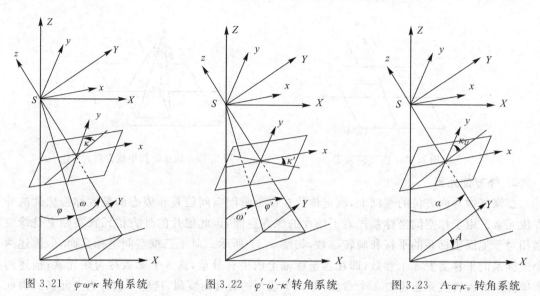

图 3.21 φ-ω-κ 转角系统　　图 3.22 φ'-ω'-κ' 转角系统　　图 3.23 A-α-κ_v 转角系统

ω 称为旁向倾角,是摄影主光轴 SO 与其在 XZ 平面上投影的夹角,沿 X 轴正方向向坐标原点观察,逆时针为正。该角描述了像片在垂直于航线方向的侧滚情况。

κ 称为像片旋角,是摄影主光轴 SO 与其在 XZ 面的投影所确定的平面和像片平面的交线与 y 轴的夹角,从 z 轴正方向观察,逆时针旋转为正。该角用于描述像片绕主光轴旋转的大小。

(2) φ'-ω'-κ' 转角系统。

该转角系统的第一旋转轴为 X 轴。首先绕 X 轴旋转 ω' 角,然后绕旋转后的 Y 轴再旋转 φ' 角,此时 Z 轴与摄影主光轴重合,最后绕 Z 轴旋转 κ' 角使两坐标系完全重合,如图 3.22 所示。三个角元素的含义如下:

旁向倾角 ω' 是主光轴 SO 在 YZ 平面上的投影与 Z 轴的夹角,逆时针方向为正。该角与 ω 类似,描述了像片在垂直于航线方向的侧滚情况。

航向偏角 φ' 是摄影方向 SO 与其在 YZ 坐标面上的投影的夹角,顺时针方向为正。该角与 φ 的几何意义相同,表示了像片在航线方向上的俯仰程度。

像片旋角 κ' 是主光轴与其在 YZ 平面上的投影所决定的平面和像平面的交线与 x 轴之间的夹角,逆时针旋转为正角。该角与 κ 类似,用于描述像片绕主光轴旋转的大小。

由于第一旋转轴不同,一般情况下 $\varphi' \neq \varphi, \omega' \neq \omega, \kappa' \neq \kappa$。

(3) A-α-κ_v 转角系统。

该转角系统的第一旋转轴为 Z 轴。首先绕 Z 轴旋转 A 角,然后绕旋转后的 X 轴再旋转 α 角,此时 Z 轴与摄影主光轴重合,最后绕 Z 轴旋转 κ_v 角使两坐标系完全重合,如图 3.23 所示。三个角元素的含义如下:

方位角 A 是主垂面与 XY 面的交线(即基本方向线)和 Y 轴的夹角,顺时针旋转为正。该角代表了像片主垂面的方位。

像片倾角 α 是摄影主光轴 SO 与铅垂方向 Z 轴的夹角,逆时针旋转为正。显然,该角即是像片倾斜角。

像片旋角 κ_v 是主垂面与像平面的交线(即主纵线)与像平面坐标系 y 轴的夹角,逆时针旋转为正。该角描述了主纵线在像平面上的方向。

3.2.3　空间直角坐标系的坐标旋转变换

像片的外方位角元素表达了像空系和像辅系的三轴旋转关系，一旦知道了这三个角元素，则可利用直角坐标系的坐标旋转变换原理完成空间任一点在像空系和像辅系间的坐标转换。

1. 坐标旋转变换原理

假设将平面坐标系 $o\text{-}xy$ 旋转一个角度 θ，得到新坐标系 $o\text{-}x'y'$，如图 3.24 所示，则任一点 a 在新老坐标系中的坐标变换关系可表示为

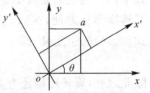

$$\left.\begin{array}{l} x'=x\cos\theta+y\sin\theta \\ y'=-x\sin\theta+y\cos\theta \end{array}\right\} \tag{3.12}$$

式中，(x',y') 和 (x,y) 分别是点 a 在新、老坐标系中的坐标，θ 是新坐标系的旋转角。

图 3.24　平面坐标旋转变换

对于三维坐标系，图 3.24 相当于绕第三坐标轴（z 轴）旋转了 θ 角，此时 z 坐标不变，则式（3.12）应改为

$$\left.\begin{array}{l} x'=x\cos\theta+y\sin\theta \\ y'=-x\sin\theta+y\cos\theta \\ z'=z \end{array}\right\} \tag{3.13}$$

用矩阵形式表示有

$$\begin{bmatrix} x' \\ y' \\ z' \end{bmatrix} = \begin{bmatrix} \cos\theta & \sin\theta & 0 \\ -\sin\theta & \cos\theta & 0 \\ 0 & 0 & 1 \end{bmatrix} \begin{bmatrix} x \\ y \\ z \end{bmatrix} = \boldsymbol{R}_{z\theta} \begin{bmatrix} x \\ y \\ z \end{bmatrix} \tag{3.14}$$

式中，$\boldsymbol{R}_{z\theta}$ 称为旋转矩阵，其决定了空间坐标系旋转前后的坐标关系，只是此时的 $\boldsymbol{R}_{z\theta}$ 仅是绕 z 轴单次旋转所形成的旋转矩阵。为了方便区分，下面我们将绕某一坐标轴单次旋转所得到的旋转矩阵记为 $\boldsymbol{R}_{u\varphi}^{i}$，其中 i 代表旋转次序，下标 u 代表第 i 次的旋转轴，φ 代表旋转角度；将总旋转矩阵记为 $\boldsymbol{R}$。$\boldsymbol{R}_{u\varphi}^{i}$ 与式（3.14）中的旋转矩阵形式相似，但要用 φ 代替 θ；元素 1 位于旋转轴对应的对角线位置，且其所在行和列的其他元素均为 0。

一般情况下，一个空间坐标系，绕不同坐标轴进行若干次旋转将得到新坐标系。假设对一个坐标系连续进行了 n 次旋转，每次旋转前后的坐标关系可表示为

$$\left.\begin{array}{l} \boldsymbol{X}^{1}=\boldsymbol{R}_{u\varphi}^{1}\boldsymbol{X}^{0} \\ \boldsymbol{X}^{2}=\boldsymbol{R}_{u\varphi}^{2}\boldsymbol{X}^{1} \\ \vdots \\ \boldsymbol{X}^{n}=\boldsymbol{R}_{u\varphi}^{n}\boldsymbol{X}^{n-1} \end{array}\right\} \tag{3.15}$$

式中，$\boldsymbol{X}^{i}$ 为第 i 次旋转后空间点的坐标。则经 n 次旋转后的新、老坐标系的坐标关系为

$$\boldsymbol{X}^{n}=\boldsymbol{R}_{u\varphi}^{n}\boldsymbol{R}_{u\varphi}^{n-1}\cdots\boldsymbol{R}_{u\varphi}^{1}\boldsymbol{X}^{0}=\boldsymbol{R}\boldsymbol{X}^{0} \tag{3.16}$$

可见，总旋转矩阵是各单次旋转矩阵按倒序的乘积，即

$$\boldsymbol{R}=\boldsymbol{R}_{u\varphi}^{n}\boldsymbol{R}_{u\varphi}^{n-1}\cdots\boldsymbol{R}_{u\varphi}^{1} \tag{3.17}$$

旋转矩阵有 9 个元素，一般的表示形式为

$$\boldsymbol{R} = \begin{bmatrix} a_1 & a_2 & a_3 \\ b_1 & b_2 & b_3 \\ c_1 & c_2 & c_3 \end{bmatrix} \tag{3.18}$$

由于 a_i、b_i、$c_i(i=1,2,3)$ 都是对应坐标轴旋转前后夹角的余弦，因此这些元素统称为方向余弦。可以证明，旋转矩阵是正交矩阵，即

$$\boldsymbol{R}^{-1} = \boldsymbol{R}^{\mathrm{T}} \tag{3.19}$$

式中，$\boldsymbol{R}^{-1}$ 为旋转矩阵的逆阵，$\boldsymbol{R}^{\mathrm{T}}$ 为其转置矩阵。旋转矩阵的这个特性，使两坐标系的坐标相互转换非常方便，在确定了旋转矩阵之后，不必求其逆阵，只需进行简单的转置，就可完成对式(3.16)的逆变换，即

$$\boldsymbol{X}^0 = \boldsymbol{R}^{\mathrm{T}} \boldsymbol{X}^n \tag{3.20}$$

除此之外，旋转矩阵还有如下性质：①同一行(列)的各元素的平方和等于 1；②任意两行(列)的对应元素乘积之和等于 0；③旋转矩阵的行列式值等于 1；④每个元素的值等于其代数余子式。

旋转矩阵的 9 个方向余弦中只含有三个独立参数，如果知道了不在一行或一列的三个元素，其他元素则可由其上述性质求出。

2. 像空系与像辅系间的坐标旋转变换

设空间任一点在像空间坐标系中的坐标为 (x,y,z)，在像空间辅助坐标系中的坐标为 (X, Y, Z)，两者之间的旋转变换关系定义为

$$\begin{bmatrix} X \\ Y \\ Z \end{bmatrix} = \boldsymbol{R} \begin{bmatrix} x \\ y \\ z \end{bmatrix} \tag{3.21}$$

式中，$\boldsymbol{R}$ 是两坐标系间的旋转矩阵。显然完成这两个坐标系间坐标转换的关键是如何确定旋转矩阵 $\boldsymbol{R}$。

根据坐标旋转变换原理，只要知道两个坐标系间经过几次旋转，每次旋转的坐标轴及旋转角度，则可用式(3.17)求出旋转矩阵。在像片外方位元素部分，我们给出了三套转角系统，用于完成像辅系到像空系的旋转。每套都明确了旋转次序、旋转轴和旋转角，因此都可用于计算旋转矩阵。下面以 $\varphi\omega\kappa$ 转角系统为例，推导其旋转矩阵的计算公式，其他两个系统的相应表达式则直接给出。

$\varphi\omega\kappa$ 转角系统以像辅系为起始位置，首先绕 Y 轴旋转 φ 角，然后绕 X 轴旋转 ω 角，最后绕 Z 轴旋转 κ 角，经 3 次旋转后与像空系重合。由此产生了 $\boldsymbol{R}_{Y\varphi}^1$、$\boldsymbol{R}_{X\omega}^2$ 和 $\boldsymbol{R}_{Z\kappa}^3$ 3 个单次旋转矩阵。因为该旋转过程是从像辅系旋转至像空系，像辅系是老坐标系，像空系为新坐标系，因此式(3.21)是从新坐标系向老坐标系的转换，与式(3.20)一致，所以此时的旋转矩阵应表示为

$$\begin{aligned} \boldsymbol{R} &= (\boldsymbol{R}_{Z\kappa}^3 \cdot \boldsymbol{R}_{X\omega}^2 \cdot \boldsymbol{R}_{Y\varphi}^1)^{\mathrm{T}} \\ &= (\boldsymbol{R}_{Y\varphi}^1)^{\mathrm{T}} \cdot (\boldsymbol{R}_{X\omega}^2)^{\mathrm{T}} \cdot (\boldsymbol{R}_{Z\kappa}^3)^{\mathrm{T}} \end{aligned} \tag{3.22}$$

将 3 个单次旋转矩阵的具体形式代入式(3.22)，并转置后有

$$\boldsymbol{R} = \begin{bmatrix} \cos\varphi & 0 & -\sin\varphi \\ 0 & 1 & 0 \\ \sin\varphi & 0 & \cos\varphi \end{bmatrix} \cdot \begin{bmatrix} 1 & 0 & 0 \\ 0 & \cos\omega & -\sin\omega \\ 0 & \sin\omega & \cos\omega \end{bmatrix} \cdot \begin{bmatrix} \cos\kappa & -\sin\kappa & 0 \\ \sin\kappa & \cos\kappa & 0 \\ 0 & 0 & 1 \end{bmatrix} \tag{3.23}$$

矩阵相乘后可得由 $\varphi\omega\kappa$ 转角系统计算旋转矩阵各个元素的具体表达式，即

$$\left.\begin{array}{l} a_1 = \cos\varphi\cos\kappa - \sin\varphi\sin\omega\sin\kappa \\ a_2 = -\cos\varphi\sin\kappa - \sin\varphi\sin\omega\cos\kappa \\ a_3 = -\sin\varphi\cos\omega \\ b_1 = \cos\omega\sin\kappa \\ b_2 = \cos\omega\cos\kappa \\ b_3 = -\sin\omega \\ c_1 = \sin\varphi\cos\kappa + \cos\varphi\sin\omega\sin\kappa \\ c_2 = -\sin\varphi\sin\kappa + \cos\varphi\sin\omega\cos\kappa \\ c_3 = \cos\varphi\cos\omega \end{array}\right\} \quad (3.24)$$

同理可得其他两个转角系统旋转矩阵的计算公式。

由 ω'-φ'-κ' 转角系统旋转矩阵各元素的表达式为

$$\left.\begin{array}{l} a_1 = \cos\varphi'\cos\kappa' \\ a_2 = -\cos\varphi'\sin\kappa' \\ a_3 = -\sin\varphi' \\ b_1 = \cos\omega'\sin\kappa' - \sin\varphi'\sin\omega'\cos\kappa' \\ b_2 = \cos\omega'\cos\kappa' + \sin\varphi'\sin\omega'\sin\kappa' \\ b_3 = -\sin\omega'\cos\varphi' \\ c_1 = \sin\omega'\cos\kappa' + \cos\omega'\sin\varphi'\cos\kappa' \\ c_2 = \sin\omega'\cos\kappa' - \cos\omega'\sin\varphi'\sin\kappa' \\ c_3 = \cos\varphi'\cos\omega' \end{array}\right\} \quad (3.25)$$

由 A-α-κ_v 转角系统旋转矩阵各元素的表达式为

$$\left.\begin{array}{l} a_1 = \cos A\cos\kappa_v - \sin A\cos\alpha\sin\kappa_v \\ a_2 = -\cos A\sin\kappa_v + \sin A\cos\alpha\cos\kappa_v \\ a_3 = -\sin A\sin\alpha \\ b_1 = -\sin A\cos\kappa_v + \cos A\cos\alpha\sin\kappa_v \\ b_2 = \sin A\sin\kappa_v + \cos A\cos\alpha\cos\kappa_v \\ b_3 = -\cos A\sin\alpha \\ c_1 = \sin\alpha\sin\kappa_v \\ c_2 = \sin\alpha\cos\kappa_v \\ c_3 = \cos\alpha \end{array}\right\} \quad (3.26)$$

由于每个像点的 z 坐标都是 $-f$，根据式(3.21)有，任一像点 $(x, y, -f)$ 在像辅系中的坐标为

$$\begin{bmatrix} X \\ Y \\ Z \end{bmatrix} = \boldsymbol{R} \begin{bmatrix} x \\ y \\ -f \end{bmatrix} = \begin{bmatrix} a_1 & a_2 & a_3 \\ b_1 & b_2 & b_3 \\ c_1 & c_2 & c_3 \end{bmatrix} \begin{bmatrix} x \\ y \\ -f \end{bmatrix} \quad (3.27)$$

将式(3.27)展开,有

$$\left.\begin{array}{l} X = a_1 x + a_2 y - a_3 f \\ Y = b_1 x + b_2 y - b_3 f \\ Z = c_1 x + c_2 y - c_3 f \end{array}\right\} \quad (3.28)$$

式中，a_i、b_i、c_i可由式(3.24)、式(3.25)或式(3.26)得到。此式即为由像点像空系坐标计算其像辅系坐标的计算公式。

假设地面上任一点A的像辅系坐标为(X,Y,Z)，则其在像空系中的坐标为

$$\begin{bmatrix} x_A \\ y_A \\ z_A \end{bmatrix} = \boldsymbol{R}^{\mathrm{T}} \begin{bmatrix} X \\ Y \\ Z \end{bmatrix} \tag{3.29}$$

展开后可得到由地面点像辅系坐标计算其像空系坐标的具体表达式，即

$$\left. \begin{array}{l} x_A = a_1 X + b_1 Y + c_1 Z \\ y_A = a_2 X + b_2 Y + c_2 Z \\ z_A = a_3 X + b_3 Y + c_3 Z \end{array} \right\} \tag{3.30}$$

3.2.4　共线条件方程的一般形式

1. 用地面点坐标表达像点坐标的共线条件方程

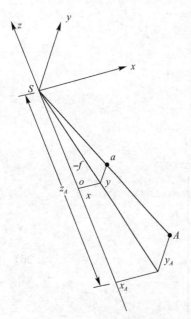

图 3.25　共线条件

在图 3.25 中，假设地面上任一点A的对应像点为a，且A在像空间辅助坐标系和像空间坐标系中的坐标分别为(X,Y,Z)和(x_A,y_A,z_A)，像点a在像空间坐标系中的坐标为$(x,y,-f)$，因为摄影瞬间S、a、A三点位于同一条直线上，所以它们在像空间坐标系中的坐标分量必然满足

$$\frac{x}{x_A} = \frac{y}{y_A} = \frac{-f}{z_A} = \lambda \tag{3.31}$$

则有

$$\left. \begin{array}{l} x = -f \dfrac{x_A}{z_A} \\ y = -f \dfrac{y_A}{z_A} \end{array} \right\} \tag{3.32}$$

将式(3.30)中的各式代入式(3.32)可得

$$\left. \begin{array}{l} x = -f \dfrac{a_1 X + b_1 Y + c_1 Z}{a_3 X + b_3 Y + c_3 Z} \\ y = -f \dfrac{a_2 X + b_2 Y + c_2 Z}{a_3 X + b_3 Y + c_3 Z} \end{array} \right\} \tag{3.33}$$

式中，(x,y)是像点的像平面坐标，(X,Y,Z)是对应地面点的像辅系坐标。该式表达了地面点和像点的坐标关系，是共线条件方程的常用形式。

前面已经知道，像平面坐标和框标坐标的关系为

$$\left. \begin{array}{l} x = x' - x_0 \\ y = y' - y_0 \end{array} \right\} \tag{3.34}$$

像辅系与地辅系的坐标关系为

$$\left. \begin{array}{l} X = X_P - X_S \\ Y = Y_P - Y_S \\ Z = Z_P - Z_S \end{array} \right\} \tag{3.35}$$

将式(3.34)和式(3.35)代入式(3.33)，并省略上标"'"和下标"P"，可得共线条件方程的一般

形式为

$$
\left.
\begin{aligned}
x-x_0 &= -f\,\frac{a_1(X-X_S)+b_1(Y-Y_S)+c_1(Z-Z_S)}{a_3(X-X_S)+b_3(Y-Y_S)+c_3(Z-Z_S)} \\
y-y_0 &= -f\,\frac{a_2(X-X_S)+b_2(Y-Y_S)+c_2(Z-Z_S)}{a_3(X-X_S)+b_3(Y-Y_S)+c_3(Z-Z_S)}
\end{aligned}
\right\}
\tag{3.36}
$$

式中，(x,y) 为像点的框标系坐标，x_0、y_0、f 为像片的内方位元素，X_S、Y_S、Z_S 为像片的外方位线元素，(X,Y,Z) 为地面点的地面辅助坐标系坐标，a_i、b_i、c_i（$i=1,2,3$）为像片外方位角元素所生成的 9 个方向余弦。

2. 用像点坐标表达地面点坐标的共线条件方程

式（3.36）是在像空系中利用共线条件推导出的用地面点坐标表达像点坐标的共线条件方程，同样，如果我们在像辅系中使用共线条件则可推导出用像点坐标表达地面点坐标的共线条件方程，即

$$
\left.
\begin{aligned}
X &= Z\,\frac{a_1 x+a_2 y-a_3 f}{c_1 x+c_2 y-c_3 f} \\
Y &= Z\,\frac{b_1 x+b_2 y-b_3 f}{c_1 x+c_2 y-c_3 f}
\end{aligned}
\right\}
\tag{3.37}
$$

进而可得到其一般形式为

$$
\left.
\begin{aligned}
X-X_S &= (Z-Z_S)\,\frac{a_1(x-x_0)+a_2(y-y_0)-a_3 f}{c_1(x-x_0)+c_2(y-y_0)-c_3 f} \\
Y-Y_S &= (Z-Z_S)\,\frac{b_1(x-x_0)+b_2(y-y_0)-b_3 f}{c_1(x-x_0)+c_2(y-y_0)-c_3 f}
\end{aligned}
\right\}
\tag{3.38}
$$

3. 共线条件方程的应用分析

共线条件方程是摄影测量的基础，因此在摄影测量中的应用十分广泛。在不同的条件和需求下，共线条件方程的应用主要有：解算摄影测量相机的内方位元素和镜头畸变参数；解算单张像片的外方位元素；单张像片纠正；核线影像制作；光束法区域网平差；分析摄影像片的几何特性；一步法直接解求地面点坐标；基于物方或多视影像匹配；正射影像纠正。

从式（3.36）可以看出，假设已知像片的内、外方位元素，则对坐标为 (X,Y,Z) 的地面任一点，可直接求出其对应的像点坐标 (x,y)，即用地面三维坐标能解算像点的像平面坐标。

同样，从式（3.38）可以看出，假设已知像片的内、外方位元素，则对坐标为 (x,y) 的任一像点，并不能直接求出其对应地面点的三维坐标，只有当地面高程已知时方能解算。为讨论方便，将式（3.38）变为

$$
\frac{X-X_S}{Z-Z_S}=\frac{a_1(x-x_0)+a_2(y-y_0)-a_3 f}{c_1(x-x_0)+c_2(y-y_0)-c_3 f}
$$

$$
\frac{Y-Y_S}{Z-Z_S}=\frac{b_1(x-x_0)+b_2(y-y_0)-b_3 f}{c_1(x-x_0)+c_2(y-y_0)-c_3 f}
$$

可见，当内、外方位元素已知时，像点坐标只决定了像点在地面坐标系的投射线方向，若地面有起伏时，利用单张像片不能解算地面点的三维坐标或有无穷多个解。

3.2.5　共线条件方程的其他形式

1. 平坦地区的共线条件方程

当地面平坦时，式（3.37）中任一地面点的 Z 为一常数，等于航高的负值。设摄影航高为

H,则有

$$Z = -H \tag{3.39}$$

此时,式(3.37)变为

$$\left. \begin{array}{l} X = -H \dfrac{a_1 x + a_2 y - a_3 f}{c_1 x + c_2 y - c_3 f} \\[3mm] Y = -H \dfrac{b_1 x + b_2 y - b_3 f}{c_1 x + c_2 y - c_3 f} \end{array} \right\} \tag{3.40}$$

此式可用于平坦地区的单张像片测图。

在透视三要素确定之后,式(3.40)中的 H、f 和 $c_3 = \cos\alpha$ 均为常数,将该式进行变形并用新符号表示各变换参数,则有

$$\left. \begin{array}{l} X = \dfrac{a_{11} x + a_{12} y + a_{13} f}{a_{31} x + a_{32} y + 1} \\[3mm] Y = \dfrac{a_{21} x + a_{22} y + a_{23} f}{a_{31} x + a_{32} y + 1} \end{array} \right\} \tag{3.41}$$

式中,a_{ij} 称为变换参数。该式反映了像片平面和地平面之间的中心投影构像关系,故又称为透视变换公式,是计算机图形学中进行图形变换的常用公式。

2. 水平像片与倾斜像片的共线条件方程

当我们把水平像片作为物面看待时,如图 3.10 所示,式(3.33)中的 X、Y 可用水平像片上的像点坐标 x^0、y^0 代替,$Z = -f$,则有

$$\left. \begin{array}{l} x = -f \dfrac{a_1 x^0 + b_1 y^0 - c_1 f}{a_3 x^0 + b_3 y^0 - c_3 f} \\[3mm] y = -f \dfrac{a_2 x^0 + b_2 y^0 - c_2 f}{a_3 x^0 + b_3 y^0 - c_3 f} \end{array} \right\} \tag{3.42}$$

式中,x、y 为倾斜像片的像点坐标,x^0、y^0 为水平像片的像点坐标。同样,根据式(3.37)可得到

$$\left. \begin{array}{l} x^0 = -f \dfrac{a_1 x + a_2 y - a_3 f}{c_1 x + c_2 y - c_3 f} \\[3mm] y^0 = -f \dfrac{b_1 x + b_2 y - b_3 f}{c_1 x + c_2 y - c_3 f} \end{array} \right\} \tag{3.43}$$

这两个公式即为水平像片与倾斜像片间的坐标变换关系式,常用于解析法像片纠正和核线影像的生成。

3. A-α-κ_v 转角系统形成的特殊共线条件方程

(1) (o,N) 系下的共线条件方程。

当采用 A-α-κ_v 转角系统时,若以基本方向线方向作为像辅系 Y 轴,以主纵线方向为像平面坐标系的 y 轴,则有

$$A = \kappa_v = 0 \tag{3.44}$$

根据式(3.26),此时旋转矩阵的各方向余弦为

$$\left. \begin{array}{l} a_1 = 1 \\ a_2 = a_3 = b_1 = c_1 = 0 \\ b_2 = c_3 = \cos\alpha \\ b_3 = -c_2 = -\sin\alpha \end{array} \right\} \tag{3.45}$$

代入式(3.33)，并令 $Z=-H$，整理后可得到

$$x=f\dfrac{X}{Y\sin\alpha+H\cos\alpha}\left.\begin{matrix}\\\\\end{matrix}\right\}$$
$$y=f\dfrac{Y\cos\alpha-H\sin\alpha}{Y\sin\alpha+H\cos\alpha}$$
$$\tag{3.46}$$

同样，可根据式(3.37)得到

$$X=-H\dfrac{x}{y\sin\alpha-f\cos\alpha}\left.\begin{matrix}\\\\\end{matrix}\right\}$$
$$Y=-H\dfrac{y\cos\alpha+f\sin\alpha}{y\sin\alpha-f\cos\alpha}$$
$$\tag{3.47}$$

式中，(X,Y) 为地面点的地面坐标，(x,y) 是像点的像平面坐标，f 是摄影机主距，α 为像片倾角，H 是摄影航高。由于式(3.46)和式(3.47)中像面坐标系原点为像主点 o，地平面坐标系原点为地底点 N，因此称为 (o,N) 系下的共线条件方程。

(2) (c,C) 系下的共线条件方程。

如果取像等角点 c、地等角点 C 分别为像面和地面坐标系原点，则根据主垂面内的几何关系，该坐标系和 (o,N) 系的坐标平移关系为

$$x=x_c,\quad y=y_c-f\tan\dfrac{\alpha}{2}\left.\begin{matrix}\\\\\end{matrix}\right\}$$
$$X=X_C,\quad Y=Y_C+H\tan\dfrac{\alpha}{2}$$
$$\tag{3.48}$$

代入式(3.46)和式(3.47)有

$$x_c=\dfrac{fX_C}{H+Y_C\sin\alpha}\left.\begin{matrix}\\\\\end{matrix}\right\}$$
$$y_c=\dfrac{fY_C}{H+Y_C\sin\alpha}$$
$$\tag{3.49}$$

$$X_C=\dfrac{Hx_c}{f-y_c\sin\alpha}\left.\begin{matrix}\\\\\end{matrix}\right\}$$
$$Y_C=\dfrac{Hy_c}{f-y_c\sin\alpha}$$
$$\tag{3.50}$$

将式(3.50)的 H 用 f 替代，则得水平像片和倾斜像片在该系下的坐标关系

$$x_c=\dfrac{fx_c^0}{f+y_c^0\sin\alpha}\left.\begin{matrix}\\\\\end{matrix}\right\}$$
$$y_c=\dfrac{fy_c^0}{f+y_c^0\sin\alpha}$$
$$\tag{3.51}$$

$$x_c^0=\dfrac{fx_c}{f-y_c\sin\alpha}\left.\begin{matrix}\\\\\end{matrix}\right\}$$
$$y_c^0=\dfrac{fy_c}{f-y_c\sin\alpha}$$
$$\tag{3.52}$$

(3) (n,N) 系统下的共线条件方程。

如果在像片上取像底点 n 为坐标原点，地面以地底点为原点，则

$$y=y_n-f\tan\alpha \tag{3.53}$$

代入式(3.47)有

$$X_N = H \frac{x_n \cos\alpha}{f - y_n \sin\alpha\cos\alpha} \left.\begin{array}{c} \\ \\ \\ \end{array}\right\}$$

$$Y_N = H \frac{y_n \cos^2\alpha}{f - y_n \sin\alpha\cos\alpha} \quad\quad (3.54)$$

根据主垂面内的几何关系,还可以根据需要推导出(i, K)、(o, K)等坐标系统下的共线条件方程,这些特殊的共线条件方程对讨论摄影像片的几何特性或其他特殊场合十分有用。

3.3　摄影像片的几何特性

航摄像片是地面的中心投影。如果像片水平且地面平坦,则摄影像片的投影性质等价于垂直投影,此时像片比例尺处处一致且等于 f/H,像点构成的几何形状与地面完全相似。但实际的摄影像片总是存在一定程度的倾斜,地面也是高低不平。像片倾斜会产生透视变形,像点位置必然产生偏移,这种像点位移称为倾斜误差。地形起伏使摄影航高发生变化,同样使像点产生移位,这种移位则称为投影误差。倾斜误差和投影误差都会使摄影像片产生几何变形,导致像片比例尺处处不一致。

3.3.1　倾斜误差

1. 倾斜误差的基本概念

假设地面任一点 A 在倾斜像片上的构像为 a,在水平像片的构像为 a_0,如图 3.26 所示。在透视变换原理中已经知道,倾斜像片和相应的水平像片必然交于等比线,且像等角点和地等角点是保持透视变换前后方位角不变的一对透视对应点。在图 3.26 中,如果将水平像片看成是一个地平面,此时地等角点 C 与像等角点 c 重合,所以当以等角点 c 为坐标原点,以等比线 $h_c h_c$ 为 x 轴时,倾斜像点 a 与水平像点 a_0 的方位角相等,即

$$\varphi = \varphi^0 \quad\quad (3.55)$$

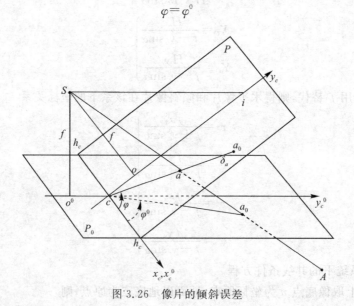

图 3.26　像片的倾斜误差

若将水平像片绕等比线旋转至倾斜像片,则向径 ca 与 ca_0 重合,但由于像片倾斜,其长度

并不相等，a 与 a_0 不会重合，即倾斜像点相对于水平像点产生了移位。在摄影测量中，这种由像片倾斜引起的像点位移称为倾斜误差，记为 δ_a。

2. 倾斜误差公式

设倾斜像点和水平像点的向径分别为 r_c 和 r_c^0，则倾斜误差为

$$\delta_a = r_c - r_c^0 \tag{3.56}$$

为了推导 δ_a 的具体表达式，将水平像片和倾斜像片重合，并在倾斜像片上考查水平像点和倾斜像点的坐标关系。在图 3.27 中可以看出

$$\frac{r_c^0}{r_c} = \frac{x_c^0}{x_c} \tag{3.57}$$

则

$$r_c^0 = \frac{x_c^0}{x_c} r_c \tag{3.58}$$

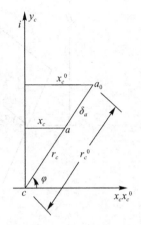

将式(3.52)的第一式代入有

$$r_c^0 = \frac{f}{f - y_c \sin\alpha} r_c \tag{3.59}$$

考虑到 $r_c^0 = r_c - \delta_a$ 且 $y_c = r_c \sin\varphi$，代入式(3.59)，经整理后可得

图 3.27　倾斜和水平像点的坐标关系

$$\delta_a = -\frac{r_c^2 \sin\varphi \sin\alpha}{f - r_c \sin\varphi \sin\alpha} \tag{3.60}$$

式中，r_c 是像点到等角点的距离，φ 是像点的方位角，f 是像片主距，α 为像片倾角。该式即为倾斜误差的严密公式。

当 α 很小时，可使用倾斜误差的近似公式，即

$$\delta_a = \frac{r_c^2}{f} \sin\varphi \sin\alpha \tag{3.61}$$

3. 倾斜误差的基本规律

从式(3.60)和式(3.61)可以看出，像片的倾斜误差与像片倾角和像点位置有关，其基本规律为：

(1) 倾斜误差发生在等角点的辐射线上。

(2) 当 $\varphi = 0°$ 或 $180°$ 时，$\delta_a = 0$，即等比线上的各点没有倾斜误差。

(3) 当 φ 在 $0° \sim 180°$ 时，δ_a 为负值，即朝向等角点位移；当 φ 在 $180° \sim 360°$ 时，δ_a 为正值，即背向等角点位移。

(4) 当 $\varphi = 90°$ 或 $270°$ 时，$\sin\varphi = \pm 1$，即在 r_c 相同的情况下，主纵线上的倾斜误差最大。

3.3.2　投影误差

1. 投影误差的基本概念

在图 3.28 中，设投影中心为 S，相对于水平基准面的航高为 H，地面上任意点 A 距基准面高差为 h，它在像片上的构像为 a。地面点 A 在基准面上的投影为 A_0，A_0 在像片上的构像为 a_0。从透视作图可以看出，a 和 a_0 不会重合，即像点相对于 a_0 产生了移位，且该移位是地形起伏所造成的。这种由地形起伏引起的像点移位称为投影误差，用 δ_h 表示。

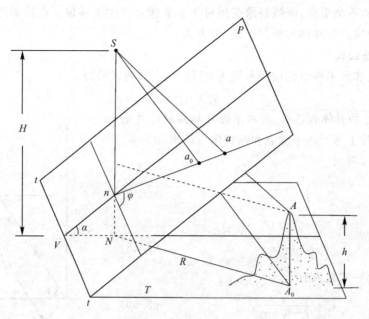

图 3.28 投影误差

2. 投影误差公式

因为像底点 n 是铅垂线的合点,所以 a_0 在 na 的方向线上,即投影误差发生在像底点的辐射线上。为此,以像底点为原点,以主纵线为 y 轴建立像平面坐标系。假设 a、a_0 的向径分别是 r_n 和 r_n^0,显然有

$$\delta_h = r_n - r_n^0 \tag{3.62}$$

由图 3.28 可以看出,A 和 A_0 的平面坐标相等,即

$$\left.\begin{array}{l} X_N^A = X_N^{A_0} \\ Y_N^A = Y_N^{A_0} \end{array}\right\} \tag{3.63}$$

从式(3.54)可得

$$\left.\begin{array}{l} X_N^A = \dfrac{(H-h)x_n\cos\alpha}{f - y_n\sin\alpha\cos\alpha} \\[3mm] X_N^{A_0} = \dfrac{Hx_n^0\cos\alpha}{f - y_n^0\sin\alpha\cos\alpha} \end{array}\right\} \tag{3.64}$$

将像点坐标用极坐标表示,并考虑式(3.63),有

$$\frac{(H-h)r_n}{f - r_n\sin\varphi\sin\alpha\cos\alpha} = \frac{Hr_n^0}{f - r_n^0\sin\varphi\sin\alpha\cos\alpha} \tag{3.65}$$

由于 $r_n^0 = r_n - \delta_h$,代入式(3.65),整理后即得

$$\delta_h = \frac{hr_n}{H}\left(\frac{1 - \dfrac{r_n}{2f}\sin\varphi\sin2\alpha}{1 - \dfrac{r_n h}{2Hf}\sin\varphi\sin2\alpha}\right) \tag{3.66}$$

式中,r_n 是像点到像底点的距离,φ 是像点的方位角,f 是像片主距,α 为像片倾角,h 是地表相对于基准面的高差,高于基准面为正,低于基准面为负。该式即为倾斜像片投影误差的严密

公式。

对于水平像片,$\alpha = 0$,此时的投影误差公式简化为

$$\delta_h = \frac{h}{H} r_n \tag{3.67}$$

3. 投影误差的基本规律

从式(3.67)可以看出,像点的投影误差主要取决于地面高差、像点向径和摄影高度,其基本规律为:

(1) 投影误差发生在像底点的辐射线上,且离像底点越远,投影误差的绝对值越大,反之越小。对于近似垂直摄影像片,像片中心的投影误差小,像点移位不明显,边缘的投影误差大,像点移位较为突出。

(2) 高差越大,投影误差越大。且当 h 为正值时,δ_h 为正,像点背离底点移位;h 为负值时,δ_h 为负,像点向着底点方向移位。

(3) 摄影航高对投影误差影响较大,航高越大,投影误差越小,反之越大。因此在中低空航空摄影像片上投影误差明显,而在航天摄影时,投影误差很小,几乎可以忽略。

3.3.3　像片比例尺

1. 像片比例尺的基本概念

像片上两点间距离与地面相应距离之比称为像片比例尺。当像片水平且地面平坦时,像片比例尺为

$$\frac{1}{m} = \frac{f}{H} \tag{3.68}$$

式中,m 为比例尺分母,f 是像片主距,H 为摄影航高。该式是理想情况下的比例尺公式,是对像片比例尺的一种笼统或概略性描述。在摄影测量的工程计划中,也用式(3.68)来计算摄影比例尺,只是此时的 H 是测区内的平均高度面到投影中心的距离,因此所得到的比例尺称为平均比例尺或主比例尺。

由于倾斜误差和投影误差的影响,实际摄影像片在不同位置、不同方向的比例尺都是不一致的,因此要准确表达像片的比例尺就必须清楚地反映任一像点及其任一方向的比例尺。为此,我们采用点比例尺来表述实际摄影像片的比例尺。在图 3.29 中,设像片上任一点 a 在 φ 方向的无穷小线段为 Δs,在地面上的相应线段为 ΔS,则像片比例尺定义为

$$\frac{1}{m} = \lim_{\Delta s \to 0} \frac{\Delta s}{\Delta S} = \frac{\mathrm{d}s}{\mathrm{d}S} \tag{3.69}$$

2. 像片比例尺公式

为方便起见,我们用 (c, C) 系统下的共线条件方程来推导像片比例尺的具体表达式。

已知 (c, C) 系统下的共线条件方程为

$$\left. \begin{array}{l} X = \dfrac{Hx\cos\alpha}{f - y\sin\alpha\cos\alpha} \\[3mm] Y = \dfrac{Hy\cos^2\alpha}{f - y\sin\alpha\cos\alpha} \end{array} \right\} \tag{3.70}$$

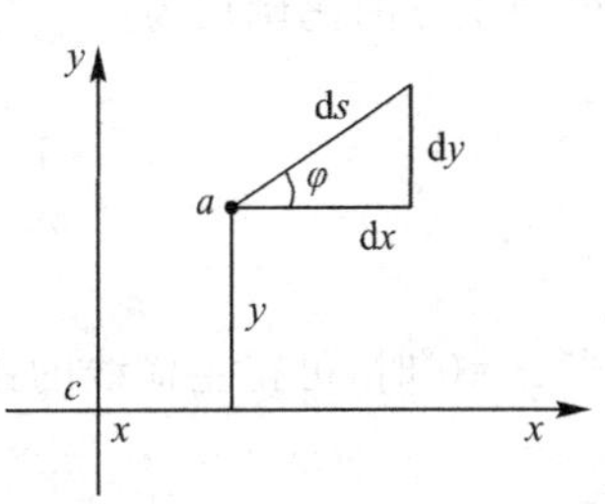

对式(3.70)求微分可得

图 3.29　像点比例尺

$$dX = H\frac{(f-y\sin\alpha)dx + x\sin\alpha dy}{(f-y\sin\alpha)^2}$$
$$dY = H\frac{f\,dy}{(f-y\sin\alpha)^2} \tag{3.71}$$

则

$$dS = \sqrt{dX^2 + dY^2}$$
$$= \frac{H}{(f-y\sin\alpha)^2}\sqrt{[(f-y\sin\alpha)dx + x\sin\alpha dy]^2 + f^2 dy^2} \tag{3.72}$$

于是有

$$\frac{1}{m} = \frac{ds}{dS} = \frac{(f-y\sin\alpha)^2}{H\sqrt{\left[(f-y\sin\alpha)\dfrac{dx}{ds} + x\sin\alpha\dfrac{dy}{ds}\right]^2 + f^2\left(\dfrac{dy}{ds}\right)^2}} \tag{3.73}$$

从图 3.29 可知，$\dfrac{dx}{ds} = \cos\varphi$，$\dfrac{dy}{ds} = \sin\varphi$，所以有

$$\frac{1}{m} = \frac{(f-y\sin\alpha)^2}{H\sqrt{[(f-y\sin\alpha)\cos\varphi + x\sin\alpha\sin\varphi]^2 + f^2\sin^2\varphi}} \tag{3.74}$$

该式即为像点比例尺的一般公式。从式中可以看出：

（1）像片比例尺与点的位置(x,y)有关，说明像片比例尺是随点位的不同而变化的。

（2）对同一个像点，若改变方向角 φ，则比例尺发生变化，即像片比例尺具有方向性。

（3）当地面有起伏时，即像点对应的 H 发生变化，则比例尺也随之改变，说明地形起伏会引起像片比例尺的变化。

（4）当像片水平，即 $\alpha=0$ 时，该式与式(3.68)同形，因此，式(3.68)是式(3.74)的一个特例。

3. 特殊点线的比例尺

（1）等角点的比例尺。

等角点在(c,C)系中的坐标为经 $x=y=0$，因此该点的比例尺为

$$\frac{1}{m_c} = \frac{f}{H} \tag{3.75}$$

说明等角点的比例尺没有方向性，且等于水平像片的比例尺。同时，该式也是等比线的比例尺公式。

（2）像主点的比例尺。

根据主垂面内的几何关系，像主点在(c,C)系中的坐标为 $x=0$，$y=f\tan\dfrac{\alpha}{2}$，代入式(3.74)可得像主点的比例尺为

$$\frac{1}{m_o} = \frac{(f-f\tan\dfrac{\alpha}{2}\sin\alpha)^2}{H\sqrt{[(f-f\tan\dfrac{\alpha}{2}\sin\alpha)\cos\varphi]^2 + f^2\sin^2\varphi}} \tag{3.76}$$

当 $\varphi=0°$时，可得主横线的比例尺为

$$\frac{1}{m_{oh}} = \frac{f}{H}\cos\alpha \tag{3.77}$$

当 $\varphi=90°$时，可得像主点沿主纵线方向的比例尺为

$$\frac{1}{m_{ov}}=\frac{f}{H}\cos^2\alpha \tag{3.78}$$

显然像主点的比例尺小于水平像片,且在主纵线方向变化最快。

（3）像底点的比例尺。

像底点在 (c,C) 系中的坐标为 $x=0,y=-f\tan\frac{\alpha}{2}\sec\alpha$,代入式(3.74)可得像底点的比例尺为

$$\frac{1}{m_n}=\frac{\left(f-f\tan\frac{\alpha}{2}\sec\alpha\sin\alpha\right)^2}{H\sqrt{\left[\left(f+f\tan\frac{\alpha}{2}\sec\alpha\sin\alpha\right)\cos\varphi\right]^2+f^2\sin^2\varphi}} \tag{3.79}$$

当 $\varphi=0°$ 时,可得过像底点水平线的比例尺为

$$\frac{1}{m_{nh}}=\frac{f}{H}\sec\alpha \tag{3.80}$$

当 $\varphi=90°$ 时,即得像底点沿主纵线方向的比例尺为

$$\frac{1}{m_{nv}}=\frac{f}{H}\sec^2\alpha \tag{3.81}$$

由此看出,像底点的比例尺大于水平像片,且沿主纵线方向变化最快。

等比线将像片分为两个部分,在其上方比例尺小于水平像片,且离等比线越远比例尺越小;在其下方,比例尺大于水平像片,且离等比线越远比例尺越大。

3.4　单像空间后方交会

在已知内方位元素时,如果知道每张像片的 6 个外方位元素,就能恢复航摄像片与被摄地面之间的空间关系。因此,如何获取像片的外方位元素,是摄影测量的核心问题之一。目前,解算像片外方位元素的方法主要有:①利用 GPS 和 IMU 组成的定位定姿系统(position and orientation system,POS)直接获取外方位元素;②用光束法区域网平差解求外方位元素的最或然值;③利用像片覆盖范围内一定数量地面控制点及其对应的像点坐标解求像片的外方位元素,这种方法就是单像空间后方交会。

3.4.1　空间后方交会的基本原理

空间后方交会的数学模型是共线条件方程,其具体形式可写为

$$\left.\begin{aligned}x&=-f\frac{a_1(X-X_S)+b_1(Y-Y_S)+c_1(Z-Z_S)}{a_3(X-X_S)+b_3(Y-Y_S)+c_3(Z-Z_S)}\\y&=-f\frac{a_2(X-X_S)+b_2(Y-Y_S)+c_2(Z-Z_S)}{a_3(X-X_S)+b_3(Y-Y_S)+c_3(Z-Z_S)}\end{aligned}\right\} \tag{3.82}$$

式中, (x,y) 为像点的像平面坐标, (X,Y,Z) 为像点对应地面点的物方空间坐标, f 为像片主距, X_S、Y_S、Z_S 为外方位线元素, a_i、b_i、$c_i(i=1,2,3)$ 为像片外方位角元素所组成的 9 个方向余弦。

对任一控制点,其地面坐标 (X_i,Y_i,Z_i) 和对应像点坐标 (x_i,y_i) 都是已知的,代入共线条件方程可以列出两个方程式,因此从理论上讲只要有 3 个控制点就可以列出 6 个方程,从而求

解出 6 个外方位元素。但为了避免粗差,提高测量精度,应有多余观测,因此,在实际应用中一般需要 4 个或更多的控制点。

为了最有效地控制整张像片,保证后方交会的精度,所有控制点应均匀分布于像片四角和边缘,而不能偏于一侧,特别是像片四角必须有控制点。按照控制点的这一分布原则,常用 4 个、6 个或 8 个控制点进行单像空间后方交会,其标准分布如图 3.30 所示。

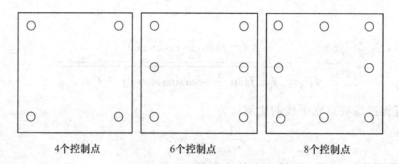

4个控制点　　　　6个控制点　　　　8个控制点

图 3.30　空间后方交会中控制点的个数和分布

在共线条件方程中,x、y 和外方位元素是非线性关系,不便于直接答解,所以需将共线条件方程改化为线性形式,然后按最小二乘方法答解 6 个外方位元素。由于线性化方程是原方程的近似形式,因此整个答解是一个逐次逼近的迭代过程。

3.4.2　共线条件方程的线性化

在式(3.82)中,令

$$\left.\begin{array}{l} \overline{X}=a_1(X-X_S)+b_1(Y-Y_S)+c_1(Z-Z_S)\\ \overline{Y}=a_2(X-X_S)+b_2(Y-Y_S)+c_2(Z-Z_S)\\ \overline{Z}=a_3(X-X_S)+b_3(Y-Y_S)+c_3(Z-Z_S) \end{array}\right\} \tag{3.83}$$

则共线条件方程可改写为

$$\left.\begin{array}{l} x=-f\dfrac{\overline{X}}{\overline{Z}}\\[2mm] y=-f\dfrac{\overline{Y}}{\overline{Z}} \end{array}\right\} \tag{3.84}$$

假设外方位元素的初始值为 X_S^0、Y_S^0、Z_S^0、φ^0、ω^0、κ^0,则用该初值和控制点的地面坐标可按式(3.84)计算出相应的像点坐标,即

$$\left.\begin{array}{l} x_{计}=-f\dfrac{\overline{X}}{\overline{Z}}\\[2mm] y_{计}=-f\dfrac{\overline{Y}}{\overline{Z}} \end{array}\right\}$$

将 $x_{计}$、$y_{计}$ 分别作为 x、y 的初值,按泰勒级数展开式(3.83),并只保留一次项,则有

$$\left.\begin{array}{l} x=x_{计}+\dfrac{\partial x}{\partial X_S}\Delta X_S+\dfrac{\partial x}{\partial Y_S}\Delta Y_S+\dfrac{\partial x}{\partial Z_S}\Delta Z_S+\dfrac{\partial x}{\partial \varphi}\Delta\varphi+\dfrac{\partial x}{\partial \omega}\Delta\omega+\dfrac{\partial x}{\partial \kappa}\Delta\kappa\\[3mm] y=y_{计}+\dfrac{\partial y}{\partial X_S}\Delta X_S+\dfrac{\partial y}{\partial Y_S}\Delta Y_S+\dfrac{\partial y}{\partial Z_S}\Delta Z_S+\dfrac{\partial y}{\partial \varphi}\Delta\varphi+\dfrac{\partial y}{\partial \omega}\Delta\omega+\dfrac{\partial y}{\partial \kappa}\Delta\kappa \end{array}\right\} \tag{3.85}$$

式中，$\dfrac{\partial x}{\partial \cdot}$、$\dfrac{\partial y}{\partial \cdot}$ 分别是各个外方位元素对 x 和 y 的偏导数，ΔX_s、ΔY_s、ΔZ_s、$\Delta\varphi$、$\Delta\omega$、$\Delta\kappa$ 是各外方位元素初值的增量或改正数。

式（3.85）还可以写为

$$\left.\begin{aligned}0&=\frac{\partial x}{\partial X_s}\Delta X_s+\frac{\partial x}{\partial Y_s}\Delta Y_s+\frac{\partial x}{\partial Z_s}\Delta Z_s+\frac{\partial x}{\partial\varphi}\Delta\varphi+\frac{\partial x}{\partial\omega}\Delta\omega+\frac{\partial x}{\partial\kappa}\Delta\kappa-(x-x_{\text{计}})\\0&=\frac{\partial y}{\partial X_s}\Delta X_s+\frac{\partial y}{\partial Y_s}\Delta Y_s+\frac{\partial y}{\partial Z_s}\Delta Z_s+\frac{\partial y}{\partial\varphi}\Delta\varphi+\frac{\partial y}{\partial\omega}\Delta\omega+\frac{\partial x}{\partial\kappa}\Delta\kappa-(y-y_{\text{计}})\end{aligned}\right\}\tag{3.86}$$

将其写为误差方程的形式，有

$$\left.\begin{aligned}v_x&=a_{11}\Delta X_s+a_{12}\Delta Y_s+a_{13}\Delta Z_s+a_{14}\Delta\varphi+a_{15}\Delta\omega+a_{16}\Delta\kappa-l_x\\v_y&=a_{21}\Delta X_s+a_{22}\Delta Y_s+a_{23}\Delta Z_s+a_{24}\Delta\varphi+a_{25}\Delta\omega+a_{26}\Delta\kappa-l_y\end{aligned}\right\}\tag{3.87}$$

式中，v_x、v_y 为残差；a_{ij} 是误差方程式的系数，在数值上等于各待定参数对 x、y 的偏导数；$l_x=x-x_{\text{计}}$，$l_y=y-y_{\text{计}}$ 为常数项，其中 x、y 是像点坐标的观测值，$x_{\text{计}}$、$y_{\text{计}}$ 则是其理论计算值。因此要得到共线条件方程的线性化误差方程，关键是确定误差方程的各个系数，也就是求出式（3.86）中的各个偏导数。

系数 a_{ij} 可分为两类，一类跟外方位线元素有关，有 a_{11}、a_{12}、a_{13}、a_{21}、a_{22}、a_{23} 6 个系数；另一类是跟外方位角元素有关，即 a_{14}、a_{15}、a_{16}、a_{24}、a_{25}、a_{26} 6 个系数。

从式（3.83）和式（3.84）可以看出，求线元素的偏导数比较容易，只要直接对相应元素求导即可。下面仅以 a_{11} 为例，说明外方位线元素增量系数的推导方法，其他线元素增量系数则直接给出。a_{11} 的推导过程为

$$\begin{aligned}a_{11}&=\frac{\partial x}{\partial X_s}=\frac{\partial}{\partial X_s}\left(-f\,\frac{\overline{X}}{\overline{Z}}\right)=-\frac{f}{\overline{Z}^2}\left(\frac{\partial\overline{X}}{\partial X_s}\overline{Z}-\frac{\partial\overline{Z}}{\partial X_s}\overline{X}\right)=-\frac{f}{\overline{Z}^2}(-a_1\overline{Z}+a_3\overline{X})\\&=\frac{1}{\overline{Z}}\left(a_1 f-f\,\frac{\overline{X}}{\overline{Z}}a_3\right)=\frac{1}{\overline{Z}}(a_1 f+a_3 x)\end{aligned}$$

按相同的方法推导出其他系数后，即得到全部线元素增量系数为

$$\left.\begin{aligned}a_{11}&=\frac{\partial x}{\partial Y_s}=\frac{1}{\overline{Z}}(a_1 f+a_3 x),\quad a_{21}=\frac{\partial y}{\partial X_s}=\frac{1}{\overline{Z}}(a_2 f+a_3 y)\\a_{12}&=\frac{\partial x}{\partial Y_s}=\frac{1}{\overline{Z}}(b_1 f+b_3 x),\quad a_{22}=\frac{\partial y}{\partial Y_s}=\frac{1}{\overline{Z}}(b_2 f+b_3 y)\\a_{13}&=\frac{\partial x}{\partial Z_s}=\frac{1}{\overline{Z}}(c_1 f+c_3 x),\quad a_{23}=\frac{\partial y}{\partial Z_s}=\frac{1}{\overline{Z}}(c_2 f+c_3 y)\end{aligned}\right\}\tag{3.88}$$

x 和 y 是角元素 φ、ω、κ 的复合函数，为了推导的方便，我们将对角元素求导数的过程分为三个步骤。第一步，求各个方向余弦 a_i、b_i、c_i 对 φ、ω、κ 的偏导数，共有 27 个；第二步，求 $\overline{X}$、$\overline{Y}$、$\overline{Z}$ 对 φ、ω、κ 的偏导数，共有 9 个；第三步，求 x、y 对角元素 φ、ω、κ 的偏导数，共 6 个。

将式（3.24）分别对 φ、ω、κ 求偏导后可得

$$\left.\begin{aligned}\frac{\partial a_1}{\partial\varphi}&=-c_1,\frac{\partial a_1}{\partial\omega}=a_3\sin\kappa,\frac{\partial a_1}{\partial\kappa}=a_2\\[4pt]\frac{\partial a_2}{\partial\varphi}&=-c_2,\frac{\partial a_2}{\partial\omega}=a_3\cos\kappa,\frac{\partial a_2}{\partial\kappa}=-a_1\\[4pt]\frac{\partial a_3}{\partial\varphi}&=-c_3,\frac{\partial a_3}{\partial\omega}=\sin\varphi\sin\omega,\frac{\partial a_3}{\partial\kappa}=0\end{aligned}\right\}\tag{3.89}$$

$$\frac{\partial b_1}{\partial \varphi}=0,\frac{\partial b_1}{\partial \omega}=b_3 \sin\kappa,\frac{\partial b_1}{\partial \kappa}=b_2$$

$$\frac{\partial b_2}{\partial \varphi}=0,\frac{\partial b_2}{\partial \omega}=b_3 \cos\kappa,\frac{\partial b_2}{\partial \kappa}=-b_1$$

$$\frac{\partial b_3}{\partial \varphi}=0,\frac{\partial b_3}{\partial \omega}=-\cos\omega,\frac{\partial b_3}{\partial \kappa}=0$$

$$\frac{\partial c_1}{\partial \varphi}=a_1,\frac{\partial c_1}{\partial \omega}=c_3 \sin\kappa,\frac{\partial c_1}{\partial \kappa}=c_2$$

$$\frac{\partial c_2}{\partial \varphi}=a_2,\frac{\partial c_2}{\partial \omega}=c_3 \cos\kappa,\frac{\partial c_2}{\partial \kappa}=-c_1$$

$$\frac{\partial c_3}{\partial \varphi}=a_3,\frac{\partial c_3}{\partial \omega}=-\cos\varphi\sin\omega,\frac{\partial c_3}{\partial \kappa}=0$$

续(3.89)

在求 $\overline{X}$、$\overline{Y}$、$\overline{Z}$ 对 φ、ω、κ 的偏导数时,只需将各方向余弦的偏导数代入即可。但为了公式的简单与工整,应利用各个方向余弦间的关系,将各个导数尽量化为由 $\overline{X}$、$\overline{Y}$、$\overline{Z}$ 和 a_i、b_i、c_i 表示的形式。这样在乘以 $\frac{1}{Z}$ 后,各个系数很容易化成以 x、y 表示的形式。下面仅以 $\frac{\partial \overline{X}}{\partial \varphi}$ 为例,说明 $\overline{X}$、$\overline{Y}$、$\overline{Z}$ 对 φ、ω、κ 偏导数的推导过程。

由 $\overline{X}=a_1(X-X_S)+b_1(Y-Y_S)+c_1(Z-Z_S)$ 可得

$$\frac{\partial \overline{X}}{\partial \varphi}=\frac{\partial a_1}{\partial \varphi}(X-X_S)+\frac{\partial b_1}{\partial \varphi}(Y-Y_S)+\frac{\partial c_1}{\partial \varphi}(Z-Z_S) \tag{3.90}$$

将式(3.89)中的相应部分代入式(3.90)有

$$\frac{\partial \overline{X}}{\partial \varphi}=-c_1(X-X_S)+a_1(Z-Z_S) \tag{3.91}$$

已知旋转矩阵的每个元素等于其代数余子式,因此有 $c_1=(-1)^{i+j}\begin{vmatrix} a_2 & a_3 \\ b_2 & b_3 \end{vmatrix}$,$a_1=(-1)^{i+j}$ $\begin{vmatrix} b_2 & b_3 \\ c_2 & c_3 \end{vmatrix}$,这里 i、j 是元素的行、列数。代入式(3.91)有

$$\frac{\partial \overline{X}}{\partial \varphi}=-(a_2 b_3-a_3 b_2)(X-X_S)+(b_2 c_3-b_3 c_2)(Z-Z_S)$$
$$=-a_2 b_3(X-X_S)+a_3 b_2(X-X_S)+b_2 c_3(Z-Z_S)-b_3 c_2(Z-Z_S)$$
$$=-b_3[a_2(X-X_S)+c_2(Z-Z_S)]+b_2[a_3(X-X_S)+c_3(Z-Z_S)]$$
$$=-b_3[a_2(X-X_S)+c_2(Z-Z_S)]+b_2[a_3(X-X_S)+c_3(Z-Z_S)]+$$
$$b_3 b_2(Y-Y_S)-b_3 b_2(Y-Y_S)$$
$$=-b_3[a_2(X-X_S)+b_2(Y-Y_S)+c_2(Z-Z_S)]+b_2[a_3(X-X_S)+$$
$$b_3(Y-Y_S)+c_3(Z-Z_S)]$$
$$=-b_3 \overline{Y}+b_2 \overline{Z}$$

对其余的求导也作类似处理,可得 $\overline{X}$、$\overline{Y}$、$\overline{Z}$ 对 φ、ω、κ 的 9 个偏导数如下

$$\frac{\partial \overline{X}}{\partial \varphi}=-b_3 \overline{Y}+b_2 \overline{Z},\frac{\partial \overline{X}}{\partial \omega}=\overline{Z}\sin\kappa,\frac{\partial \overline{X}}{\partial \kappa}=\overline{Y},$$

$$\frac{\partial \overline{Y}}{\partial \varphi}=-b_3 \overline{X}-b_1 \overline{Z},\frac{\partial \overline{Y}}{\partial \omega}=\overline{Z}\cos\kappa,\frac{\partial \overline{Y}}{\partial \kappa}=-\overline{X}, \tag{3.92}$$

$$\frac{\partial \overline{Z}}{\partial \varphi}=-b_2 \overline{X}+b_1 \overline{Y},\frac{\partial \overline{Z}}{\partial \omega}=-\overline{X}\sin\kappa-\overline{Y}\cos\kappa,\frac{\partial \overline{Z}}{\partial \kappa}=0$$

因为

$$a_{14} = \frac{\partial x}{\partial \varphi} = -\frac{f}{\overline{Z}^2}\left(\frac{\partial \overline{X}}{\partial \varphi}\overline{Z} - \frac{\varphi}{\partial \varphi}\overline{Z}\overline{X}\right) \tag{3.93}$$

将式(3.92)的相应部分代入式(3.93),并考虑式(3.84),有

$$a_{14} = \frac{\partial x}{\partial \varphi} = -\frac{f}{\overline{Z}}\left[b_2\overline{Z} - b_3\overline{Y} - \frac{\overline{X}}{\overline{Z}}(b_1\overline{Y} - b_2\overline{X})\right]$$

$$= -b_2 f + b_3 f\frac{\overline{Y}}{\overline{Z}} + f\frac{\overline{X}}{\overline{Z}}\left(b_1\frac{\overline{Y}}{\overline{Z}} - b_2\frac{\overline{X}}{\overline{Z}}\right)$$

$$= -b_2 f - b_3 y - \frac{x}{f}(-b_1 y + b_2 x)$$

$$= b_1\frac{xy}{f} - b_2\left(f + \frac{x^2}{f}\right) - b_3 y$$

用同样的方法,也可求出其他角元素系数。将 6 个外方位角元素增量系数与式(3.88)合并,可得到式(3.87)中的所有系数为

$$\left.\begin{array}{l}
a_{11} = \dfrac{1}{\overline{Z}}(a_1 f + a_3 x), \quad a_{21} = \dfrac{1}{\overline{Z}}(a_2 f + a_3 y), \\[2mm]
a_{12} = \dfrac{1}{\overline{Z}}(b_1 f + b_3 x), \quad a_{22} = \dfrac{1}{\overline{Z}}(b_2 f + b_3 y), \\[2mm]
a_{13} = \dfrac{1}{\overline{Z}}(c_1 f + c_3 x), \quad a_{23} = \dfrac{1}{\overline{Z}}(c_2 f + c_3 y), \\[2mm]
a_{14} = b_1\dfrac{xy}{f} - b_2\left(f + \dfrac{x^2}{f}\right) - b_3 y, \quad a_{24} = b_1\left(f + \dfrac{y^2}{f}\right) - b_2\dfrac{xy}{f} + b_3 x, \\[2mm]
a_{15} = -\dfrac{x^2}{f}\sin\kappa - \dfrac{xy}{f}\cos\kappa - f\sin\kappa, \quad a_{25} = -\dfrac{xy}{f}\sin\kappa - \dfrac{y^2}{f}\cos\kappa - f\cos\kappa, \\[2mm]
a_{16} = y, \quad a_{26} = -x
\end{array}\right\} \tag{3.94}$$

在竖直摄影情况下,角元素都是小角(<3°),此时 $\varphi = \omega = \kappa \approx 0$,旋转矩阵为单位矩阵,代入式(3.94)可得各系数的近似表达式为

$$\left.\begin{array}{ll}
a_{11} = \dfrac{f}{Z - Z_S}, & a_{21} = 0 \\[3mm]
a_{12} = 0, & a_{22} = \dfrac{f}{Z - Z_S} \\[3mm]
a_{13} = \dfrac{x}{Z - Z_S}, & a_{23} = \dfrac{y}{Z - Z_S} \\[3mm]
a_{14} = -f\left(f + \dfrac{x^2}{f}\right), & a_{24} = -\dfrac{xy}{f} \\[3mm]
a_{15} = -\dfrac{xy}{f}, & a_{25} = -\left(f + \dfrac{y^2}{f}\right) \\[3mm]
a_{16} = y, & a_{26} = -x
\end{array}\right\} \tag{3.95}$$

此时,误差方程式简化为

$$\left.\begin{array}{l}
v_x = \dfrac{f}{Z - Z_S}\Delta X_S + \dfrac{x}{Z - Z_S}\Delta Z_S - \left(f + \dfrac{x^2}{f}\right)\Delta\varphi - \dfrac{xy}{f}\Delta\omega + y\Delta\kappa - (x - x_{\text{计}}) \\[3mm]
v_y = \dfrac{f}{Z - Z_S}\Delta Y_S + \dfrac{y}{Z - Z_S}\Delta Z_S - \dfrac{xy}{f}\Delta\varphi - \left(f + \dfrac{y^2}{f}\right)\Delta\omega - x\Delta\kappa - (y - y_{\text{计}})
\end{array}\right\} \tag{3.96}$$

3.4.3　空间后方交会的计算过程

空间后方交会的主要过程为

1. 获取原始数据

原始数据包括:控制点的物方空间坐标(X,Y,Z)、内方位元素(x_0,y_0,f)、摄影航高、摄影比例尺和控制点的像平面坐标等。

2. 确定外方位元素的初始值

在竖直摄影情况下,角元素的初始值为一般设置为 0,即

$$\varphi^0 = \omega^0 = \kappa^0 = 0$$

线元素中的平面坐标初值可用各控制点求平均得到,即

$$X_S^0 = \frac{\sum_{i=1}^{n} X_i}{n}$$

$$Y_S^0 = \frac{\sum_{i=1}^{n} Y_i}{n}$$

式中,n 为控制点个数。摄站的高程初值可用摄影的绝对航高代替,即

$$Z_S^0 = H_{\text{绝}}$$

3. 计算旋转矩阵 R

利用角元素的初值,按式(3.24)计算各方向余弦,组成旋转矩阵 R。第一次迭代求解时 R 为单位矩阵,以后各次迭代都用新的初值计算旋转矩阵。

4. 逐控制点组建误差方程式

(1) 计算 $\overline{X}$、$\overline{Y}$、$\overline{Z}$。

(2) 计算 $x_{\text{计}}$、$y_{\text{计}}$ 以及 l_x 和 l_y。

(3) 按式(3.94)或式(3.95)计算各个系数。

所有控制点都组建完后,可得到如下的误差方程组

$$V = A\Delta - L$$

式中,A 为系数矩阵,Δ 为外方位元素改正数向量,L 为常数向量。且

$$A = \begin{bmatrix} A_1 \\ A_2 \\ \vdots \\ A_n \end{bmatrix}, L = \begin{bmatrix} L_1 \\ L_2 \\ \vdots \\ L_n \end{bmatrix}, \Delta = \begin{bmatrix} \Delta X_S & \Delta Y_X & \Delta Z_S & \Delta\varphi & \Delta\omega & \Delta\kappa \end{bmatrix}^{\mathrm{T}}$$

其中

$$A_i = \begin{bmatrix} a_{11}^i & a_{12}^i & a_{13}^i & a_{14}^i & a_{15}^i & a_{16}^i \\ a_{21}^i & a_{22}^i & a_{23}^i & a_{24}^i & a_{25}^i & a_{26}^i \end{bmatrix}, L_i = \begin{bmatrix} l_x^i \\ l_y^i \end{bmatrix} \quad (i = 1, 2, \cdots, n)$$

5. 组成法方程式并求解各未知数

按最小二乘原理组建法方程

$$A^{\mathrm{T}} A\Delta - A^{\mathrm{T}} L = 0$$

据此,可解出外方位元素的各改正数为

$$\boldsymbol{\Delta} = (\boldsymbol{A}^{\mathrm{T}}\boldsymbol{A})^{-1}\boldsymbol{A}^{\mathrm{T}}\boldsymbol{L}$$

6. 计算外方位元素的新初值

第 k 次迭代的新初值可按下式计算

$$X_S^k = X_S^{k-1} + \Delta X_S$$
$$Y_S^k = Y_S^{k-1} + \Delta Y_S$$
$$Z_S^k = Z_S^{k-1} + \Delta Z_S$$
$$\varphi^k = \varphi^{k-1} + \Delta\varphi$$
$$\omega^k = \omega^{k-1} + \Delta\omega$$
$$\kappa^k = \kappa^{k-1} + \Delta\kappa$$

7. 判断计算是否结束

将求得的外方位元素的改正数与规定的限差进行比较。当小于限差时,迭代结束;否则返回到第 3 步。

3.4.4　空间后方交会的精度

根据平差原理,平差后的单位权中误差为

$$m_0 = \sqrt{\frac{\sum v_i^2}{2n-t}} \tag{3.97}$$

式中,m_0 是单位权中误差,v_i 是第 i 个方程的残差,n 是控制点个数,t 是未知数个数,在此为 6。

根据误差传播定律

$$m^2 = \boldsymbol{N}^{-1} m_0^2 \tag{3.98}$$

式中,$\boldsymbol{N}^{-1}$ 是法方程系数阵的逆矩阵。若

$$\boldsymbol{N}^{-1} = \begin{bmatrix} Q_{11} & Q_{12} & \cdots & Q_{16} \\ Q_{21} & Q_{22} & \cdots & Q_{26} \\ \vdots & \vdots & \vdots & \vdots \\ Q_{61} & Q_{62} & \cdots & Q_{66} \end{bmatrix}$$

则第 i 个未知数的中误差为

$$m_i = \sqrt{Q_{ii}}\, m_0 \tag{3.99}$$

按照误差方程式中未知数的排列顺序,各个外方位元素的中误差为

$$\left. \begin{array}{l} m_{X_S} = \sqrt{Q_{11}}\, m_0,\, m_{Y_S} = \sqrt{Q_{22}}\, m_0,\, m_{Z_S} = \sqrt{Q_{33}}\, m_0 \\ m_\varphi = \sqrt{Q_{44}}\, m_0,\, m_\omega = \sqrt{Q_{55}}\, m_0,\, m_\kappa = \sqrt{Q_{66}}\, m_0 \end{array} \right\} \tag{3.100}$$

习题与思考题

1. 什么是平行投影和中心投影? 试分析摄影像片的投影性质。

2. 什么是透视变换? 其基本要素是什么?

3. 什么是迹线(透视轴)? 迹点有什么特性?

4. 什么是主垂面、合面、遁面? 与其相关的特殊线和点是什么?

5. 什么是合点? 什么是灭点?

6. 下面的说法是否正确?

(1) 在中心投影中,像平面上的所有点都是合点。

(2) 在中心投影中,合点都在像平面内。

(3) 在中心投影中,地平面上所有点都是灭点。

(4) 在中心投影中,灭点都在地平面内。

7. 等角点有什么特性? 并给出简要证明。

8. 简述像底点的特性。

9. 什么是透视平行四边形? 在透视变换中有何作用?

10. 试推导主垂面内的几何关系。

11. 在透视变换中,请用三种(或以上)不同的作图方法求出地面上一个物点的像。如果已知像点,如何求出其相应的物点? 请写明作图的步骤。

12. 什么是像片的内方位元素? 其有什么作用?

13. 什么是外方位元素? 各自有什么意义?

14. 有哪些表示航摄像片外方位角元素的转角系统?

15. 摄影测量中常用的坐标系有哪些? 是如何定义的? 各有什么用途?

16. 试推导 $\omega'\text{-}\varphi'\text{-}\kappa'$ 和 $A\text{-}\alpha\text{-}\kappa_v$ 系统旋转矩阵的具体表达式。

17. 什么是共线条件方程? 试推导用像点坐标表示地面点坐标的共线条件方程。

18. 用 $A\text{-}\alpha\text{-}\kappa_v$ 转角系统推导不同坐标系下的共线条件方程。

19. 什么是倾斜误差? 什么是投影误差? 试推导其数学表达式,并分析各自的特性。

20. 什么是像片比例尺? 试推导像主点、像底点和等角点的比例尺公式,并分析像片比例尺的变化规律。

21. 什么是空间后方交会? 试分析单张像片空间后方交会所需的像片控制点个数、分布及其精度。

22. 试述空间后方交会的一般过程,并绘制其程序框图。

23. 证明 $\dfrac{\partial \overline{Y}}{\partial \varphi} = -b_3 \overline{X} - b_1 \overline{Z}$,进而证明 $a_{24} = \left(f + \dfrac{y^2}{f}\right)b_1 - \dfrac{xy}{f}b_2 + xb_3$。

第4章 立体摄影测量

从第 3 章我们知道，单张像片只能确定像点在物方空间的投射线方向，当地面有起伏时不能确定像点所对应地面点的三维坐标。如果我们在不同位置对同一地物拍摄两张像片，则该地物在两张像片上都会成像，那么就可利用其在两张像片上的像点坐标根据共线条件方程列出 4 个方程式，从而求解出该地物的三维坐标。像这样，利用不同摄站的两张像片（立体像对）确定物体空间三维坐标的方法和技术称为立体摄影测量或双像摄影测量。本章从立体像对的基本概念出发，详细介绍立体观察、立体模型构建、立体模型定向及核线几何关系解析的理论和方法，以期读者对立体摄影测量的理论体系和作业过程有全面的理解和掌握。

4.1 立体像对和像对立体观察

4.1.1 立体像对的基本知识

1. 立体像对的基本概念

从不同摄站获取的同一景物的两张像片称为立体像对，如图 4.1 所示。摄影测量一般采用竖直航空摄影方式，其相邻像片的重叠区域即是同一地区的影像，因此也可以说由不同摄站获取的具有一定影像重叠的两张像片为立体像对。在图 4.1 中，S_1 与 S_2 为左、右摄站，S_1 与 S_2 的连线称为摄影基线，一般用 B 表示。物方任一点 A 在左、右两张像片上分别成像于 a_1 和 a_2，由于它们是地面同一点的像，所以称为同名像点。同名像点所决定的两条投射线称为同名光线，图中 S_1a_1 与 S_2a_2 即为一对同名光线。同名像点在各自像平面内的横坐标（x 坐标）之差称为左右视差，一般用 p 表示；纵坐标（y 坐标）之差则称为上下视差，用 q 表示；不同像点的左右视差之差称为左右视差较，用 Δp 表示。若 a_1 和 a_2 在各自像平面内的坐标分别为（x_1，y_1）和（x_2，y_2），则其左右视差和上下视差为

$$\left.\begin{array}{l} p = x_1 - x_2 \\ q = y_1 - y_2 \end{array}\right\} \tag{4.1}$$

像点 a 和 b 的左右视差较为

$$\Delta p = p_a - p_b \tag{4.2}$$

式中，p_a 和 p_b 分别为 a、b 点的左右视差。

从数学上讲，如果知道了左、右像片的内、外方位元素和同名像点的坐标，则可以利用式（3.38）所示的共线条件方程列出 4 个方程式，即

$$X - X_{S_1} = (Z - Z_{S_1}) \frac{a_1(x_1 - x_0) + a_2(y_1 - y_0) - a_3 f}{c_1(x_1 - x_0) + c_2(y_1 - y_0) - c_3 f}$$

$$Y - Y_{S_1} = (Z - Z_{S_1}) \frac{b_1(x_1 - x_0) + b_2(y_1 - y_0) - b_3 f}{c_1(x_1 - x_0) + c_2(y_1 - y_0) - c_3 f}$$

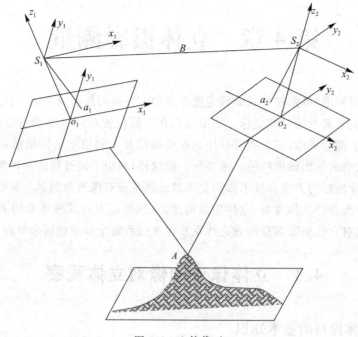

图 4.1 立体像对

$$X - X_{S_2} = (Z - Z_{S_2}) \frac{a_1'(x_2 - x_0) + a_2'(y_2 - y_0) - a_3'f}{c_1'(x_2 - x_0) + c_2'(y_2 - y_0) - c_3'f}$$

$$Y - Y_{S_2} = (Z - Z_{S_2}) \frac{b_1'(x_2 - x_0) + b_2'(y_2 - y_0) - b_3'f}{c_1'(x_2 - x_0) + c_2'(y_2 - y_0) - c_3'f}$$

式中,(x_1, y_1)、(x_2, y_2)分别是同名像点的左、右像片坐标,x_0、y_0、f为像片的内方位元素,$(X_{S_1}, Y_{S_1}, Z_{S_1})$、$(X_{S_2}, Y_{S_2}, Z_{S_2})$为左、右像片的外方位线元素,$a_i$、$b_i$、$c_i$和$a_i'$、$b_i'$、$c_i'$分别是左、右像片外方位角元素所生成的 9 个方向余弦,(X, Y, Z)为地物的地面坐标系坐标。用这 4 个方程,即可解出地面点的三维坐标。另外,从图 4.1 可以看出,当恢复了两张像片的内、外方位后,同名光线必然相交于原地物点,因此同名光线的相交处坐标即为对应地面点坐标。这就是用立体像对能够确定地面点物方空间坐标的原因。

2. 核面与核线

如图 4.2 所示,通过摄影基线 S_1S_2 的任一平面称为核面,一般用 W_A 表示。通过像主点 o_1(或 o_2)的核面称为主核面,由于左右主光轴一般不平行,不在同一平面内,所以左右主核面一般是不重合的。垂直于地面的核面称为垂核面,显然左、右像底点和地底点都位于垂核面内。

核面与像平面的交线称为核线,同一核面和左、右像片的交线称为同名核线。核面与地表的交线一般是一条曲线,按照中心投影的性质,这条曲线的像是由该核面在左、右像片上所确定的核线。因此,同名像点必然位于同名核线上。

主核面与像片平面的交线为主核线,左右主核线一般不是同名核线。

基线或基线延长线与像平面的交点称为核点,左、右像片的核点一般分别用 J_1 和 J_2 表示。由于摄影基线是所有核面的交线,所以左、右像片上的所有核线必会聚于各自的核点。

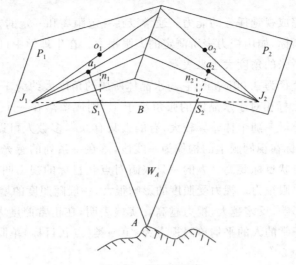

图 4.2　核面和核线

4.1.2　人眼视力与双眼立体视觉

1. 人眼的结构

人的眼睛是一个直径大约为 23 mm 的近似球体,由眼球壁和眼球内容物构成,如图 4.3 所示。外部物体发出的光线,通过角膜、水晶体,聚焦在视网膜上成像。视网膜上的锥体细胞和杆体细胞把接收的光刺激转化为神经冲动,经视神经到丘脑的外侧膝状体,再传到大脑枕叶皮层的高级视觉中枢就产生了物体的大小、形状、颜色等视觉效应。

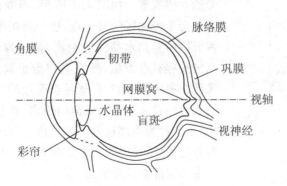

图 4.3　人眼解剖图

锥体细胞和杆体细胞是视网膜上的感光细胞。锥体细胞大约有 650 万个,长度为 0.028～0.058 mm,直径为 0.002 5～0.007 5 mm,大部分集中于眼球后部中央的网膜窝处,离网膜窝越远,锥体细胞就越少。锥体细胞能辨别光的颜色,但对微光不灵敏。杆体细胞长为 0.04～0.06 mm,直径为 0.002 mm,大约有 1 亿个,在视网膜上的分布与锥状细胞不同,离网膜窝 20° 处的杆体细胞数量最多,离网膜窝越近,杆体细胞的数量急剧下降。杆体细胞不能分辨颜色,但对光强的敏感性很高,特别是对微光的灵敏度比锥体细胞高的多。在光线比较暗的黄昏和夜晚,人的视觉主要由杆体细胞起作用,这时不易辨别物体的颜色。

2. 单眼视力

视力是视觉器官完成视觉任务的能力。通常以在一定距离和一定的光照条件下能辨别的最小目标作为视力的指标,如用视力表所测定的人眼视力。在生理学中,单眼视力一般以能辨别的最小目标对眼睛所张的角度大小来表示。

锥体细胞的平均直径为 0.005 mm,它与水晶体所成的角度大约为 1′,所以人眼的平均视角分辨率为 1′。如果目标相对于水晶体的张角小于 1′,则成像落在一个视觉细胞内,人眼不能够分辨。人的视角分辨率随个体差异较大,有的人只有 90″,多数人可以达到 50″,个别人可达到 15″。因为线状目标在视网膜上的构像为一线段,落在一系列的感光细胞上,所以人眼对线状目标的视力比对点状目标要高。人的一只眼睛对点状目标的视力叫第一类单眼视力,对线状目标则为第二类单眼视力。视力受照度的影响很大,一般随照度的增强而提高;目标与背景的反差对视力也有影响,反差越大,视力越高。实验表明,在正常照度大于 50 lx(lx 为照度单位)的条件下,视力正常的人的平均单眼视力为:第一类(点状目标)单眼视力为 45″;第二类(线状目标)单眼视力为 20″。

单眼观察不能客观地区别物体的远近和立体形象,只能依据日常生活的经验来判断物体的远近。例如,当一个物体被另一个物体遮挡,就知道被遮挡的物体较远。根据透视原理也可以判别物体的远近,但是这种对物体远近的判断是不可靠的,只有双眼观察才能对物体有立体感觉,才能客观判断物体的远近。

3. 双眼立体观察

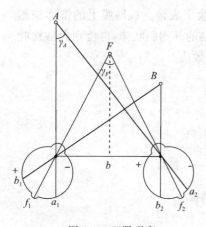

图 4.4 双眼观察

双眼观察时,同一景物在左、右眼中分别构像,经视觉神经和大脑皮层的视觉中心作用后凝合成单一印象,从而感觉到被观察物体的立体形态,产生立体感,这种观察称为天然立体观察。如图 4.4 所示,当双眼观察时双眼的视轴要交会于景物区的某一点,这个点叫凝视点,同时眼睛自动调节视网膜到水晶体的距离,使影像清晰。这与摄影时的调焦过程有点类似,凝视点相当于调焦的参考点。凝视点成像在视网膜中心,在凝视点附近的物体在左、右视网膜上的成像位置离各自网膜窝的距离(弧长)不同,这个距离(弧长)之差称为生理视差。弧长位于网膜窝左方时为正,位于右方时为负,在网膜窝中心时为 0。在图 4.4 中,A、B 两点产生的生理视差分别为

$$P_A = \overline{f_1 a_1} - \overline{f_2 a_2}$$
$$P_B = \overline{f_1 b_1} - \overline{f_2 b_2}$$ (4.3)

不同远近的目标具有不同的生理视差,图中 A 点比 F 点远,生理视差小于 0,B 点比 F 点近,生理视差大于 0。物方不同点的生理视差之差称为生理视差较。当两物体的远近相同时生理视差较等于 0,不同时生理视差较不为 0,且相距越大生理视差较也越大。因此生理视差较是人眼产生立体感觉的根本原因。

在一定的纵深范围内,用物体相对于双眼交会角的大小也能确定物体的远近。若用 γ 代表交会角,b 代表眼基线,D 代表观察距离,则

$$\gamma = \frac{b}{D} \tag{4.4}$$

显然交会角大的物体离人眼近,交会角小的物体离人眼远。由于人眼调节功能的限制,一般 D 为 25 cm(明视距离)时,人眼观察最为舒服;而 D 小于 2 cm 时,观察就比较困难。由式(4.4)可知,交会角在 15°时观察效果最好,且不能大于 32°。

双眼观察物体时,人眼有一定的立体景深范围。在图 4.4 中,当 A 点和 F 点的纵向距离太大时,人眼对 A 点的两个像将不能凝合为立体像。经验表明当观察目标点与凝视点的交会角之差不大于 70′时,能够产生立体感。人眼能产生立体感觉的最大纵向深度叫作立体视觉景深,对式(4.4)的两边进行微分,经整理后得

$$\Delta D = -D^2 \frac{\Delta \gamma}{b} \tag{4.5}$$

式中,ΔD 是人眼的立体视觉景深,$\Delta \gamma$ 为目标点与凝视点的交会角之差。

显然当 $\Delta \gamma$ 为 70′时所得到的 $2\Delta D$ 就是人眼的立体视觉景深。由于人的平均眼基线为 65 mm,当取不同 D 值时可计算出不同凝视距离时人眼的立体视觉景深,如表 4.1 所示。

表 4.1　人眼的立体视觉景深　　　　　　　　　　　　　　　　　　　　单位:cm

D	8	12	25	50
立体视觉景深	0.40	0.90	3.92	15.66

人的双眼视力比单眼视力要强的多。实验表明,第一类双眼视力为 30″;第二类双眼视力为 10~15″。如果将第一类视力($\Delta \gamma = 30″$)和第二类视力($\Delta \gamma_1 = 15″$)分别代入式(4.5),则可计算出人眼能分辨的最小景深差,即双眼立体观察时的纵向分辨率。表 4.2 列出了不同观察距离时人眼的纵向分辨率。

表 4.2　人眼的纵向分辨率

D/m	0.25	0.5	1.0	5.0	10.0	15.0
第一类纵向分辨率/mm	0.14	0.6	2.2	56	224	503
第二类纵向分辨率/mm	0.05	0.2	0.7	19	75	168

立体视觉景深和纵向分辨率在像对立体观察中是两个重要的概念,但也是两个容易混淆的概念,在应用中要注意区分。

4.1.3　像对立体观察

1. 像对立体观察条件

由于立体像对是在不同位置获取的两张影像,所以不同高低的物体在立体像对上的左右视差是不同的。在对自然景物进行双眼观察时,产生立体感的原因是景物远近所形成的生理视差的不同。当双眼对立体像对的左、右片分别同时观察时,立体像对的左右视差就转换成了人眼的生理视差,因此同样可以产生立体感觉。但是,为了获得较好的立体观察效果,在对像对进行立体观察时,必须满足以下几个条件:

(1)两幅像片必须在不同方位对同一景物摄影获得;

(2)两眼必须分别观看左、右像片上的同名地物影像(即分像);

（3）像对安置时，同名像点的连线（或像片基线）必须和眼基线大致平行；

（4）两幅像片的比例尺相对误差不能超过 16％，如果超过这个数值，则超出了人眼的调节范围，大脑无法将其合成立体形态。这时只能用变焦设备进行观察方能看出立体。

像对立体观察可以用裸眼直接观察，也可以借助立体观察设备进行。在天然立体观察时，双眼视轴自然地交会于同一视点，并根据景物的远近自行调节晶体曲率使影像清晰。而在像对立体观察时，由于要求左眼看左像、右眼看右像，改变了交会与调节相协调的观察习惯。此时要求两眼视轴平行，相当于观察无穷远目标，但眼睛则调节在明视距离处，所以只有经过一定的训练的人才能直接用裸眼进行像对立体观察。直接用裸眼进行像对观察时，由于眼肌紧张会感到不舒适，且容易疲劳，因此像对立体观察通常都是借助立体观察设备进行的。

2. 立体观察设备

立体观察设备有两个主要作用，第一个作用是分像与调节，即在保证人的左、右眼分别观察不同像片的同时，使入射到人眼的光线近似平行，使人眼的交会与调节相协调，从而使观察舒适不易疲劳；第二个作用是增强人眼视力，加大观察基线、提高观测精度。

目前立体观察设备可以分为两大类：第一类是模拟像片的观察设备，主要有袖珍立体镜、反光立体镜和互补色立体镜；第二类是数字影像的屏幕立体观察设备，主要有互补色立体镜、偏振立体观察设备和液晶立体观察设备。

（1）袖珍立体镜。

袖珍立体镜又叫桥式立体镜，如图 4.5 所示，由两片透镜和支架组成。立体镜在实现分像的同时，还使射入眼睛的光线接近平行，解决了人眼直接观察立体像对时存在的交会和调节作用的矛盾。这种立体镜体积小、重量轻、使用方便、便于携带，在外业工作中应用较为广泛。但是，这种立体镜的放大倍率小（一般为 1.5 倍），观察基线短，且不便于观察大像幅像片。

（2）反光立体镜。

如图 4.6 所示，反光立体镜由平面反射镜、放大镜和目镜组成。整个光学系统装在金属架上，放大倍率一般为 1.5～4 倍。观察基线一般比眼基线大 4 倍，可用于较大像幅的立体观察。立体光学仪器的放大倍率是光学系统的放大倍率和基线放大倍率的乘积，如果一个立体观察仪器的光学系统放大率为 n，基线放大倍数为 V，则总的放大倍数为 $n \cdot V$，这就使人眼的视力得到了 $n \cdot V$ 倍的提高。

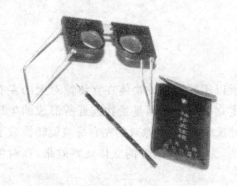

图 4.5 袖珍立体镜

图 4.6 反光立体镜

（3）互补色立体镜。

这种设备的原理是左、右影像分别用红、青两种互补色显示在像片或计算机屏幕上，然后用互补色眼镜进行观察，使左眼只能看到左影像、右眼只能看到右影像。这种立体镜价格低廉，常用于日常教学之中。

（4）液晶立体观察设备。

用液晶立体镜进行立体观察的过程是：左、右影像交替显示在计算机屏幕上，并在同步信号的控制下，使左影像显示时左眼液晶镜片开启，右眼的关闭；右影像显示时右边的液晶镜片开启，左边的关闭。这样左眼只能看到左影像，右眼只能看到右影像，从而达到分像的目的。为了克服这种立体观察方式的闪烁感，显示器的帧频应不低于 100 Hz。该设备的整体外观如图 4.7 所示。用液晶立体镜实现立体观察是目前国际上流行的一种方法，已广泛应用于多个领域。

（5）偏振光立体观察设备。

这种方法是利用液晶的旋光作用和偏振片的选光作用来实现的。首先左、右影像交替显示在屏幕的同一位置，在屏幕前面放置一块液晶偏振调制板，在同步控制信号的作用下，将左、右影像的光线分别调制为相互正交的偏振光。当观察者戴上特制的偏振镜时，左眼只能看到左影像，右眼只能看到右影像，从而达到分光和立体观察的目的。图 4.8 是一套完整的偏振光立体观察设备。

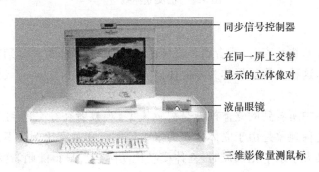

图 4.7　用液晶眼镜实现立体观察

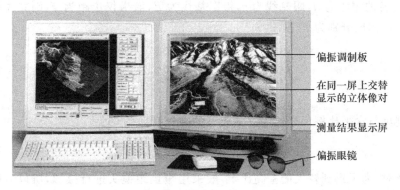

图 4.8　偏振光立体观察

3. 立体观察效果

当用不同的立体观察设备进行观察,或观察时两张像片的放置方式不同,会产生不同的立体效果。

(1) 正立体。

把立体像对按摄影时的左右顺序平放在桌面或显示在屏幕上,然后用立体观察设备左眼看左片、右眼看右片,当两眼看到的相同地物景像重合时,就得到了与地面起伏相一致的立体模型,这种立体叫正立体,如图 4.9(a)所示。

(2) 反立体。

如果把正立体效果时的左右像片互换,则得到与地面起伏相反的立体效果,这就是反立体,如图 4.9(b)所示。在作业时,是用正立体观察或用反立体观察,主要取决于作业人员的习惯。

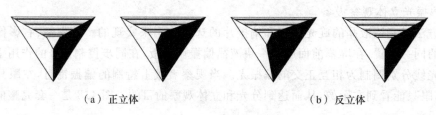

(a) 正立体　　　　　　　　　　　(b) 反立体

图 4.9　正反立体效应

(3) 零立体。

当眼基线与像片基线垂直时,或者在正立体的情况下,把两张像片分别旋转 90°,则左右视差为零,立体感消失,这种立体效果称为零立体。

(4) 超高感。

在像对立体观察中所看到的立体模型是视觉模型,观察者往往会感到立体模型的起伏程度与实地不一致。这种现象是由于立体模型的水平比例尺和垂直比例尺不一致造成的。当立体模型的垂直比例尺大于水平比例尺时,立体模型比实际地形显得陡峭,这种现象称为立体观察时的超高感。

产生超高感的原因是立体观察仪器的主距与摄影机焦距不一致。如果立体观察中放大倍率为 1,观察设备的主距为 d,眼基线为 b,摄影基线为 B,航摄仪焦距为 f,则立体模型的垂直比例尺和水平比例尺分别为

$$\frac{1}{m_{垂}} = \frac{d}{f} \cdot \frac{b}{B} \tag{4.6}$$

$$\frac{1}{m_{水}} = \frac{b}{B} \tag{4.7}$$

垂直比例尺与水平比例尺之比为立体模型的高程变形率

$$K = \frac{1}{m_{垂}} : \frac{1}{m_{水}} \tag{4.8}$$

航空摄影时,为了得到较大的基高比,一般采用短焦距镜头进行摄影,所以对航空摄影像片进行立体观察时,往往会产生超高感。例如,当 $f = 70$ mm、$d = 250$ mm 时,立体模型的垂直比例尺是水平比例尺的 3.5 倍,模型的起伏比实地明显陡峭;当观察主距小于航摄仪焦距时,模型的起伏比实地要平缓。图 4.10 以作图方式展示了视觉立体模型的高程变形情况。

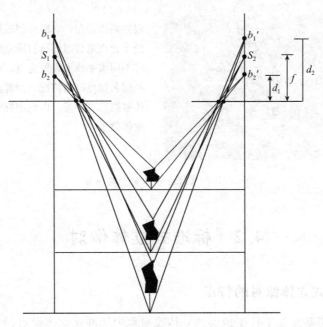

图 4.10 观察主距不同立体感不同

4.1.4 立体像对的坐标量测

立体观察一方面使作业员有身临其境的感觉,便于地物属性的认知;另一方面能在三维环境下准确测量同名像点的坐标、左右视差、上下视差及左右视差较,为在像片上提取物体的几何信息奠定基础。在立体观察条件下,测量像点像片坐标的过程称为像对的立体量测。它是立体摄影测量的一个必不可少的过程和一项重要技术。

为了完成像对的立体量测,一般在立体视场内设置两个完全一样的点标志,双眼观察时这两个点标志将会凝合在一起,形成一个空间点标志,好像是一个物点一样。这个空间点标志在驱动设备的作用下,在立体视场内做 X、Y、Z 三维运动。当其和立体模型表面的某点相切时,左、右点标志正好照准左、右像片的同名像点,此时它们各自的位置就代表了像点的坐标。在这种情况下,如果改变左、右点标志的距离(改变其左右视差),空间点标志将会浮在模型上方或沉入模型之中,此时左、右点标志没有照准同名像点。这说明当改变左、右点标志的距离时,空间点标志将会上升或下降,即左、右点标志的距离代表了某个高程。这样的点标志能在立体观察下测量像点坐标和高程,因此在摄影测量中被称

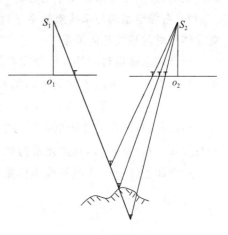

图 4.11 立体量测原理

为测标。常用的测标有"T"字形、十字丝和光点,目前的数字摄影测量工作站中大多都采用光点测标。图 4.11 从中心投影理论方面说明了利用测标进行立体量测的原理,图 4.12 是一个实际的立体像对,读者可从中实际感受测标的作用。

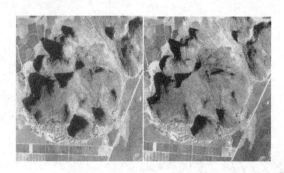

观察要点：左、右眼分别凝视左、右光点，当两个光点重合时即可看出立体效果。读者也可在不同水平线上设置光点，从而观察两测标不在同名像点时的情况。设置新测标后，要用物体遮挡原有测标，以免测标间相互干扰，影响立体效果。

图 4.12　实际立体像对中的测标

4.2　标准式立体像对

4.2.1　标准式立体像对的特点

两张像片和摄影基线都平行于地面的立体像对称为标准式立体像对，如图 4.13 所示。为了更准确地描述标准式立体像对，我们以左摄站中心 S_1 为原点，以摄影基线为 X 轴，以左主核面为 XZ 平面，建立右手坐标系，这个坐标系称为基线坐标系。显然，标准式立体像对的左像空系各轴和基线坐标系完全重合，右像空系也和基线坐标系平行，只是沿 X 轴正向平移了基线长度 B，且基线坐标系和地面坐标系平行。所以严格地说，左、右像空系以及由其建立的基线坐标系都与地辅系对应轴平行的立体像对是标准式立体像对。标准式立体像对是一种理想情况，在实际工作中很难相遇。但由于其相对关系简单、坐标关系清晰，对于建立立体摄影测量的概念，分析立体摄影测量的理论精度及其影响因素十分有用。

左、右像空系均与基线坐标系平行的立体像对称为暂定标准式立体像对，常用于分析和建立立体像对的核线几何关系。

标准式立体像对的外方位角元素都为零，只存在外方位线元素。若左片的外方位元素为 X_{S_1}、Y_{S_1}、Z_{S_1}、$\varphi_1=0$、$\omega_1=0$、$\kappa_1=0$，则右片为

$$X_{S_2}=X_{S_1}+B, Y_{S_2}=Y_{S_1}, Z_{S_2}=Z_{S_1}, \varphi_2=0, \omega_2=0, \kappa_2=0$$

显然左、右像片的旋转矩阵都为单位矩阵，对左片 $a_1=b_1=c_1=1$，其他方向余弦都为 0；对于右片 $a'_1=b'_1=c'_1=1$，其他元素为 0。

若地面上任一点 A 在基线坐标系中的坐标为 (X,Y,Z)，则其在地面坐标系中的坐标为

$$\left.\begin{array}{l} X_A=X+X_{S_1} \\ Y_A=Y+Y_{S_1} \\ Z_A=Z+Z_{S_1} \end{array}\right\} \tag{4.9}$$

按照核面和核线的定义，标准式立体像对的所有核线都平行于像片的 x 轴，且同名核线的纵坐标相等。即标准式立体像对的上下视差为 0，或没有上下视差，但有左右视差。暂定标准式立体像对的核线特点及视差特性与标准式立体像对相同，这是利用像片纠正方法建立核线影像的基础。

4.2.2 标准式立体像对的物像坐标关系

为与一般的立体像对有所区别,将表示标准式立体像对的像点坐标、左右视差和上下视差的符号都带有上标"0",如图 4.13 所示。

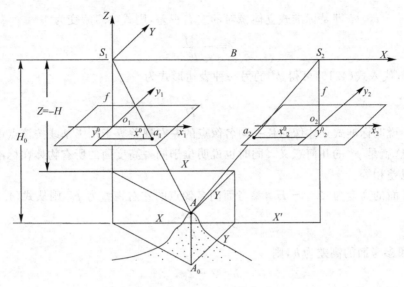

图 4.13 标准式立体像对

将图 4.13 中的像点坐标和标准式立体像对的方向余弦代入式(3.37)所示的共线条件方程中可得左、右像片的物像关系为

左片

$$
\left.\begin{aligned}
X &= Z\,\frac{x_1^0}{-f} \\
Y &= Z\,\frac{y_1^0}{-f}
\end{aligned}\right\}
\tag{4.10}
$$

右片

$$
\left.\begin{aligned}
X' &= Z\,\frac{x_2^0}{-f} \\
Y' &= Z\,\frac{y_2^0}{-f}
\end{aligned}\right\}
\tag{4.11}
$$

且从图 4.13 可以看出

$$
\left.\begin{aligned}
X &= B + X' = B + Z\,\frac{x_2^0}{-f} \\
Y &= Y' = Z\,\frac{y_2^0}{-f}
\end{aligned}\right\}
\tag{4.12}
$$

比较式(4.10)和式(4.12)的两个 Y 表达式可得 $y_1^0 = y_2^0$,即

$$
q^0 = y_1^0 - y_2^0 = 0
\tag{4.13}
$$

这个公式再次说明标准式立体像对的上下视差为 0。

由式(4.10)和式(4.12)中的两个 X 表达式可知

$$Z \frac{x_1^0}{-f} = B + Z \frac{x_2^0}{-f} \tag{4.14}$$

整理后可得

$$Z = -\frac{Bf}{x_1^0 - x_2^0} \tag{4.15}$$

令 $p^0 = x_1^0 - x_2^0$，p^0 即是标准式立体像对的左右视差，则式(4.15)变为

$$Z = -\frac{Bf}{p^0} \tag{4.16}$$

由于 $Z = -H$，代入式(4.16)可得 p^0 的另一种表达形式为

$$p^0 = B \frac{f}{H} \tag{4.17}$$

式(4.17)说明标准式立体像对任一同名像点的左右视差等于摄影基线按该点像比例尺缩小后的长度，这就是 p^0 的几何意义。同时也说明位于同一高度面的所有物体在标准式立体像对上的左右视差相等。

假设参考面的高度为 $Z_0 = -H_0$，参考面同名像点的左右视差为 p_0^0，则从式(4.16)得知

$$Z_0 = -\frac{Bf}{p_0^0} \tag{4.18}$$

若地面点 A 和参考面的高差为 h，则

$$h = Z - Z_0 \tag{4.19}$$

将式(4.16)、式(4.18)代入式(4.19)，整理后有

$$h = \frac{\Delta p^0}{p_0} H_0 = \frac{\Delta p^0}{p_0^0 + \Delta p^0} H_0 \tag{4.20}$$

式中，$\Delta p^0 = p^0 - p_0^0$，Δp^0 是任一物点相对于基准面在像片上产生的左右视差较。该式即为计算两点高差的公式，是立体摄影测量的一个重要表达式，在实际生产作业中常用于在近似垂直摄影像片上测算地物的高度。

将式(4.16)代入式(4.10)可得利用标准式立体像对的像点坐标计算物体基线坐标系坐标的表达式为

$$\left. \begin{array}{l} X = \dfrac{B}{p^0} x_1^0 = B + \dfrac{B}{p^0} x_2^0 \\[2mm] Y = \dfrac{B}{p^0} y_1^0 = \dfrac{B}{p^0} y_2^0 \\[2mm] Z = -\dfrac{B}{p^0} f \end{array} \right\} \tag{4.21}$$

再利用式(4.9)则可得到物点的地面坐标系坐标。如果不考虑外方位元素(线元素)的误差，则用式(4.21)可估算立体摄影测量的定位精度。设像点坐标的中误差为 m_{xy}，根据误差传播定律有

$$m_X^2 = m_Y^2 = \left(\frac{dX}{dx_1^0}\right)^2 m_{xy}^2 = \left(\frac{B}{p^0}\right)^2 m_{xy}^2$$

式中，m_X、m_Y 为平面坐标中误差。将式(4.17)代入上式，整理后得

$$m_X = m_Y = M m_{xy} \tag{4.22}$$

式中，$M = \dfrac{H}{f}$ 为像片比例尺分母。可见，平面测量精度和像点量测精度密切相关，且是其按像

片比例尺分母的放大。对于高程,同样有

$$m_Z^2 = \left(\frac{\mathrm{d}Z}{\mathrm{d}p^0}\right)^2 m_{p^0}^2 = \left(\frac{Bf}{(p^0)^2}\right)^2 \cdot 2m_{xy}^2$$

式中,m_Z 是高程中误差。将式(4.17)代入上式,整理后有

$$m_Z = \sqrt{2}M\frac{H}{B}m_{xy} \qquad\qquad (4.23)$$

式(4.23)表明,高程测量精度要比平面精度低,且与 H/B 有关。在摄影测量中,将基线长度和摄影航高的比值称为基高比,显然基高比越大,高程精度越高,反之则越低。

对于暂定标准式立体像对,左、右像片相对于基线坐标系均有

$$\varphi_1 = \omega_1 = \kappa_1 = \varphi_2 = \omega_2 = \kappa_2 = 0$$

所以,同样可用式(4.21)计算地物的基线坐标系坐标,但不能用式(4.9)计算地物的地面坐标。

4.3 立体像对的相对定向

4.3.1 相对定向的基本概念

当恢复立体像对左、右像片的内、外方位元素后,立体像对的所有同名光线成对相交,从而形成一个与实地完全一致的立体模型,如图 4.14 所示。此时,若使一张像片(或两张像片同时)沿基线平行移动任一距离,由于同名光线仍在同一核面内的条件没变,所以同名光线依然相交,仍能得到和实地平行且完全相似的立体模型,只是模型的大小(比例尺)有所改变,如图 4.14 所示。更进一步,将该状态下的两张像片作为一个刚性整体进行任意的平移和旋转,则同名光线仍然成对相交,得到的立体模型仍与地面相似,只是位置和方向发生了变化,如图4.15 所示。可见欲使立体像对的所有同名光线相交,形成与实地相似的立体模型,不一定要恢复左、右像片摄影瞬间的绝对方位,关键条件是保持两张像片摄影瞬间的相对方位不变。

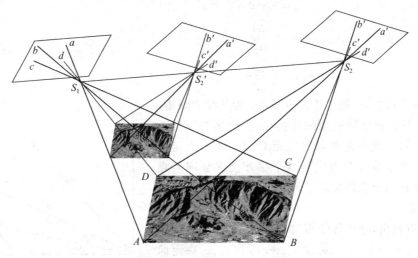

图 4.14　恢复左右像片外方位时构建的立体模型

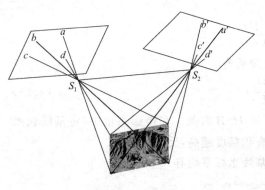

图 4.15　几何模型

用于描述立体像对中左、右两张像片相对方位的独立参数称为相对方位元素,恢复左、右像片相对方位(或解算立体像对的相对方位元素)的过程称为立体像对的相对定向。一旦对立体像对完成了相对定向,则同名光线对对相交,就可以构建一个与实地相似的立体模型。但这个立体模型由于没有地面控制点(或绝对方位)的约束,其在地面坐标系中的方向和位置是未知的,比例尺也是未知的。这种与实地相似,但方位和比例尺都不确定的立体模型称为几何模型,如图 4.15 所示。

4.3.2　立体像对的相对方位元素

要完成立体像对的相对定向,从而构建几何模型,首先应明确决定立体像对相对方位的元素个数与其几何意义。理解这一问题的最简单方法是从两张像片的外方位元素出发,通过外方位元素的相减得到立体像对的相对方位元素。设立体像对两张像片的外方位元素分别为

左片　　　　　　　　X_{S_1}、Y_{S_1}、Z_{S_1}、φ_1、ω_1、κ_1

右片　　　　　　　　X_{S_2}、Y_{S_2}、Z_{S_2}、φ_2、ω_2、κ_2

它们的差值为

$$\overline{\Delta X_S}=X_{S_2}-X_{S_1} \quad \overline{\Delta Y_S}=Y_{S_2}-Y_{S_1} \quad \overline{\Delta Z_S}=Z_{S_2}-Z_{S_1}$$

$$\overline{\Delta\varphi}=\varphi_2-\varphi_1 \quad \overline{\Delta\omega}=\omega_2-\omega_1 \quad \overline{\Delta\kappa}=\kappa_2-\kappa_1$$

其中,$\overline{\Delta\varphi}$、$\overline{\Delta\omega}$、$\overline{\Delta\kappa}$确定了右片相对于左片的旋转关系,是相对方位元素;$\overline{\Delta X_S}$、$\overline{\Delta Y_S}$、$\overline{\Delta Z_S}$是摄影基线的三个分量,决定了摄影基线 B 的长度和方向。从图 4.16 可以看出

$$B=\sqrt{\overline{\Delta X_S}^2+\overline{\Delta Y_S}^2+\overline{\Delta Z_S}^2}$$

$$\tan\tau_B=\frac{\overline{\Delta Y_S}}{\overline{\Delta X_S}}$$

$$\sin v_B=\frac{\overline{\Delta Z_S}}{B}$$

式中,B 是基线长度,τ_B 是基线方位角,v_B 为基线的倾角。基线长度 B 只决定立体模型的比例尺,与同名光线是否相交没有关系,因此不是相对方位元素。τ_B 和 v_B 决定了基线的方向,由于像片只有沿基线平移才能保证同名光线相交,因此这两个参数决定了像片的相对平移方向,是相对方位元素。

由此可以得出,立体像的相对方位元素一共有 5 个,在此系统中分别是 τ_B、v_B、$\overline{\Delta\varphi}$、$\overline{\Delta\omega}$、$\overline{\Delta\kappa}$,其中 τ_B、v_B 决定像片的相对平移方向,$\overline{\Delta\varphi}$、$\overline{\Delta\omega}$、$\overline{\Delta\kappa}$决定了两张像片的相对旋转关系。但在此情况下,基线方向是在地面坐标系中的

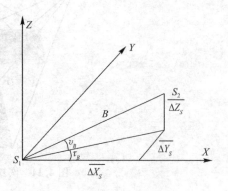

图 4.16　摄影基线及其方向

方向,是基线的真实方向,而不是相对方向,因此不是严格意义上的相对定向。此种相对定向系统只作为理论分析之用,一般不用于实际作业。

在实际生产中使用的相对定向系统有两种,其一是连续像对相对定向系统,其二是单独像对相对定向系统。下面分别介绍这两种相对定向系统的相对定向元素个数、几何意义和定向特点。

1. 连续像对相对定向系统的相对方位元素

连续像对相对定向系统是以立体像对的一张像片(像空系)为基准,移动和旋转另外一张像片(像空系),从而确定两张像片的相对方位。下面以左像空系为基准,分析和讨论连续相对定向系统的相对方位元素。

从图 4.17 可以看出,右像空系相对于左像空系的方位可由其在左像空系中的平移方向和旋转角度来确定。由于右像空系只能沿基线平移才能保证同名光线的共核面关系,因此其平移方向就是基线方向。假设摄影基线 B 在左像空系中的坐标分量为 B_x、B_y、B_z,则其在左像空系的方向可表示为

$$\left.\begin{aligned} \tau &= \arctan \frac{B_y}{B_x} \\ v &= \arcsin \frac{B_z}{B} \end{aligned}\right\} \tag{4.24}$$

式中,$B = \sqrt{B_x^2 + B_y^2 + B_z^2}$;$\tau$ 是摄影基线 B 在 $x_1 y_1$ 平面上的投影与 x_1 轴的夹角,称为基线在左像空系的方位角,从 x_1 轴起算逆时针旋转为正;v 是基线 B 与 $x_1 y_1$ 平面的夹角,称为基线倾角,从 $x_1 y_1$ 平面起算逆时针旋转为正。

右像空系相对于左像空系的旋转关系可由 $\Delta\varphi$、$\Delta\omega$、$\Delta\kappa$ 三个角度来确定,它们的旋转方法、几何意义与外方位元素的 φ-ω-κ 转角系统相类似,只是此时的起始坐标系为左像空系,如图 4.17 所示。

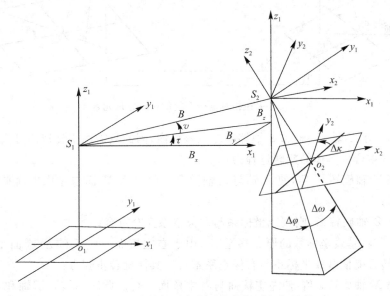

图 4.17　连续相对定向系统的相对方位元素

综合以上可得,连续相对定向系统的相对方位元素有 5 个,分别是 τ、v、$\Delta\varphi$、$\Delta\omega$、$\Delta\kappa$,其中

τ、υ确定摄影基线在左像空系的方向，$\Delta\varphi$、$\Delta\omega$、$\Delta\kappa$确定右像空系相对左像空系的旋转。

这种相对定向系统的特点是固定一个光束，通过移动和旋转另一个光束来完成立体像对的相对定向，因此便于对一条航线的相邻像片进行连续的相对定向，直至建立整个航线的立体模型，这就是其连续像对相对定向系统名称的由来。假设一条航线有 n 张像片，首先固定第 1 张像片，移动和旋转第 2 张像片建立第 1 个模型，然后固定第 2 张像片和第 3 张像片建立第 2 个模型，这样连续下去，直至固定第 $n-1$ 张像片和最后一张像片建立第 $n-1$ 个模型。由于这 $n-1$ 个模型都是以左像片为基准建立的，因此之间不存在旋转关系，是相互平行的，只需经过简单的模型比例尺归化和平移即可将整条航线构建成一个航带立体模型。

2. 单独像对相对定向系统的相对方位元素

这个系统以基线坐标系为基准，通过旋转左右光束确定左右像空系与基线坐标系的旋转关系，从而确定两张像片的相对方位。基线坐标系是以左摄站中心 S_1 为原点，以摄影基线 S_1S_2 为 X^0 轴，以左主核面为 X^0Z^0 平面，Z^0 轴向上为正方向而建立的右手空间直角坐标系，如图 4.18 所示。

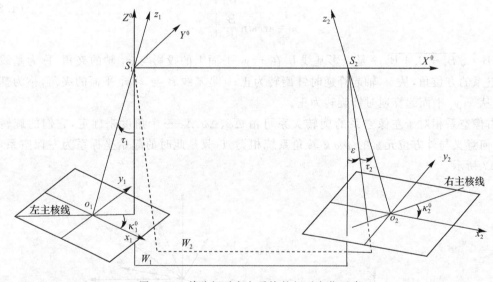

图 4.18 单独相对定向系统的相对方位元素

对于左片，由于 Z^0 轴、X^0 轴和 z_1 轴都在左主核面内，因此只需两步旋转便可实现基线坐标系与左像空系的重合。具体的旋转过程为：

第一步：绕 Y^0 轴旋转 τ_1 角，使 Z^0 轴与 z_1 轴重合。此时 X^0Y^0 面与左像平面平行，且 X^0 轴与左主核线平行。

第二步：绕 Z^0 轴旋转 κ_1^0，则基线坐标系与左像空系完全重合。

对于右片，需将基线坐标系的原点移至 S_2，由于右主核面一般不与 X^0Z^0 面重合，因此需要进行三次旋转方能使基线坐标系与右像空系重合。具体旋转步骤为：

第一步：绕 X^0 轴旋转 ε 角，使左主核面与右主核面重合。此时 X^0 轴、Z^0 轴和 z_2 轴都位于右主核面内，Y^0 轴垂直于右主核面。

第二步：绕 Y^0 轴旋转 τ_2 角，使 Z^0 轴与 z_2 轴重合。此时 X^0Y^0 面与右像平面平行，且 X^0 轴与右主核线平行。

第三步:绕 Z^0 轴旋转 κ_2^0 ,则基线坐标系与左右像空系完全重合。

综合以上可以得出,单独像对相对定向系统的相对方位元素也是 5 个,它们分别是 τ_1、κ_1^0、ε、τ_2 和 κ_2^0 。其中 τ_1 和 κ_1^0 这 2 个参数用于确定左片与基线坐标系的旋转关系,ε、τ_2 和 κ_2^0 这 3 个参数用于确定右片与基线坐标系的旋转关系。

这个系统的特点是以基线坐标系为基准,固定两投影中心的位置,通过两个光束旋转来确定相对方位。由于基线坐标系与左主核面有关,且基线的方向也是任意的,因此用此系统建立的同一航线内的各个立体模型间没有明显的联系,好像彼此是"独立"的,较适合于单独模型的作业,这就是其被称为单独像对相对定向系统的原因。与连续定向系统不同,用该系统建立的一条航线内的各个单独立体模型需采用较为复杂的模型连接方法才能构成航带立体模型。

4.3.3　共面条件方程和相对定向方程

1. 共面条件方程

当完成相对定向后,即恢复了左、右像片的相对方位,则同名光线在各自核面内成对相交,说明此时左右同名光线和摄影基线必然位于同一核面上,即同名光线和摄影基线必然共面。相反,同名光线不会成对相交,它们和摄影基线也不在同一平面内。因此,完成立体相对相对定向的充要条件是左右同名光线和摄影基线三者共面,这就是相对定向的共面条件,其数学表达式称为共面条件方程。

假设立体像对的基线向量为 $\boldsymbol{S_1 S_2}$,左、右同名光线的投射向量分别为 $\boldsymbol{S_1 a_1}$ 和 $\boldsymbol{S_2 a_2}$,则这三个向量共面的充要条件是其混合积为零,即

$$\boldsymbol{S_1 S_2} \cdot (\boldsymbol{S_1 a_1} \times \boldsymbol{S_2 a_2}) = 0 \tag{4.25}$$

该式即为共面条件方程的矢量形式。一个空间矢量也可以用三维坐标来表示,从而将共面条件方程的矢量形式转换为坐标形式。但一个矢量的坐标和所选定的坐标系有关,同一矢量在不同坐标系中将有不同的坐标值。由于连续相对定向系统与单独相对定向系统所用的基准坐标系不同,因此它们的共面条件方程的坐标含义和形式各有不同,下面分别予以介绍。

2. 连续相对定向系统的相对定向方程

对于连续相对定向系统,同名像点和基线的几何关系如图 4.19(a)所示。从图中可以看

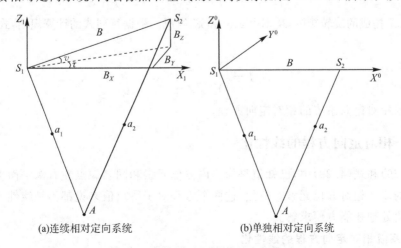

(a)连续相对定向系统　　　　　　　　(b)单独相对定向系统

图 4.19　同各像点和基线的几何关系

出，基线在左像空系的坐标分量为 (B_X,B_Y,B_Z)，设同名像点 a_1、a_2 在左像空系的坐标分别为 (X_1,Y_1,Z_1) 和 (X_2,Y_2,Z_2)，则其共面条件方程的坐标表达式为

$$F=\begin{vmatrix} B_X & B_Y & B_Z \\ X_1 & Y_1 & Z_1 \\ X_2 & Y_2 & Z_2 \end{vmatrix}=0 \qquad (4.26)$$

式中

$$\begin{bmatrix} X_1 \\ Y_1 \\ Z_1 \end{bmatrix}=\boldsymbol{R}\begin{bmatrix} x_1 \\ y_1 \\ -f \end{bmatrix},\quad \begin{bmatrix} X_2 \\ Y_2 \\ Z_2 \end{bmatrix}=\boldsymbol{R}'\begin{bmatrix} x_2 \\ y_2 \\ -f \end{bmatrix}$$

且 $\boldsymbol{R}'$ 是由 $\Delta\varphi$、$\Delta\omega$、$\Delta\kappa$ 构成的旋转矩阵。由于 B_X 只决定模型比例尺，不是相对方位元素，且

$$\left.\begin{matrix} B_Y=\tan\tau\cdot B_X \\ B_Z=\dfrac{B_X}{\cos\tau}\cdot\tan v \end{matrix}\right\} \qquad (4.27)$$

因此，τ、v 的答解可由求解 B_Y、B_Z 来代替。由此可见，式(4.26)表达了连续相对定向系统的相对方位元素和同名点像片坐标的数学关系，故称其为连续相对定向系统的相对定向方程。

3. 单独相对定向系统的相对定向方程

对于单独相对定向系统，同名点和基线的几何关系如图 4.19(b)所示，此时

$$B_X=B,B_Y=B_Z=0$$

则共面条件方程为

$$F=\begin{vmatrix} B & 0 & 0 \\ X_1 & Y_1 & Z_1 \\ X_2 & Y_2 & Z_2 \end{vmatrix}=0 \qquad (4.28)$$

式中

$$\begin{bmatrix} X_1 \\ Y_1 \\ Z_1 \end{bmatrix}=\boldsymbol{R}\begin{bmatrix} x_1 \\ y_1 \\ -f \end{bmatrix},\quad \begin{bmatrix} X_2 \\ Y_2 \\ Z_2 \end{bmatrix}=\boldsymbol{R}'\begin{bmatrix} x_2 \\ y_2 \\ -f \end{bmatrix}$$

且 $\boldsymbol{R}$ 是由 τ_1、κ_1^0 构成的旋转矩阵，$\boldsymbol{R}'$ 则由 ε、τ_2 和 κ_2^0 组成。根据行列式的计算规则，式(4.28)可简化为

$$F=\begin{vmatrix} Y_1 & Z_1 \\ Y_2 & Z_2 \end{vmatrix}=0 \qquad (4.29)$$

该式即为单独相对定向系统的相对定向方程。

4.3.4　相对定向方程的线性化

在式(4.26)和式(4.29)中，已知值是像片内方位元素和同名像点左右像平面坐标，待求值是立体像对的 5 个相对方位元素。显然，这两个方程对于待求值来说都不是线性方程，必须对其进行线性化处理才能方便求解。

1. 连续系统相对定向方程的线性化

对式(4.26)按泰勒级数展开，且只保留一次项有

$$F = F^0 + \frac{\partial F}{\partial B_Y} dB_Y + \frac{\partial F}{\partial B_Z} dB_Z + \frac{\partial F}{\partial \Delta\varphi} d\Delta\varphi + \frac{\partial F}{\partial \Delta\omega} d\Delta\omega + \frac{\partial F}{\partial \Delta\kappa} d\Delta\kappa \qquad (4.30)$$

式中，$F^0 = \begin{vmatrix} B_X & B_Y & B_Z \\ X_1 & Y_1 & Z_1 \\ X_2 & Y_2 & Z_2 \end{vmatrix}$，是在给定相对方位元素初值时的计算值，$dB_Y$、$dB_Z$、$d\Delta\varphi$、$d\Delta\omega$、$d\Delta\kappa$

为相对方位元素的增量。可见，只要求出式(4.30)中的各个偏导数，则可完成相对定向方程的
线性化。

式(4.26)对各相对方位元素求偏导，且考虑 X_1、Y_1、Z_1 不包含未知数，有

$$\frac{\partial F}{\partial B_Y} = \begin{vmatrix} 0 & 1 & 0 \\ X_1 & Y_1 & Z_1 \\ X_2 & Y_2 & Z_2 \end{vmatrix} \qquad (4.31)$$

$$\frac{\partial F}{\partial B_Z} = \begin{vmatrix} 0 & 0 & 1 \\ X_1 & Y_1 & Z_1 \\ X_2 & Y_2 & Z_2 \end{vmatrix} \qquad (4.32)$$

$$\frac{\partial F}{\partial \Delta\varphi} = \begin{vmatrix} B_X & B_Y & B_Z \\ X_1 & Y_1 & Z_1 \\ \dfrac{\partial X_2}{\partial \Delta\varphi} & \dfrac{\partial Y_2}{\partial \Delta\varphi} & \dfrac{\partial Z_2}{\partial \Delta\varphi} \end{vmatrix} \qquad (4.33)$$

$$\frac{\partial F}{\partial \Delta\omega} = \begin{vmatrix} B_X & B_Y & B_Z \\ X_1 & Y_1 & Z_1 \\ \dfrac{\partial X_2}{\partial \Delta\omega} & \dfrac{\partial Y_2}{\partial \Delta\omega} & \dfrac{\partial Z_2}{\partial \Delta\omega} \end{vmatrix} \qquad (4.34)$$

$$\frac{\partial F}{\partial \Delta\kappa} = \begin{vmatrix} B_X & B_Y & B_Z \\ X_1 & Y_1 & Z_1 \\ \dfrac{\partial X_2}{\partial \Delta\kappa} & \dfrac{\partial Y_2}{\partial \Delta\kappa} & \dfrac{\partial Z_2}{\partial \Delta\kappa} \end{vmatrix} \qquad (4.35)$$

式(4.33)、式(4.34)、式(4.35)中仍含有 X_2、Y_2、Z_2 对 $\Delta\varphi$、$\Delta\omega$、$\Delta\kappa$ 的偏导数，需进一步推导。推导的基本思路与共线条件方程线性化类似，先求出各个方向余弦的偏导数，然后尽量将各个系数整理为由 X_2、Y_2、Z_2 和方向余弦表示的形式。下面以 $\begin{bmatrix} \dfrac{\partial X_2}{\partial \Delta\omega} & \dfrac{\partial Y_2}{\partial \Delta\omega} & \dfrac{\partial Z_2}{\partial \Delta\omega} \end{bmatrix}$ 为例进行推导。由于

$$\begin{bmatrix} X_2 \\ Y_2 \\ Z_2 \end{bmatrix} = \boldsymbol{R}' \begin{bmatrix} x_2 \\ y_2 \\ -f \end{bmatrix}$$

则

$$\begin{bmatrix} \dfrac{\partial X_2}{\partial \Delta\omega} \\[2mm] \dfrac{\partial Y_2}{\partial \Delta\omega} \\[2mm] \dfrac{\partial Z_2}{\partial \Delta\omega} \end{bmatrix} = \begin{bmatrix} \dfrac{\partial a_1'}{\partial \Delta\omega} & \dfrac{\partial a_2'}{\partial \Delta\omega} & \dfrac{\partial a_3'}{\partial \Delta\omega} \\[2mm] \dfrac{\partial b_1'}{\partial \Delta\omega} & \dfrac{\partial b_2'}{\partial \Delta\omega} & \dfrac{\partial b_3'}{\partial \Delta\omega} \\[2mm] \dfrac{\partial c_1'}{\partial \Delta\omega} & \dfrac{\partial c_2'}{\partial \Delta\omega} & \dfrac{\partial c_3'}{\partial \Delta\omega} \end{bmatrix} \begin{bmatrix} x_2 \\ y_2 \\ -f \end{bmatrix} \qquad (4.36)$$

参照式(3.24)可得右像片旋转矩阵各方向余弦的具体形式为

$$a_1' = \cos\Delta\varphi\cos\Delta\kappa - \sin\Delta\varphi\sin\Delta\omega\sin\Delta\kappa$$
$$a_2' = -\cos\Delta\varphi\sin\Delta\kappa - \sin\Delta\varphi\sin\Delta\omega\cos\Delta\kappa$$
$$a_3' = -\sin\Delta\varphi\cos\Delta\omega$$
$$b_1' = \cos\Delta\omega\sin\Delta\kappa$$
$$b_2' = \cos\Delta\omega\cos\Delta\kappa$$
$$b_3' = -\sin\Delta\omega$$
$$c_1' = \sin\Delta\varphi\cos\Delta\kappa + \cos\Delta\varphi\sin\Delta\omega\sin\Delta\kappa$$
$$c_2' = \sin\Delta\varphi\sin\Delta\kappa + \cos\Delta\varphi\sin\Delta\omega\cos\Delta\kappa$$
$$c_3' = \cos\Delta\varphi\cos\Delta\omega$$

则各方向余弦的偏导数为

$$\left. \begin{array}{l} \dfrac{\partial a_1'}{\partial\Delta\omega} = a_3'\sin\Delta\kappa, \dfrac{\partial a_2'}{\partial\Delta\omega} = a_3'\cos\Delta\kappa, \dfrac{\partial a_3'}{\partial\Delta\omega} = \sin\Delta\varphi\sin\Delta\omega \\[2mm] \dfrac{\partial b_1'}{\partial\Delta\omega} = b_3'\sin\Delta\kappa, \dfrac{\partial b_2'}{\partial\Delta\omega} = b_3'\cos\Delta\kappa, \dfrac{\partial b_3'}{\partial\Delta\omega} = -\cos\Delta\omega \\[2mm] \dfrac{\partial c_1'}{\partial\Delta\omega} = c_3'\sin\Delta\kappa, \dfrac{\partial c_2'}{\partial\Delta\omega} = c_3'\cos\Delta\kappa, \dfrac{\partial c_3'}{\partial\Delta\omega} = -\cos\Delta\varphi\sin\Delta\omega \end{array} \right\} \tag{4.37}$$

将式(4.37)代入式(4.36),并考虑

$$\begin{bmatrix} x_2 \\ y_2 \\ -f \end{bmatrix} = \boldsymbol{R}'^{-1} \begin{bmatrix} X_2 \\ Y_2 \\ Z_2 \end{bmatrix}$$

整理后可得

$$\begin{bmatrix} \dfrac{\partial X_2}{\partial\Delta\omega} & \dfrac{\partial Y_2}{\partial\Delta\omega} & \dfrac{\partial Z_2}{\partial\Delta\omega} \end{bmatrix}^{\mathrm{T}} = \begin{bmatrix} -Y_2\sin\Delta\varphi \\ X_2\sin\Delta\varphi - Z_2\cos\Delta\varphi \\ Y_2\cos\Delta\varphi \end{bmatrix} \tag{4.38}$$

同理可得

$$\begin{bmatrix} \dfrac{\partial X_2}{\partial\Delta\varphi} & \dfrac{\partial Y_2}{\partial\Delta\varphi} & \dfrac{\partial Z_2}{\partial\Delta\varphi} \end{bmatrix}^{\mathrm{T}} = \begin{bmatrix} -Z_2 \\ 0 \\ X_2 \end{bmatrix} \tag{4.39}$$

$$\begin{bmatrix} \dfrac{\partial X_2}{\partial\Delta\kappa} & \dfrac{\partial Y_2}{\partial\Delta\kappa} & \dfrac{\partial Z_2}{\partial\Delta\kappa} \end{bmatrix}^{\mathrm{T}} = \begin{bmatrix} -Y_2 c_3' + Z_2 b_3' \\ X_2 c_3' - Z_2 a_3' \\ -X_2 b_3' + Y_2 a_3' \end{bmatrix} \tag{4.40}$$

将式(4.38)、式(4.39)、式(4.40)分别代入式(4.34)、式(4.33)和式(4.35)可得

$$\frac{\partial F}{\partial\Delta\varphi} = \begin{vmatrix} B_X & B_Y & B_Z \\ X_1 & Y_1 & Z_1 \\ -Z_2 & 0 & X_2 \end{vmatrix} \tag{4.41}$$

$$\frac{\partial F}{\partial\Delta\omega} = \begin{vmatrix} B_X & B_Y & B_Z \\ X_1 & Y_1 & Z_1 \\ -Y_2\sin\Delta\varphi & X_2\sin\Delta\varphi - Z_2\cos\Delta\varphi & Y_2\cos\Delta\varphi \end{vmatrix} \tag{4.42}$$

$$\frac{\partial F}{\partial \Delta \kappa} = \begin{vmatrix} B_X & B_Y & B_Z \\ X_1 & Y_1 & Z_1 \\ -Y_2 c_3' + Z_2 b_3' & X_2 c_3' - Z_2 a_3' & -X_2 b_3' + Y_2 a_3' \end{vmatrix} \tag{4.43}$$

至此,式(4.30)中的各个偏导数全部推导完毕,只要给出相对方位元素的初值和同名像点的像平面坐标,就可以用式(4.31)、式(4.32)、式(4.41)、式(4.42)、式(4.43)及 F^0 建立误差方程式。这样的误差方程适合所有情况下立体像对的相对定向。

一般 τ、v 都是小角,因此式(4.27)也可以写成

$$\left. \begin{aligned} B_Y &\approx B_X \tau \\ B_Z &\approx B_X v \end{aligned} \right\} \tag{4.44}$$

从而有

$$\left. \begin{aligned} \mathrm{d}B_Y &= B_X \mathrm{d}\tau \\ \mathrm{d}B_Z &= B_X \mathrm{d}v \end{aligned} \right\} \tag{4.45}$$

将式(4.45)代入式(4.30)则可直接求解 τ、v 的增量。

在近似垂直摄影条件下,$\Delta \varphi$、$\Delta \omega$、$\Delta \kappa$ 都较小,此时可以建立用像点坐标来计算各个系数的更为简单的相对定向方程。当相对方位元素都是小角时,旋转矩阵可用单位矩阵近似代替,像点的左像空系坐标等于其像平面坐标,且 $y_2 \approx y_1$,则式(4.30)的各个系数变为

$$\frac{\partial F}{\partial B_Y} = \begin{vmatrix} 0 & 1 & 0 \\ X_1 & Y_1 & Z_1 \\ X_2 & Y_2 & Z_2 \end{vmatrix} = -\begin{vmatrix} X_1 & Z_1 \\ X_2 & Z_2 \end{vmatrix} = f(x_1 - x_2) \tag{4.46}$$

$$\frac{\partial F}{\partial B_Z} = \begin{vmatrix} 0 & 0 & 1 \\ X_1 & Y_1 & Z_1 \\ X_2 & Y_2 & Z_2 \end{vmatrix} = -\begin{vmatrix} X_1 & Y_1 \\ X_2 & Y_2 \end{vmatrix} = x_1 y_2 - x_2 y_2 \tag{4.47}$$

$$\frac{\partial F}{\partial \Delta \varphi} = \begin{vmatrix} B_X & B_Y & B_Z \\ X_1 & Y_1 & Z_1 \\ -Z_2 & 0 & X_2 \end{vmatrix} = f\begin{vmatrix} B_X & B_Y & B_Z \\ x_1 & y_1 & -f \\ f & 0 & x_2 \end{vmatrix} \tag{4.48}$$

$$\frac{\partial F}{\partial \Delta \omega} = \begin{vmatrix} B_X & B_Y & B_Z \\ X_1 & Y_1 & Z_1 \\ 0 & -Z_2 & Y_2 \end{vmatrix} = \begin{vmatrix} B_X & B_Y & B_Z \\ x_1 & y_1 & -f \\ 0 & f & y_2 \end{vmatrix} \tag{4.49}$$

$$\frac{\partial F}{\partial \Delta \kappa} = \begin{vmatrix} B_X & B_Y & B_Z \\ X_1 & Y_1 & Z_1 \\ -Y_2 & X_2 & 0 \end{vmatrix} = \begin{vmatrix} B_X & B_Y & B_Z \\ x_1 & y_1 & -f \\ -y_2 & x_2 & 0 \end{vmatrix} \tag{4.50}$$

将式(4.46)~(4.50)代入式(4.30),并用 $\dfrac{\partial F}{\partial B_Y}$ 除以方程两侧,整理后可得

$$\frac{B_X}{x_1 - x_2}\frac{x_2 y_2}{f}\mathrm{d}\Delta\varphi + \frac{B_X}{x_1 - x_2}\left(f + \frac{y_2^2}{f}\right)\mathrm{d}\Delta\omega + \frac{B_X}{x_1 - x_2}x_2\mathrm{d}\Delta\kappa + \mathrm{d}B_Y + \frac{y_2}{f}\mathrm{d}B_Z - Q = 0 \tag{4.51}$$

且

$$Q = \frac{\begin{vmatrix} B_X & B_Y & B_Z \\ X_1 & Y_1 & Z_1 \\ X_2 & Y_2 & Z_2 \end{vmatrix}}{\begin{vmatrix} X_1 & Z_1 \\ X_2 & Z_2 \end{vmatrix}} = NY_1 - N'Y_2 - B_Y \tag{4.52}$$

$$\left.\begin{array}{l} N = \dfrac{B_X Z_2 - B_Z X_2}{X_1 Z_2 - X_2 Z_1} \\[3mm] N' = \dfrac{B_X Z_1 - B_Z X_1}{X_1 Z_2 - X_2 Z_1} \end{array}\right\} \qquad (4.53)$$

式中，N、N' 分别为左、右像片的像点投影系数；NY_1 和 $N'Y_2 + B_Y$ 分别是左右同名像点在立体模型上的 Y 坐标；Q 则是它们在模型上的 Y 坐标之差，因此称为模型点的上下视差。当相对定向彻底完成时，对所有的同名像点都有 $Q=0$，模型中没有上下视差；相对定向没有完成时，$Q \neq 0$，模型中存在上下视差。因此，$Q=0$ 和同名光线相交是等价的，模型中是否有上下视差是相对定向是否完成的标志，这就是 Q 的几何意义。

2. 单独系统相对定向方程的线性化

同样对式 (4.29) 按泰勒级数展开，只取一次项，则线性化后的一般形式为

$$F = F^0 + \frac{\partial F}{\partial \tau_1} \mathrm{d}\tau_1 + \frac{\partial F}{\partial \kappa_1} \mathrm{d}\kappa_1 + \frac{\partial F}{\partial \varepsilon} \mathrm{d}\varepsilon + \frac{\partial F}{\partial \tau_2} \mathrm{d}\tau_2 + \frac{\partial F}{\partial \kappa_2} \mathrm{d}\kappa_2 = 0 \qquad (4.54)$$

参照连续系统相对定向方程的线性化过程，同样可以求出

$$\frac{\partial F}{\partial \tau_1} = \begin{vmatrix} 0 & X_1 \\ Y_2 & Z_2 \end{vmatrix} \qquad (4.55)$$

$$\frac{\partial F}{\partial \kappa_1} = \begin{vmatrix} X_1 \cos\tau_1 + Z_1 \sin\tau_1 & -Y_1 \sin\tau_1 \\ Y_2 & Z_2 \end{vmatrix} \qquad (4.56)$$

$$\frac{\partial F}{\partial \varepsilon} = \begin{vmatrix} Y_1 & Z_1 \\ -Z_2 & Y_2 \end{vmatrix} \qquad (4.57)$$

$$\frac{\partial F}{\partial \tau_2} = \begin{vmatrix} Y_1 & Z_1 \\ -X_2 \sin\varepsilon & X_2 \cos\varepsilon \end{vmatrix} \qquad (4.58)$$

$$\frac{\partial F}{\partial \kappa_2} = \begin{vmatrix} Y_1 & Z_1 \\ X_2 \cos\varepsilon\cos\tau_2 + Z_2 \sin\tau_2 & X_2 \sin\varepsilon\cos\tau_2 - Y_2 \sin\tau_2 \end{vmatrix} \qquad (4.59)$$

且

$$F^0 = \begin{vmatrix} Y_1 & Z_1 \\ Y_2 & Z_2 \end{vmatrix} \qquad (4.60)$$

用式 (4.54)～(4.60) 即可建立严密的单独像对相对定向的线性化方程。

在近似垂直摄影情况下，各个相对定向元素都为小角度，此时各个偏导数简化为

$$\frac{\partial F}{\partial \tau_1} = \begin{vmatrix} 0 & X_1 \\ Y_2 & Z_2 \end{vmatrix} \qquad (4.61)$$

$$\frac{\partial F}{\partial \kappa_1} = \begin{vmatrix} X_1 & 0 \\ Y_2 & Z_2 \end{vmatrix} \qquad (4.62)$$

$$\frac{\partial F}{\partial \varepsilon} = \begin{vmatrix} Y_1 & Z_1 \\ -Z_2 & Y_2 \end{vmatrix} \qquad (4.63)$$

$$\frac{\partial F}{\partial \tau_2} = \begin{vmatrix} Y_1 & Z_1 \\ 0 & X_2 \end{vmatrix} \qquad (4.64)$$

$$\frac{\partial F}{\partial \kappa_2} = \begin{vmatrix} Y_1 & Z_1 \\ X_2 & 0 \end{vmatrix} \qquad (4.65)$$

将式(4.60)~(4.65)代入式(4.54)后,有

$$-X_1Y_2\mathrm{d}\tau_1 + X_1Z_2\mathrm{d}\kappa_1 + (Y_1Y_2 + Z_1Z_2)\mathrm{d}\varepsilon + X_2Y_1\mathrm{d}\tau_2 - X_2Z_1\mathrm{d}\kappa_2 + F^0 = 0 \qquad (4.66)$$

对式(4.66)的各个系数,可认为 $X_1 \approx x_1, X_2 \approx x_2, Y_1 \approx Y_2 \approx y_2, Z_1 \approx Z_2 \approx -f$。将这些近似表达式代入式(4.66),并在方程两侧同除 $-f$,可得

$$\frac{x_1 y_2}{f}\mathrm{d}\tau_1 + x_1\mathrm{d}\kappa_1 - \frac{f^2 + y_2^2}{f}\mathrm{d}\varepsilon - \frac{x_2 y_2}{f}\mathrm{d}\tau_2 - x_2\mathrm{d}\kappa_2 - \frac{F^0}{f} = 0 \qquad (4.67)$$

该式即为近似垂直摄影条件下单独像对定向系统相对定向方程的线性化形式。

4.3.5　相对定向元素的解算

1. 相对定向点

从式(4.51)和式(4.67)可以看出,一对同名像点的像片坐标可以建立一个相对定向方程,要求解 5 个相对方位元素至少要有 5 对同名像点的像点坐标。在实际作业中,为了增加多余观测,提高相对方位元素的解算精度和可靠性,一般要用 6 个或更多同名像点求解相对方位元素。这些用于完成立体像对相对方位元素求解的同名像点对称为相对定向点。

相对定向不但对定向点的个数有要求,而且对它们在立体像对上的位置分布也有要求。从式(4.51)和式(4.67)可以看出,这两个方程都是 x 的一次项方程,y 的二次项方程,因此相对定向点在 x 方向的一条直线上至少应有 2 个,y 方向的一条直线上至少应有 3 个,同时它们的分布应能很好地控制整个立体模型。基于这些原因,格鲁伯(Gruber)从理论上提出了 6 个标准定向点,其位置分布为 1、2 号点分别位于左像主点 o_1 和右像主点 o_2 上,3、4、5、6 点均位于旁向重叠的中线上,且 1、3、5 三点和 2、4、6 三点分别位于与 $o_1 o_2$ 连线垂直的直线上,如图 4.20 所示。这样各定向点的坐标是固定的,且能完好地控制整个立体模型。虽然格鲁伯点只是在理论上可行,但由于其能达到最佳的相对定向效果,因此在实际的相对定向作业中应选择格鲁伯点附近的明显影像点作为相对定向点。

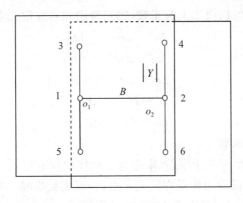

图 4.20　格鲁伯点

2. 连续像对相对方位元素的解算过程

连续像对相对定向方程的线性化形式有严密方程和近似方程两种,它们分别适合倾斜摄影像片和近似垂直摄影像片的相对定向。虽然这两种定向方程的复杂程度和外在形式都有较大区别,但用它们解算相对方位元素的过程却大同小异。下面仅用近似相对定向方程为例说明连续像对相对定向方位元素的解算过程。

（1）获取已知数据。主要包括：像片内方位元素 x_0、y_0、f；所有相对定向点的左、右像点坐标

$$\{(x_1,y_1)、(x_2,y_2)\}_i \quad (i=1,2,3,\cdots,n)$$

式中，n 是相对定向点的个数。

（2）确定相对定向元素的初值。对于近似垂直摄影像片

$$B_Y^0=B_Z^0=\Delta\varphi^0=\Delta\omega^0=\Delta\kappa^0=0$$

基线分量 $B_x=x_1-x_2$，为任一定向点的左右视差。

（3）用当前初值，计算右片旋转矩阵的各方向余弦，组建旋转矩阵 $\boldsymbol{R}'$。

（4）计算各个定向点在左像空系的坐标

$$\{X_1,X_2,Y_2,Z_2\}_i \quad (i=1,2,3,\cdots,n)$$

（5）按式（4.53）和式（4.52）计算各点的投影系数 N_i、N_i' 和上下视差 Q_i($i=1,2,3,\cdots,n$)。

（6）按式（4.51）计算每个定向点的误差方程系数项 C_{1i}、C_{2i}、C_{3i}、C_{4i}、C_{5i}($i=1,2,3,\cdots,n$)。

（7）对所有定向点按式（4.51）组建误差方程式

$$\begin{bmatrix} v_1 \\ v_2 \\ \vdots \\ v_n \end{bmatrix} = \begin{bmatrix} C_{11} & C_{21} & C_{31} & C_{41} & C_{51} \\ C_{12} & C_{22} & C_{32} & C_{42} & C_{52} \\ \vdots & \vdots & \vdots & \vdots & \vdots \\ C_{1n} & C_{2n} & C_{3n} & C_{4n} & C_{5n} \end{bmatrix} \begin{bmatrix} \mathrm{d}\Delta\varphi \\ \mathrm{d}\Delta\omega \\ \mathrm{d}\Delta\kappa \\ \mathrm{d}B_Y \\ \mathrm{d}B_Z \end{bmatrix} - \begin{bmatrix} Q_1 \\ Q_2 \\ \vdots \\ Q_n \end{bmatrix}$$

形成 $\boldsymbol{V}=\boldsymbol{A}\boldsymbol{X}-\boldsymbol{L}$ 的形式。

（8）按最小二乘原理组建法方程式

$$\boldsymbol{A}^{\mathrm{T}}\boldsymbol{A}\boldsymbol{X}-\boldsymbol{A}^{\mathrm{T}}\boldsymbol{L}=0$$

（9）解求法方程，求得各相对方位元素的改正数

$$\boldsymbol{X}=(\boldsymbol{A}^{\mathrm{T}}\boldsymbol{A})^{-1}\boldsymbol{A}^{\mathrm{T}}\boldsymbol{L}$$

（10）将相对方位元素的初值加上改正数，得到新的相对方位元素值，即

$$\Delta\varphi^j=\Delta\varphi^{j-1}+\mathrm{d}\Delta\varphi^j$$

$$\Delta\omega^j=\Delta\omega^{j-1}+\mathrm{d}\Delta\omega^j$$

$$\Delta\kappa^j=\Delta\kappa^{j-1}+\mathrm{d}\Delta\kappa^j$$

$$B_Y^j=B_Y^{j-1}+\mathrm{d}B_Y^j$$

$$B_Z^j=B_Z^{j-1}+\mathrm{d}B_Z^j$$

式中，$j=1$、2、$3\cdots$ 为迭代的次数。

（11）检查各改正数值是否小于限差（限差大小见作业规范）。若所有改正数都小于限差，迭代结束，最后得到的计算值即为相对方位元素值；否则重复步骤（3）～（11），继续迭代。

连续像对相对方位元素的计算流程如图 4.21 所示。

3. 单独像对相对方位元素的解算过程

仍以近似相对定向方程为例，其主要过程为

（1）获取已知数据。主要包括：像片内方位元素 x_0、y_0、f；所有相对定向点的左、右像点坐标

$$\{(x_1,y_1)、(x_2,y_2)\}_i \quad (i=1,2,3,\cdots,n)$$

式中，n 是相对定向点的个数。

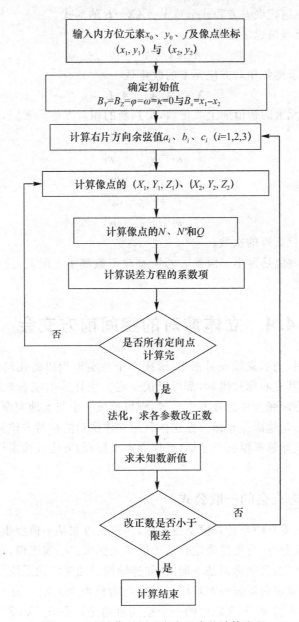

图 4.21　连续像对相对定向元素的计算流程

（2）确定相对定向元素的初值。对于近似垂直摄影像片

$$\tau_1^0 = \kappa_1^0 = \tau_2^0 = \varepsilon^0 = \kappa_2^0 = 0$$

（3）用当前初值，计算左、右片旋转矩阵的各方向余弦，组建旋转矩阵 $\boldsymbol{R}$ 和 $\boldsymbol{R}'$。

（4）计算各个定向点在基线坐标系的坐标

$$\{X_1, Y_1, Z_1, X_2, Y_2, Z_2\}_i \, (i=1,2,3,\cdots,n)$$

（5）计算各点的常数项 $Q_i = \dfrac{F_i^0}{f}(i=1,2,3,\cdots,n)$。

（6）按式（4.67）计算每个定向点的误差方程系数项 C_{1i}、C_{2i}、C_{3i}、C_{4i}、$C_{5i}(i=1,2,3,\cdots,n)$。

（7）对所有定向点组建误差方程式形成 $V=AX-L$ 的形式。

（8）按最小二乘原理组建法方程式

$$A^{\mathrm{T}}AX-A^{\mathrm{T}}L=0$$

（9）解求法方程,求得各相对方位元素的改正数

$$X=(A^{\mathrm{T}}A)^{-1}A^{\mathrm{T}}L$$

（10）将相对方位元素的初值加上改正数,得到新的相对方位元素值,即

$$\tau_1^j=\tau_1^{j-1}+\mathrm{d}\tau_1^j$$

$$\kappa_1^j=\kappa_1^{j-1}+\mathrm{d}\kappa_1^j$$

$$\tau_2^j=\tau_2^{j-1}+\mathrm{d}\tau_2^j$$

$$\varepsilon^j=\varepsilon^{j-1}+\mathrm{d}\varepsilon^j$$

$$\kappa_2^j=\kappa_2^{j-1}+\mathrm{d}\kappa_2^j$$

式中, $j=1,2,3\cdots$ 是迭代运算的次数。

（11）检查各改正数值是否小于限差。若所有改正数都小于限差,迭代结束;否则重复步骤（3）～（11）,继续迭代。

4.4 立体像对的空间前方交会

当相对定向完成后,同名光线成对相交,形成一个与实地相似的几何模型。此时,对任一对同名像点,只要知道其左右像片坐标,都可以按一定方法计算出左右光线相交处的坐标,即模型点坐标。如果知道两张像片的外方位元素,则可形成一个与实地完全一致的立体模型,此时得到的模型点坐标即是地面点坐标。像这样利用立体像对的相对方位元素（或外方位元素）和同名像点的像平面坐标解算模型点坐标（或地面点坐标）的方法或技术称为立体像对的空间前方交会。

4.4.1 空间前方交会的一般公式

空间前方交会的主要目的是计算模型点坐标,即模型点在某一模型坐标系的三维分量值,因此在进行空间前方交会时,首先要确定合适的模型坐标系。一般来说,在不同的相对定向系统或不同的已知条件下,模型坐标系是不同的,如连续像对相对定向系统把左像空间坐标系作为模型坐标系,单独相对定向系统则把基线坐标系作为模型坐标系。为了使空间前方交会公式具有通用性,假设以左摄站 S_1 为原点的一个空间直角坐标系 S_1-XYZ 为模型坐标系,并且假设在满足同名光线成对相交时左、右片相对于模型坐标系的旋转矩阵分别为 R 和 R',基线 S_1S_2 在模型坐标系中的分量为 B_x、B_y、B_z,此时若有一对同名像点 a 和 a',则它们必然相交于模型点 A,如图 4.22 所示。现在的问题是如何在已知 a 和 a' 像平面坐标的情况下求出 A 在该模型坐标系中的坐标。

如图 4.22 所示,假设在 S_1-XYZ 坐标系中, a 的坐标为 (X,Y,Z), A 的坐标为 $(\Delta X,\Delta Y,\Delta Z)$;在 S_2-$X'Y'Z'$ 中, a' 的坐标为 (X',Y',Z'), A 的坐标为 $(\Delta X',\Delta Y',\Delta Z')$。设 a、a' 的像平面坐标分别为 (x,y) 和 (x',y'),则

$$\begin{bmatrix} X \\ Y \\ Z \end{bmatrix} = R \begin{bmatrix} x \\ y \\ -f \end{bmatrix} \tag{4.68}$$

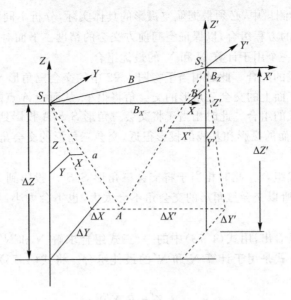

图 4.22　空间前方交会的一般情况

$$\begin{bmatrix} X' \\ Y' \\ Z' \end{bmatrix} = \boldsymbol{R}' \begin{bmatrix} x' \\ y' \\ -f \end{bmatrix} \tag{4.69}$$

令

$$N = \frac{S_1 A}{S_1 a}, N' = \frac{S_2 A}{S_2 a'}$$

N、N' 分别称为左、右像片的像点投影系数。显然有

$$\left. \begin{array}{l} \dfrac{\Delta X}{X} = \dfrac{\Delta Y}{Y} = \dfrac{\Delta Z}{Z} = \dfrac{S_1 A}{S_1 a} = N \\ \dfrac{\Delta X'}{X'} = \dfrac{\Delta Y'}{Y'} = \dfrac{\Delta Z'}{Z'} = \dfrac{S_2 A}{S_2 a'} = N' \end{array} \right\} \tag{4.70}$$

从而得

$$\left. \begin{array}{l} \Delta X = NX \\ \Delta Y = NY \\ \Delta Z = NZ \end{array} \right\} \tag{4.71}$$

$$\left. \begin{array}{l} \Delta X' = N'X' \\ \Delta Y' = N'Y' \\ \Delta Z' = N'Z' \end{array} \right\} \tag{4.72}$$

显然只要求出 N 和 N'，就可按式(4.71)求出模型点坐标。为此，考虑基线分量，则 A 在左右两个坐标系中的坐标关系应满足

$$\left. \begin{array}{l} \Delta X = NX = B_X + N'X' \\ \Delta Y = NY = B_Y + N'Y' \\ \Delta Z = NZ = B_Z + N'Z' \end{array} \right\} \tag{4.73}$$

式(4.73)有三个方程，用于解算两个未知数，从纯数学观点来看任意挑选两个方程都能解

出 N 和 N'。但在摄影测量中,必须根据航空摄影的具体实际,分析不同两两组合所解求结果的精度,从而确定最佳的方程组合,以保证空间前方交会的精度。下面对式(4.73)中的各种组合进行分析,从中选择一个用于计算 N 和 N' 的最优组合。

首先,考虑二、三式的组合。此时相当于将图4.22中的交会三角形 S_1S_2A 投影到 YZ 面,由于 B_Y 很小,所以 YZ 面上的交会三角形的交会角将很小,从而使 A 点的求解精度不高。

其次,考虑一、二式的组合。此时相当于将交会三角形 S_1S_2A 投影到 XY 面,同样由于 B_Y 很小,所以 A 点在 XY 面的投影和基线的投影很近,交会三角形的交会角将很大,也使 A 点的求解精度不高。

最后,考虑一、三式组合。此时相当于将交会三角形 S_1S_2A 投影到 XZ 面,由于 $B_X \approx B$,且于航高的尺度相当,所以交会三角形的交会角不会太大,也不会太小,从而可保证前方交会的精度。

综合以上分析可以看出,用式(4.73)中的一、三式组合求解 N 和 N',将使空间前方交会的精度最高,因此一、三式是用于计算 N 和 N' 的最佳组合。将式(4.73)的一、三式联立求解后可得

$$\left.\begin{array}{l} N=\dfrac{B_X Z'-B_Z X'}{XZ'-X'Z} \\[3mm] N'=\dfrac{B_X Z-B_Z X}{XZ'-X'Z} \end{array}\right\} \tag{4.74}$$

最后按下式求解模型点在模型坐标系中的坐标,即

$$\left.\begin{array}{l} \Delta X=NX \\[2mm] \Delta Y=\dfrac{1}{2}(NY+N'Y'+B_Y) \\[2mm] \Delta Z=NZ \end{array}\right\} \tag{4.75}$$

注意在式(4.75)中 ΔY 是左右投影光线的模型坐标的平均值,而 ΔX 和 ΔZ 则没有取平均值。这是因为 N、N' 是由 B_X、B_Z、X、Z、X'、Z' 参与解出的,所以 ΔX 和 ΔZ 完全满足式(4.73),不必求平均;而 Y 方向的所有参数都没有参与 N、N' 的求解,因此 NY 不一定等于 $N'Y'+B_Y$,这与相对定向后模型上仍有上下视差残差是相符的,故应以平均值作为最终的 ΔY。

式(4.68)、式(4.69)、式(4.74)和式(4.75)即为完成空间前方交会的一般公式。

4.4.2　模型点坐标的计算

1. 连续相对定向系统的模型点坐标计算

当采用连续相对定向系统时,模型坐标系为左像空系。此时,左片的旋转矩阵为单位矩阵,右片的旋转矩阵由相对定向角元素 $\Delta\varphi$、$\Delta\omega$、$\Delta\kappa$ 组成,基线分量为 B_X、B_Y、B_Z。则按空间前方交会的一般公式,其模型坐标的计算过程为:

(1) 读取基本数据。主要包括:同名像点坐标 (x,y) 和 (x',y');相对方位元素 B_Y、B_Z、$\Delta\varphi$、$\Delta\omega$、$\Delta\kappa$;给定模型基线分量 B_X。

(2) 用相对定向角元素组建右旋转矩阵 $\boldsymbol{R}'$。

(3) 计算同名像点在左像空系(模型坐标系)的坐标

$$\begin{bmatrix} X \\ Y \\ Z \end{bmatrix}=\begin{bmatrix} x \\ y \\ -f \end{bmatrix},\quad \begin{bmatrix} X' \\ Y' \\ Z' \end{bmatrix}=\boldsymbol{R}'\begin{bmatrix} x' \\ y' \\ -f \end{bmatrix}=\boldsymbol{R}_{\Delta\varphi\Delta\omega\Delta\kappa}\begin{bmatrix} x' \\ y' \\ -f \end{bmatrix}$$

(4) 按式(4.74)计算投影系数 N 与 N'。

(5) 按式(4.75)计算模型点坐标 $(\Delta X, \Delta Y, \Delta Z)$。

2. 单独相对定向系统的模型点坐标计算

当采用单独相对定向系统时,基线坐标系则为模型坐标系。此时左片的旋转矩阵由 τ_1、κ_1 确定,右片的旋转矩阵则由 ε、τ_2、κ_2 来组建,基线分量 $B_X = B$、$B_Y = B_Z = 0$,则其模型坐标的计算过程为:

(1) 读取基本数据。主要包括:同名像点坐标 (x, y) 和 (x', y');相对方位元素 τ_1、κ_1、ε、τ_2、κ_2;给定模型基线 B。

(2) 用相对方位元素计算左右片旋转矩阵的方向余弦,构成 R 和 R'。

(3) 计算同名像点在基线坐标系(模型坐标系)坐标

$$\begin{bmatrix} X \\ Y \\ Z \end{bmatrix} = R \begin{bmatrix} x \\ y \\ -f \end{bmatrix} = R_{\tau_1 \kappa_1} \begin{bmatrix} x \\ y \\ -f \end{bmatrix}, \quad \begin{bmatrix} X' \\ Y' \\ Z' \end{bmatrix} = R' \begin{bmatrix} x' \\ y' \\ -f \end{bmatrix} = R_{\varepsilon \tau_2 \kappa_2} \begin{bmatrix} x' \\ y' \\ -f \end{bmatrix}$$

(4) 计算投影系数 N 与 N'

$$N = \frac{BZ'}{XZ' - X'Z}$$

$$N' = \frac{BZ}{XZ' - X'Z}$$

(5) 按式(4.75)计算模型点坐标 $(\Delta X, \Delta Y, \Delta Z)$。

4.4.3　地面点坐标的计算

当已知立体像对左右像片的外方位元素时,可采用空间前方交会方法计算同名像点所对应地面点的地面坐标。此时,模型坐标系应选择左像空间辅助坐标系,左、右旋转矩阵分别由各自外方位角元素构建,基线分量则由外方位线元素相减得到,因此计算地面点坐标的主要过程为:

(1) 读取已知数据。主要包括:同名像点坐标 (x, y) 和 (x', y');左右像片的外方位元素 $(X_{S_1}, Y_{S_1}, Z_{S_1}, \varphi_1, \omega_2, \kappa_1)$、$(X_{S_2}, Y_{S_2}, Z_{S_2}, \varphi_2, \omega_2, \kappa_2)$。

(2) 利用外方位线元素计算摄影基线 B 的三个分量 B_X、B_Y 与 B_Z,即

$$B_X = X_{S_2} - X_{S_1}$$

$$B_Y = Y_{S_2} - Y_{S_1}$$

$$B_Z = Z_{S_2} - Z_{S_1}$$

(3) 利用外方位角元素组建左右像片的旋转矩阵 R 和 R'。

(4) 计算同名像点的像空间辅助坐标 (X, Y, Z) 与 (X', Y', Z'),

$$\begin{bmatrix} X \\ Y \\ Z \end{bmatrix} = R \begin{bmatrix} x \\ y \\ -f \end{bmatrix} = R_{\varphi_1 \omega_1 \kappa_1} \begin{bmatrix} x \\ y \\ -f \end{bmatrix}, \quad \begin{bmatrix} X' \\ Y' \\ Z' \end{bmatrix} = R' \begin{bmatrix} x' \\ y' \\ -f \end{bmatrix} = R_{\varphi_2 \omega_2 \kappa_2} \begin{bmatrix} x' \\ y' \\ -f \end{bmatrix}$$

(5) 按式(4.74)计算投影系数 N 与 N'。

(6) 按式(4.75)计算地面点的左像辅系坐标 $(\Delta X, \Delta Y, \Delta Z)$。

(7) 按下式计算地面点的地面坐标

$$X_P = X_{S_1} + \Delta X$$
$$Y_P = Y_{S_1} + \Delta Y$$
$$Z_P = Z_{S_1} + \Delta Z$$

4.5　立体像对的绝对定向

立体像对完成相对定向后,同名光线在各自的核面内成对相交,从而构成一个与地面相似的立体模型——几何模型。但几何模型的空间方位和比例尺都是任意的,必须采用某种方法确定其相对于地面坐标系的方位和比例因子,建立模型点坐标和地面点坐标的数学关系,才能将几何模型的模型坐标转化为地面坐标。确定立体模型相对于地面坐标系的方位和比例因子所需要的所有独立参数称为立体像对的绝对方位元素,而求解绝对方位元素的过程称为立体像对的绝对定向。

4.5.1　绝对定向原理

1. 绝对方位元素

如图 4.23 所示,将立体模型归化到地面坐标系可以分三步完成。

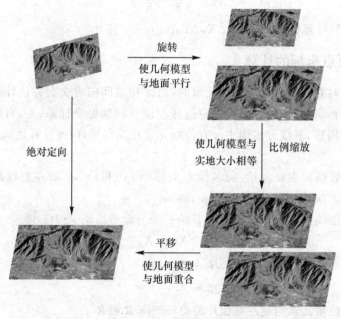

图 4.23　将几何模型归化到地面的过程

第一步:对立体模型进行旋转,使其与地面平行。由于模型点坐标是相对模型坐标系而言的,因此该步的实质是确定模型坐标系与地面坐标系的旋转关系。与外方位角元素 $\varphi\omega\kappa$ 转角系统类似,可先绕地面坐标系的 Y_P 轴旋转 Φ 角,然后绕 X_P 轴旋转 Ω 角,最后绕 Z_P 轴旋转 K,从而使模型坐标系与地面坐标系完全平行。因此绝对方位的角元素有三个,分别为 Φ、Ω、K。当然也可采用其他转角系统,同样得到三个绝对方位角元素。

第二步：对立体模型进行放大或缩小，使其与实地大小一致或达到规定的模型比例尺。该步的实质是确定一个比例因子，从而建立立体模型与实地的比例变换关系。设地面上两点的距离为 D，对应模型点的距离为 d，则 $\lambda = \dfrac{D}{d}$ 就代表了立体模型与地面的比例关系。只要把模型放大 λ 倍，就可与实地大小相等。因此绝对方位的比例元素有一个，称为立体模型的比例因子，用 λ 表示。

第三步：对与地面平行且与实地大小相等的立体模型进行平移，使所有模型点与实地点完全重合。该步的实质是确定模型坐标系原点在地面坐标系中的坐标，建立模型坐标系和地面坐标系的三轴平移关系。因此绝对方位的线元素有三个，用 X_0、Y_0、Z_0 表示，分别用于确定模型坐标系在 X_P、Y_P、Z_P 三个方向平移的大小。

综上所述，立体像对的绝对方位元素有七个，分别用 $\varPhi$、$\varOmega$、K、λ、X_0、Y_0、Z_0 来表示。其中 $\varPhi$、$\varOmega$、K 是角元素，用于确定立体模型和地面的旋转关系；λ 是比例元素，用于确定立体模型的放大倍数；X_0、Y_0、Z_0 是线元素，用于确定立体模型相对地面的平移。

2. 绝对定向方程

设立体模型上任一点的模型坐标为 (X,Y,Z)，其对应的地面点的地面坐标为 (X_P,Y_P,Z_P)，且绝对方位元素为已知，则以上三步可用数学公式综合表示为

$$\begin{bmatrix} X_P \\ Y_P \\ Z_P \end{bmatrix} = \lambda \begin{bmatrix} a_1 & a_2 & a_3 \\ b_1 & b_2 & b_3 \\ c_1 & c_2 & c_3 \end{bmatrix} \begin{bmatrix} X \\ Y \\ Z \end{bmatrix} + \begin{bmatrix} X_0 \\ Y_0 \\ Z_0 \end{bmatrix} \tag{4.76}$$

该式即为模型点坐标与地面点坐标的变换公式，其中 a_i、b_i、c_i $(i=1,2,3)$ 是由 $\varPhi$、$\varOmega$、K 确定的旋转矩阵的 9 个方向余弦。由于这种变换前后变换体的几何形状是相似的，因此称之为空间相似变换，相应的式(4.76)称为相似变换公式。

在立体摄影测量中，相似变换公式有两个作用。其一，当有一定数量地面控制点和对应的模型点坐标时，可用相似变换公式解求 7 个绝对方位元素，这个过程就是立体像对的绝对定向，因此绝对定向的数学模型是相似变换公式。其二，当已知立体像对的绝对方位元素时，对任一模型点坐标都可以用式(4.76)计算其对应的地面点坐标，这是用立体像对确定地面点三维坐标的另一种方法。

3. 绝对定向点

用于完成立体模型绝对定向的地面控制点称为绝对定向点。分析式(4.76)可知，一个绝对定向点可列出 3 个方程，要解求 7 个绝对方位元素，只需要不在一条直线上的 2 个平高控制点和 1 个高程点即可完成解算。但为了防止粗差，保证绝对方位元素的解算精度，需要有多余的控制点用最小二乘平差方法得到 7 个绝对方位元素的最或然值。在实际作业中，一般用立体模型四个角隅附近的 4 个平高点作为绝对定向点，用 12 个方程解算 7 个绝对方位元素。

4.5.2　绝对定向方程的线性化

空间相似变换公式是一个多元的非线性函数，为了便于最小二乘求解，在给定绝对方位元素初值的情况下，可对式(4.76)逐式按泰勒级数展开，并保留一次项，则有

$$X_P = X_P^0 + \frac{\partial X_P}{\partial X_0}\mathrm{d}X_0 + \frac{\partial X_P}{\partial \lambda}\mathrm{d}\lambda + \frac{\partial X_P}{\partial \Phi}\mathrm{d}\Phi + \frac{\partial X_P}{\partial \Omega}\mathrm{d}\Omega + \frac{\partial X_P}{\partial K}\mathrm{d}K$$

$$Y_P = Y_P^0 + \frac{\partial Y_P}{\partial Y_0}\mathrm{d}Y_0 + \frac{\partial Y_P}{\partial \lambda}\mathrm{d}\lambda + \frac{\partial Y_P}{\partial \Phi}\mathrm{d}\Phi + \frac{\partial Y_P}{\partial \Omega}\mathrm{d}\Omega + \frac{\partial Y_P}{\partial K}\mathrm{d}K \tag{4.77}$$

$$Z_P = Z_P^0 + \frac{\partial Z_P}{\partial Z_0}\mathrm{d}Z_0 + \frac{\partial Z_P}{\partial \lambda}\mathrm{d}\lambda + \frac{\partial Z_P}{\partial \Phi}\mathrm{d}\Phi + \frac{\partial Z_P}{\partial \Omega}\mathrm{d}\Omega + \frac{\partial Z_P}{\partial K}\mathrm{d}K$$

式中

$$\begin{aligned}X_P^0 &= \lambda^0 \overline{X} + X_0^0 \\ Y_P^0 &= \lambda^0 \overline{Y} + Y_0^0 \\ Z_P^0 &= \lambda^0 \overline{Z} + Z_0^0\end{aligned}, \quad \begin{bmatrix}\overline{X}\\ \overline{Y}\\ \overline{Z}\end{bmatrix} = \begin{bmatrix}a_1 & a_2 & a_3\\ b_1 & b_2 & b_3\\ c_1 & c_2 & c_3\end{bmatrix}_{\Phi^0\Omega^0K^0}\begin{bmatrix}X\\ Y\\ Z\end{bmatrix} \tag{4.78}$$

其误差方程形式为

$$v_X = \frac{\partial X_P}{\partial X_0}\mathrm{d}X_0 + \frac{\partial X_P}{\partial \lambda}\mathrm{d}\lambda + \frac{\partial X_P}{\partial \Phi}\mathrm{d}\Phi + \frac{\partial X_P}{\partial \Omega}\mathrm{d}\Omega + \frac{\partial X_P}{\partial K}\mathrm{d}K - l_X$$

$$v_Y = \frac{\partial Y_P}{\partial Y_0}\mathrm{d}Y_0 + \frac{\partial Y_P}{\partial \lambda}\mathrm{d}\lambda + \frac{\partial Y_P}{\partial \Phi}\mathrm{d}\Phi + \frac{\partial Y_P}{\partial \Omega}\mathrm{d}\Omega + \frac{\partial Y_P}{\partial K}\mathrm{d}K - l_Y \tag{4.79}$$

$$v_Z = \frac{\partial Z_P}{\partial Z_0}\mathrm{d}Z_0 + \frac{\partial Z_P}{\partial \lambda}\mathrm{d}\lambda + \frac{\partial Z_P}{\partial \Phi}\mathrm{d}\Phi + \frac{\partial Z_P}{\partial \Omega}\mathrm{d}\Omega + \frac{\partial Z_P}{\partial K}\mathrm{d}K - l_Z$$

式中

$$\begin{aligned}l_X &= X_P - X_P^0\\ l_Y &= Y_P - Y_P^0\\ l_Z &= Z_P - Z_P^0\end{aligned} \tag{4.80}$$

对绝对方位元素的线元素求导,显然有

$$\frac{\partial X_P}{\partial X_0} = 1, \frac{\partial Y_P}{\partial Y_0} = 1, \frac{\partial Z_P}{\partial Z_0} = 1$$

$$\frac{\partial X_P}{\partial Y_0} = \frac{\partial X_P}{\partial Z_0} = \frac{\partial Y_P}{\partial X_0} = \frac{\partial Y_P}{\partial Z_0} = \frac{\partial Z_P}{\partial X_0} = \frac{\partial Z_P}{\partial Y_0} = 0 \tag{4.81}$$

对 λ 的偏导数为

$$\frac{\partial X_P}{\partial \lambda} = \overline{X}, \frac{\partial Y_P}{\partial \lambda} = \overline{Y}, \frac{\partial Z_P}{\partial \lambda} = \overline{Z} \tag{4.82}$$

按照共线条件方程线性化的方法,并考虑到 Φ、Ω、K 都为小角,则

$$\frac{\partial X_P}{\partial \Phi} = -\lambda \overline{Z}, \frac{\partial Y_P}{\partial \Phi} = 0, \frac{\partial Z_P}{\partial \Phi} = -\lambda \overline{X}$$

$$\frac{\partial X_P}{\partial \Omega} = 0, \frac{\partial Y_P}{\partial \Omega} = -\lambda \overline{Z}, \frac{\partial Z_P}{\partial \Omega} = -\lambda \overline{Y} \tag{4.83}$$

$$\frac{\partial X_P}{\partial K} = -\lambda \overline{Y}, \frac{\partial Y_P}{\partial K} = \lambda \overline{X}, \frac{\partial Z_P}{\partial K} = 0$$

将式(4.80)~(4.83)代入式(4.79)可得绝对定向方程的误差方程式为

$$
\begin{bmatrix} v_X \\ v_Y \\ v_Z \end{bmatrix} = \begin{bmatrix} 1 & 0 & 0 & \overline{X} & -\lambda\,\overline{Z} & 0 & -\lambda\,\overline{Y} \\ 0 & 1 & 0 & \overline{Y} & 0 & -\lambda\,\overline{Z} & \lambda\,\overline{X} \\ 0 & 0 & 1 & \overline{Z} & \lambda\,\overline{X} & \lambda\,\overline{Y} & 0 \end{bmatrix} \begin{bmatrix} \mathrm{d}X_0 \\ \mathrm{d}Y_0 \\ \mathrm{d}Z_0 \\ \mathrm{d}\lambda \\ \mathrm{d}\Phi \\ \mathrm{d}\Omega \\ \mathrm{d}K \end{bmatrix} - \begin{bmatrix} l_X \\ l_Y \\ l_Z \end{bmatrix} \tag{4.84}
$$

假设有 n 个绝对定向点,则可用式(4.84)建立 $3n$ 个误差方程,法化后其法方程式的系数矩阵和常数项矩阵分别为

$$
\begin{bmatrix}
n & 0 & 0 & [\overline{X}] & 0 & -\lambda[\overline{Z}] & -\lambda[\overline{Y}] \\
0 & n & 0 & [\overline{Y}] & -\lambda[\overline{Z}] & 0 & \lambda[\overline{X}] \\
0 & 0 & n & [\overline{Z}] & \lambda[\overline{Y}] & \lambda[\overline{X}] & 0 \\
[\overline{X}] & [\overline{Y}] & [\overline{Z}] & [\overline{X}^2+\overline{Y}^2+\overline{Z}^2] & 0 & 0 & 0 \\
0 & \lambda[\overline{Z}] & \lambda[\overline{Y}] & 0 & \lambda^2[\overline{Y}^2+\overline{Z}^2] & \lambda^2[\overline{X}\,\overline{Y}] & -\lambda^2[\overline{X}\,\overline{Z}] \\
\lambda[\overline{Z}] & 0 & \lambda[\overline{X}] & 0 & \lambda^2[\overline{X}\,\overline{Y}] & \lambda^2[\overline{X}^2+\overline{Z}^2] & \lambda^2[\overline{Y}\,\overline{Z}] \\
\lambda[\overline{Y}] & \lambda[\overline{X}] & 0 & 0 & -\lambda^2[\overline{X}\,\overline{Z}] & \lambda^2[\overline{Y}\,\overline{Z}] & \lambda^2[\overline{X}^2+\overline{Y}^2]
\end{bmatrix} \tag{4.85}
$$

和

$$
\begin{bmatrix}
[l_X] \\
[l_Y] \\
[l_Z] \\
[\overline{X}l_X+\overline{Y}l_Y+\overline{Z}l_Z] \\
[-\overline{Z}l_Y+\overline{Y}l_Z] \\
[-\overline{Z}l_X+\overline{X}l_Z] \\
[-\overline{Y}l_X+\overline{X}l_Y]
\end{bmatrix} \tag{4.86}
$$

式中[·]表示求和。用式(4.85)和式(4.86)即可解算各绝对方位元素的改正数。

4.5.3　坐标重心化及模型比例尺归化

为了简化绝对定向的解算过程,应尽量简化法方程的系数矩阵和常数项矩阵,为此在建立误差方程式之前可先进行坐标重心化处理和模型比例尺的归化。坐标重心化可使法方程系数矩阵和常数项矩阵出现多个 0 元素;比例尺归化则使模型和地面大小基本相等,使 $\lambda\cong1$,法方程系数中可不再出现 λ 项。经过这两步处理,绝对定向的求解过程将变得最为简单。

1. 坐标重心化

坐标的重心化是将模型坐标系和地面坐标系的原点分别移至参与绝对定向的模型点重心和地面点重心处。设模型点坐标为 $(X_i,Y_i,Z_i)(i=1,2,\cdots,n)$,其重心的坐标为 $(\dot{X},\dot{Y},\dot{Z})$,则有

$$\left.\begin{aligned}\dot{X} &= \frac{1}{n}\sum_{i=1}^{n}X_i\\ \dot{Y} &= \frac{1}{n}\sum_{i=1}^{n}Y_i\\ \dot{Z} &= \frac{1}{n}\sum_{i=1}^{n}Z_i\end{aligned}\right\} \tag{4.87}$$

同样,地面点的重心坐标为

$$\left.\begin{aligned}\dot{X}_P &= \frac{1}{n}\sum_{i=1}^{n}X_{P_i}\\ \dot{Y}_P &= \frac{1}{n}\sum_{i=1}^{n}Y_{P_i}\\ \dot{Z}_P &= \frac{1}{n}\sum_{i=1}^{n}Z_{P_i}\end{aligned}\right\} \tag{4.88}$$

将模型坐标系和地面坐标系的原点移至各自的重心处,则模型点的重心化坐标为

$$\begin{bmatrix}X'\\Y'\\Z'\end{bmatrix}_i = \begin{bmatrix}X\\Y\\Z\end{bmatrix}_i - \begin{bmatrix}\dot{X}\\\dot{Y}\\\dot{Z}\end{bmatrix} \quad (i=1,2,\cdots,n) \tag{4.89}$$

地面控制点的重心化坐标为

$$\begin{bmatrix}X'_P\\Y'_P\\Z'_P\end{bmatrix}_i = \begin{bmatrix}X_P\\Y_P\\Z_P\end{bmatrix}_i - \begin{bmatrix}\dot{X}_P\\\dot{Y}_P\\\dot{Z}_P\end{bmatrix} \quad (i=1,2,\cdots,n) \tag{4.90}$$

2. 模型比例尺归化

坐标重心化后,选择相距最远的两个地面控制点和对应的模型点计算模型比例因子 λ',并用 λ' 遍乘模型点坐标,从而使模型与地面的大小基本一致。设相距最远的两个控制点的点号为 j,k,则

$$\lambda' = \frac{\sqrt{(X'_{P_k}-X'_{P_j})^2+(Y'_{P_k}-Y'_{P_j})^2+(Z'_{P_k}-Z'_{P_j})^2}}{\sqrt{(X'_k-X'_j)^2+(Y'_k-Y'_j)^2+(Z'_k-Z'_j)^2}} \quad (k\neq j)$$

显然,比例尺归化后的模型点坐标为

$$\begin{bmatrix}X''\\Y''\\Z''\end{bmatrix}_i = \lambda' \begin{bmatrix}X'\\Y'\\Z'\end{bmatrix}_i \quad (i=1,2,\cdots,n) \tag{4.91}$$

3. 法方程式的变化

经过坐标重心化和模型比例尺归化后,绝对定向的线元素 $X'_0=Y'_0=Z'_0=0$,比例因子 $\lambda\cong1$,式(4.78)变为

$$\begin{aligned}X_P^0 &= \lambda^0\overline{X}\\Y_P^0 &= \lambda^0\overline{Y}\\Z_P^0 &= \lambda^0\overline{Z}\end{aligned}, \quad \begin{bmatrix}\overline{X}\\\overline{Y}\\\overline{Z}\end{bmatrix} = \begin{bmatrix}a_1 & a_2 & a_3\\b_1 & b_2 & b_3\\c_1 & c_2 & c_3\end{bmatrix}_{\Phi^0\Omega^0K^0}\begin{bmatrix}X''\\Y''\\Z''\end{bmatrix} \tag{4.92}$$

式(4.80)变为

$$l_X = X'_P - X^0_P \\ l_Y = Y'_P - Y^0_P \\ l_Z = Z'_P - Z^0_P \Bigg\} \tag{4.93}$$

此时有

$$[X'] = [Y'] = [Z'] = 0$$

$$[X''] = [Y''] = [Z''] = 0$$

$$[\overline{X}] = [\overline{Y}] = [\overline{Z}] = 0$$

$$[X'_P] = [Y'_P] = [Z'_P] = 0$$

$$[l_X] = [l_Y] = [l_Z] = 0$$

在法方程式的系数矩阵中,可用 $\lambda = 1$ 进行近似,常数项中 λ 仍用严密值,则法方程的系数矩阵和常数项变为

$$\begin{bmatrix} n & 0 & 0 & 0 & 0 & 0 & 0 \\ 0 & n & 0 & 0 & 0 & 0 & 0 \\ 0 & 0 & n & 0 & 0 & 0 & 0 \\ 0 & 0 & 0 & [\overline{X}^2+\overline{Y}^2+\overline{Z}^2] & 0 & 0 & 0 \\ 0 & 0 & 0 & 0 & [\overline{Y}^2+\overline{Z}^2] & [\overline{X}\,\overline{Y}] & -[\overline{X}\,\overline{Z}] \\ 0 & 0 & 0 & 0 & [\overline{X}\,\overline{Y}] & [\overline{X}^2+\overline{Z}^2] & [\overline{Y}\,\overline{Z}] \\ 0 & 0 & 0 & 0 & -[\overline{X}\,\overline{Z}] & [\overline{Y}\,\overline{Z}] & [\overline{X}^2+\overline{Y}^2] \end{bmatrix} \begin{bmatrix} 0 \\ 0 \\ 0 \\ [\overline{X}l_X+\overline{Y}l_Y+\overline{Z}l_Z] \\ [-\overline{Z}l_Y+\overline{Y}l_Z] \\ [-\overline{Z}l_X+\overline{X}l_Z] \\ [-\overline{Y}l_X+\overline{Y}l_Y] \end{bmatrix}$$

显然,此时前 3 个绝对方位元素的改正数 $dX_0 = dY_0 = dZ_0 = 0$,不用解,第 4 个改正数可直接求出,即

$$d\lambda = \frac{[\overline{X}l_X+\overline{Y}l_Y+\overline{Z}l_Z]}{[\overline{X}^2+\overline{Y}^2+\overline{Z}^2]} \tag{4.94}$$

需要联合解的只有三个角元素的改正数,这样法方程式简化为

$$\begin{bmatrix} [\overline{Y}^2+\overline{Z}^2] & [\overline{X}\,\overline{Y}] & -[\overline{X}\,\overline{Z}] \\ [\overline{X}\,\overline{Y}] & [\overline{X}^2+\overline{Z}^2] & [\overline{Y}\,\overline{Z}] \\ -[\overline{X}\,\overline{Z}] & [\overline{Y}\,\overline{Z}] & [\overline{X}^2+\overline{Y}^2] \end{bmatrix} \begin{bmatrix} d\Phi \\ d\Omega \\ dK \end{bmatrix} = \begin{bmatrix} [-\overline{Z}l_Y+\overline{Y}l_Z] \\ [-\overline{Z}l_X+\overline{X}l_Z] \\ [-\overline{Y}l_X+\overline{X}l_Y] \end{bmatrix} \tag{4.95}$$

4.5.4　绝对定向的解算过程

(1) 输入已知数据,包括:模型点坐标 $(X,Y,Z)_i (i=1,2,\cdots,n)$;地面点坐标 $(X_P,Y_P,Z_P)_i$ $(i=1,2,\cdots,n)$。

(2) 坐标重心化。按式(4.89)式(4.90)分别求出模型点和地面点的重心化坐标 $(X', Y',Z')_i$、$(X'_P,Y'_P,Z'_P)_i (i=1,2,\cdots,n)$。

(3) 模型比例尺归化。按式(4.91)对模型点坐标进行比例尺归化,求出 $(X'',Y'',Z'')_i (i= 1,2,\cdots,n)$。

(4) 给出绝对方位元素初始值:$\Phi^0 = \Omega^0 = K^0 = 0,\lambda^0 = 1$。

(5) 用角元素的初始值组建旋转矩阵 $\boldsymbol{R}$。

(6) 按式(4.92)计算 $(\overline{X},\overline{Y},\overline{Z})_i$ 和 $(X^0_P,Y^0_P,Z^0_P)_i (i=1,2,\cdots,n)$。

(7) 按式(4.93)计算 $(l_X,l_Y,l_Z)_i (i=1,2,\cdots,n)$。

（8）按式（4.94）计算 $d\lambda$。

（9）按式（4.95）计算 $d\Phi$、$d\Omega$、dK。

（10）计算待定参数的新值

$$\Phi^k = \Phi^{k-1} + d\Phi$$
$$\Omega^k = \Omega^{k-1} + d\Omega$$
$$K^k = K^{k-1} + dK$$
$$\lambda^k = \lambda^{k-1}(1 + d\lambda)$$

（11）判断改正数是否均小于给定的限值。若大于限值，则重复执行步骤（5）～（11），否则，迭代结束。

（12）按下式计算绝对方位元素的线元素，即

$$\begin{bmatrix} X_0 \\ Y_0 \\ Z_0 \end{bmatrix} = \begin{bmatrix} \dot{X}_P \\ \dot{Y}_P \\ \dot{Z}_P \end{bmatrix} - \begin{bmatrix} \dot{X} \\ \dot{Y} \\ \dot{Z} \end{bmatrix}$$

4.6　地面点坐标的直接解法和立体像对的一步定向法

4.6.1　地面点坐标的直接解法——严格解法

当已知立体像对左右像片的内、外方位元素时，可用共线条件方程直接求解同名像点对应的地面点坐标。共线条件方程式的一般形式为

$$\left.\begin{array}{l} x - x_0 = -f \dfrac{a_1(X-X_S) + b_1(Y-Y_S) + c_1(Z-Z_S)}{a_3(X-X_S) + b_3(Y-Y_S) + c_3(Z-Z_S)} \\[2mm] y - y_0 = -f \dfrac{a_2(X-X_S) + b_2(Y-Y_S) + c_2(Z-Z_S)}{a_3(X-X_S) + b_3(Y-Y_S) + c_3(Z-Z_S)} \end{array}\right\} \tag{4.96}$$

将式（4.96）改化为

$$\left.\begin{array}{l} (x-x_0)(a_3(X-X_S) + b_3(Y-Y_S) + c_3(Z-Z_S)) = -f(a_1(X-X_S) + b_1(Y-Y_S) + c_1(Z-Z_S)) \\[2mm] (y-y_0)(a_3(X-X_S) + b_3(Y-Y_S) + c_3(Z-Z_S)) = -f(a_2(X-X_S) + b_2(Y-Y_S) + c_2(Z-Z_S)) \end{array}\right\}$$
$$\tag{4.97}$$

整理后可得

$$\left.\begin{array}{l} l_1 X + l_2 Y + l_3 Z - l_x = 0 \\ l_4 X + l_5 Y + l_6 Z - l_y = 0 \end{array}\right\} \tag{4.98}$$

式中，l_i 和 l_x、l_y 均为常数，且有

$$l_1 = fa_1 + (x-x_0)a_3$$
$$l_2 = fb_1 + (x-x_0)b_3$$
$$l_3 = fc_1 + (x-x_0)c_3$$
$$l_x = fa_1 X_S + fb_1 Y_S + fc_1 Z_S + (x-x_0)a_3 X_S + (x-x_0)b_3 Y_S + (x-x_0)c_3 Z_S$$
$$l_4 = fa_2 + (y-y_0)a_3$$
$$l_5 = fb_2 + (y-y_0)b_3$$
$$l_6 = fc_2 + (y-y_0)c_3$$

$$l_y = fa_2 X_S + fb_2 Y_S + fc_2 Z_S + (y-y_0)a_3 X_S + (y-y_0)b_3 Y_S + (y-y_0)c_3 Z_S$$

显然,式(4.98)是 X、Y、Z 的线性方程,可以直接求解。对同名像点来说,一张像片可以列出 2 个方程式,则一个立体像对则可以列出 4 个方程。由于式(4.98)不是误差方程式,而是严密公式,按最小二乘方法可直接法化求解地面点的三维坐标,不需迭代。这样的求解过程是严格的,因此也称地面点坐标的严格解法。

若一个地面点有 n 片重叠,即在 n 张像片上都有影像,则可以按式(4.98)列出 $2n$ 个方程,同样可以用最小二乘方法直接解出该点的地面坐标。因此,该方法不仅适合于两张像片,而且也适合于多张像片重叠时地面点坐标的求解。

4.6.2　立体像对的一步定向法——严密解法

该方法以共线条件方程为平差模型,利用一定数量的地面控制点和所有同名像点坐标,通过联合平差一次求出立体像对的外方位元素和待定的地面点坐标。这实际上是一步完成像片的空间后方交会和地面点坐标的计算,所求值是外方位元素和地面点坐标,因此在共线条件线性化时应考虑地面点坐标的改正数。按空间后方交会章节的线性化方法,此时共线条件方程的线性化形式为

$$\left.\begin{aligned}v_x &= a_{11}dX_{S_1} + a_{12}dY_{S_1} + a_{13}dZ_{S_1} + a_{14}d\varphi_1 + a_{15}d\omega_1 + a_{16}d\kappa_1 - a_{11}dX - a_{12}dY - a_{13}dZ - l_x\\ v_y &= a_{21}dX_{S_1} + a_{22}dY_{S_1} + a_{23}dZ_{S_1} + a_{24}d\varphi_1 + a_{25}d\omega_1 + a_{26}d\kappa_1 - a_{21}dX - a_{22}dY - a_{23}dZ - l_y\end{aligned}\right\}$$

$$(4.99)$$

式中,各个系数的计算方法请参看空间后方交会一节。对所有的地面控制点和待求点都按式(4.99)列出误差方程,然后用最小二乘迭代求解出两张像片的外方位元素和待定点的地面三维坐标。

立体像对的两张像片有 12 个外方位元素,假设 n 个待求地面点,则需求 $3n$ 个坐标值,因此未知数的个数一共有 $12+3n$ 个。若在像片重叠区域的四角布设 4 个控制点,则可列出 4×4 个方程,待求点的同名像点坐标可列出 $4\times n$ 个方程,二者共能列出 $16+4n$ 个方程,远远超过未知数的个数,因此这种方法总能求出所需的未知值。

这种方法实际是光束法区域网平差的一个特例,是只有两张像片时的最简单情况,因此其具体的计算过程请参阅光束法区域网平差一节,这里不再赘述。

4.6.3　地面点坐标计算方法的比较

利用立体像对同名像点计算对应地面点坐标的方法一共有四种,分别为空间前方交会、立体像对绝对定向、直接求解和一步定向。下面将这四种方法的计算过程、计算精度作简要的比较。

1. 空间前方交会

该方法首先要求解出两张像片的外方位元素,然后用投影系数公式计算地面点坐标。其计算过程分为两个部分,由于投影系数法计算简单,故计算工作量并不太大。但其精度和外方位元素的精度有关,且前交过程中没有充分利用多余条件进行平差计算,所以精度不高,能满足一般地形图测制的需要。

2. 立体像对的绝对定向

该方法要经过立体像对的相对定向、空间前方交会、绝对定向等过程才能得到地面点坐标

标,计算过程较多,但由于一个立体像对只需一次相对定向和绝对定向,所以计算量并不大。由于计算过程较多且不严密,容易产生误差的传递,点位坐标的精度较低,仅能满足测制地形图的需要。

3. 直接求解法

该方法要先获取像片的外方位元素,然后用共线条件方程求解地面点坐标,计算量略大于第一种方法,但由于采用平差方法计算点坐标,所以理论上较为严密,点位精度也较高,能满足较高精度要求的地物点定位的需要。

4. 一步定向法

该方法采用光束法区域网平差的思想一步完成像片外方位元素和地面点坐标的求解,理论最严密、精度最高,能满足高精度摄影测量的需要。

前两种方法只能一次完成一个点的定位,而后两种方法则一次可以完成多点定位。因此前两种方法较适合在摄影测量工作站使用,后两种方法更适合区域性多特征点的高精度定位。

4.7　核线几何关系解析与核线影像

影像匹配是现代摄影测量的重要内容之一,其目的是在立体像对的左右像片上自动寻找同名像点。一般情况下,对于左影像上的某点 a,可根据先验知识首先在右像上建立一个可能包含其同名点的影像区域,然后在该区域内逐点搜索计算和 a 的相似性,最后以相似性最大处作为 a 的同名像点 a',显然这是一个二维搜索过程。从立体像对的基本知识一节我们已经知道,立体像对的同名像点必然位于同名核线上,因此若能在左右影像上确定出同名核线,则只需沿核线搜索同名点,这就将二维搜索变成了一维搜索,不仅能提高影像匹配的效率,而且还能保障匹配结果的可靠性。那么如何在立体像对上确定同名核线,建立其解析关系,这就是本节所要回答的问题。

4.7.1　基于数字影像几何纠正的核线几何关系解析

1. 基本原理

前面已经介绍过,两张像片都与基线坐标系平行的立体像对为暂定标准式立体像对。该立体像对上的核线相互平行,都平行于 x 轴,且左右同名核线的 y 坐标相等,这样的立体像对即为核线影像。显然,在核线影像上,同名核线的几何关系已经确立,即左、右像片上具有相同 y 值的两条直线便是同名核线。实际的立体像对一般都不具备这个特性,但只要把它们纠正为和基线坐标系平行的像片,即可得到核线影像,从而建立其同名核线的解析关系。如果把一般像片看作是倾斜像片,把平行于基线坐标系的像片看作是"水平"像片,则建立其核线解析关系的过程实际上是将倾斜像片纠正为水平像片的几何纠正过程。

倾斜像片和水平像片的解析关系可用共线条件方程表示,即

$$
\left. \begin{array}{l}
x = -f \dfrac{a_1 x^0 + b_1 y^0 - c_1 f}{a_3 x^0 + b_3 y^0 - c_3 f} \\[3mm]
y = -f \dfrac{a_2 x^0 + b_2 y^0 - c_2 f}{a_3 x^0 + b_3 y^0 - c_3 f}
\end{array} \right\}
\tag{4.100}
$$

式中,(x^0, y^0) 为水平像片的像点坐标,(x, y) 是倾斜像片的像点坐标,a_i、b_i、c_i 是旋转矩阵的

9 个方向余弦,f 是相机主距。显然,只要已知 9 个方向余弦,就能唯一确定倾斜像片和水平像片的像点坐标关系。由于这里的"水平"像片是相对于基线坐标系的,而单独像对相对定向系统的相对方位元素中,τ_1 和 κ_1^0 用于确定左片与基线坐标系的旋转关系,ε、τ_2 和 κ_2^0 用于确定右片与基线坐标系的旋转关系,因此可以用 τ_1 和 κ_1^0 建立左片的旋转矩阵,用 ε、τ_2 和 κ_2^0 构建右片的旋转矩阵,并按式(4.100)分别建立左、右像片与"水平"像片的解析关系,从而把左、右像片都纠正为基线坐标系的水平像片,即核线影像。

2. 核线影像的生成过程

为了将倾斜像片转换为核线影像可采用间接法进行影像纠正。首先,根据立体像对重叠范围的大小,生成一个 M 行、N 列的空白水平像片,若每个像点的尺寸为 Δ,则第 i 行 j 列处的像点坐标为 $x^0 = j\Delta$、$y^0 = i\Delta$,然后用式(4.100)计算其对应的倾斜像点坐标,取出该点的灰度值,并赋给水平像片的 (i, j) 处,如图 4.24 所示。把这个过程遍历所有空白点,则可将倾斜像片纠正为水平像片。具体的纠正过程为:

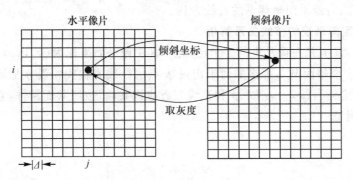

图 4.24　间接法几何纠正

(1) 生成空白水平像片。根据立体像对的重叠范围,以倾斜像片的像素大小为 Δ,对左片和右片都生成一个空白水平像片。一般来说,左片和右片的大小是不等的,但扫描行数(左右核线数)一定是相等的。设左、右水平像片的大小分别为 $M \times N$ 和 $M \times N'$,则左片各点的水平像点坐标为

$$\left.\begin{array}{l} x^0 = j\Delta\,(j=1,2,\cdots,N) \\ y^0 = i\Delta\,(i=1,2,\cdots,M) \end{array}\right\} \tag{4.101}$$

而右片为

$$\left.\begin{array}{l} x'^0 = j\Delta\,(j=1,2,\cdots,N') \\ y'^0 = i\Delta\,(i=1,2,\cdots,M) \end{array}\right\} \tag{4.102}$$

(2) 构建旋转矩阵。用单独相对定向系统的相对方位元素建立左、右像片的旋转矩阵。左片的旋转矩阵为

$$R = R_{\tau_1\kappa_1^0}$$

右片的旋转矩阵则为

$$R' = R_{\varepsilon\tau_2\kappa_2^0}$$

(3) 将旋转矩阵的各个元素代入式(4.100),分别建立左片和右片水平像点和倾斜像点的坐标关系式,即共线条件方程。

(4) 求解倾斜像点坐标。对左片和右片的所有点分别用各自的共线条件方程求解出对应

的倾斜像片的像点坐标(x,y)和(x',y')。

（5）灰度重采样。由于求出的倾斜像片坐标(x,y)和(x',y')不一定落在格网点上,因此需在左、右倾斜像片上,用(x,y)或(x',y')周围的像点灰度值,内插出(x,y)或(x',y')处的灰度值——重采样,并把其赋值给对应的水平像点。

4.7.2　基于共面条件的同名核线几何关系解析

基于水平像片纠正的核线几何关系解析方法是将左、右影像都纠正为“水平”像片,由于每个像点都要用共线条件方程进行计算,因此计算量较大,另外这种方法只适合于单独像对相对定向系统的核线影像生成,并不适合连续定向系统。鉴于这种方法的局限性,下面介绍一种基于共面条件的同名核线几何关系解析方法。

利用共面条件可以在倾斜像片上直接确定同名核线的几何关系。同名核线是同一核面与左、右像片的交线,因此同名核线必然在一个核面内,即它们是共面的,这样可以用共面条件来解算同名核线在左、右像平面坐标系的直线方程。

1. 连续相对定向系统的核线关系解析

在图 4.25 中,设 p 是左像片上的一个已知点,其左像平面坐标为(x_p,y_p),则 p 和摄影基线 B 唯一确定了一个核面 W_p,那么如何求出过 p 点的核线方程呢? 设 q 是该核线上的另外任一点,其像平面坐标为(x,y),则 q、p 和基线三者应该共面,按照共面条件,它们在左像空系中的坐标关系应满足

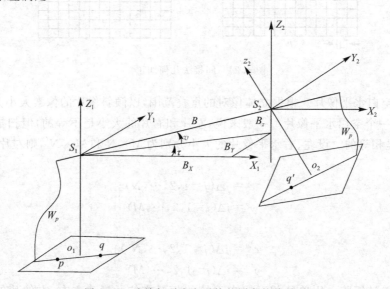

图 4.25　连续相对定向系统的同名核线关系

在左像空系中的坐标关系应满足

$$\begin{vmatrix} B_X & B_Y & B_Z \\ x_p & y_p & -f \\ x & y & -f \end{vmatrix}=0 \tag{4.103}$$

将式(4.103)展开可得

$$y = \frac{A}{B}x + \frac{C}{B}f \qquad (4.104)$$

其中

$$\left.\begin{array}{l} A = fB_Y + y_p B_Z \\ B = fB_X + x_p B_Z \\ C = y_p B_X - x_p B_Y \end{array}\right\} \qquad (4.105)$$

由于 A、B、C 都是常数,因此式(4.104)即是左像片过 p 点的核线方程。

对于右像片,假设 q' 是右影像同名核线上的任意一点,其像平面坐标为 (x', y'),则 q' 也应该位于 p 和摄影基线 B 所确定的核面 W_p 内。若 q' 在 $S_2\text{-}X_2Y_2Z_2$ 坐标系中的坐标为 (X_2, Y_2, Z_2),由于像片沿基线运动时同名核线的共面条件不变,因此 q'、p 和基线在左像空系的坐标关系应满足

$$\begin{vmatrix} B_X & B_Y & B_Z \\ x_p & y_p & -f \\ X_2 & Y_2 & Z_2 \end{vmatrix} = 0 \qquad (4.106)$$

展开后有

$$Y_2 = \frac{B_Y f X_2 + B_Z y_p X_2 - B_X y_p Z_2 + B_Y x_p Z_2}{B_Z x_p + B_X f} \qquad (4.107)$$

由于

$$\begin{bmatrix} X_2 \\ Y_2 \\ Z_2 \end{bmatrix} = \begin{bmatrix} a_1' & a_2' & a_3' \\ b_1' & b_2' & b_3' \\ c_1' & c_2' & c_3' \end{bmatrix} \begin{bmatrix} x' \\ y' \\ -f \end{bmatrix} \qquad (4.108)$$

式中,a_i'、b_i'、c_i' 是由相对方位角元素构成的 9 个方向余弦。将式(4.108)代入式(4.107),整理后可得

$$y' = \frac{-Aa_1' + Bb_1' - Cc_1'}{Aa_2' - Bb_2' + Cc_2'}x' + \frac{Aa_3' - Bb_3' + Cc_3'}{Aa_2' - Bb_2' + Cc_2'}f \qquad (4.109)$$

式中

$$\left.\begin{array}{l} A = fB_Y + y_p B_Z \\ B = fB_X + x_p B_Z \\ C = -y_p B_X + x_p B_Y \end{array}\right\} \qquad (4.110)$$

式(4.109)即为与过 p 点的左核线同名的右核线直线方程。

2. 单独相对定向系统的核线关系解析

在图 4.26 中,设 p 是左像片上的一个已知点,其左像平面坐标为 (x_p, y_p),基线坐标系坐标为 (X_p, Y_p);若 q 是过 p 点核线上的另外任一点,其左像平面坐标为 (x, y),基线坐标为 (X, Y)。由于在基线坐标系中,$B_Y = B_Z = 0$,则 q、p 的坐标关系应满足

$$\begin{vmatrix} Y_p & Z_p \\ Y & Z \end{vmatrix} = 0 \qquad (4.111)$$

式中

$$Y_p = b_1 x_p + b_2 y_p - b_3 f$$
$$Z_p = c_1 x_p + c_2 y_p - c_3 f$$

$$Y = b_1 x + b_2 y - b_3 f$$
$$Z = c_1 x + c_2 y - c_3 f$$

式中,b_i、c_i 是由 τ_1 和 κ_1^0 构成的方向余弦。将上式代入式(4.111),整理后有

$$y = \frac{Y_p(c_1 x - c_3 f) - Z_p(b_1 x - b_3 f)}{b_2 Z_p - c_2 Y_p} \tag{4.112}$$

将式(4.112)改写成

$$y = \frac{A}{B} x + \frac{C}{B} f \tag{4.113}$$

式中

$$\left.\begin{array}{l} A = c_1 Y_p - b_1 Z_p \\ B = b_2 Z_p - c_2 Y_p \\ C = b_3 Z_p - c_3 Y_p \end{array}\right\} \tag{4.114}$$

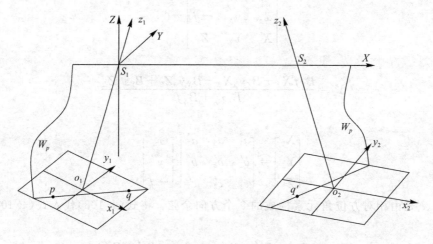

图 4.26 单独相对定向系统的同名核线关系

对于右像片,假设 q' 是右影像同名核线上的任意一点,其像平面坐标为(x', y'),基线坐标为(X', Y', Z'),由于像片沿基线运动时同名核线的共面条件不变,因此在基线坐标系中 q'、p 的坐标关系应满足

$$\begin{vmatrix} Y_p & Z_p \\ Y' & Z' \end{vmatrix} = 0 \tag{4.115}$$

式中

$$Y_p = b_1 x_p + b_2 y_p - b_3 f$$
$$Z_p = c_1 x_p + c_2 y_p - c_3 f$$
$$Y' = b_1' x + b_2' y - b_3' f$$
$$Z' = c_1' x + c_2' y - c_3' f$$

式中,b_i'、c_i'是由 ε、τ_2、κ_2^0 构成的方向余弦。将上式代入式(4.115),整理后同样可得

$$y' = \frac{A'}{B'} x' + \frac{C'}{B'} f \tag{4.116}$$

式中

$$\left. \begin{aligned} A' &= c_1' Y_p - b_1' Z_p \\ B' &= b_2' Z_p - c_2' Y_p \\ C' &= b_3' Z_p - c_3' Y_p \end{aligned} \right\} \qquad (4.117)$$

式(4.113)与式(4.116)就是独立相对定向系统中过 p 点的同名核线方程。

3. 灰度重采样与核线排列

建立同名核线的直线方程后,可直接在原始影像上沿核线方向进行灰度重采样,并通过对左右核线的重新排列生成核线影像。

(1) 给出所有左核线的起始坐标 (x_{p_i}, y_{p_i})。假设第一条核线的起始坐标为 (x_p, y_p),则各核线的起始坐标可以按以下给出

$$\left. \begin{aligned} x_{p_i} &= x_p \\ y_{p_i} &= y_p + (i-1)\Delta \end{aligned} \right\} \quad (i=1,2,\cdots,M) \qquad (4.118)$$

式中,Δ 是像点间隔,M 是核线影像的扫描行数。

(2) 用起始坐标作为坐标已知值,按共面条件构建左、右同名核线的直线方程。

(3) 从起始点出发,沿核线逐点进行灰度重采样。在一条核线内,x 方向按 Δ 为步长,计算各点的 x 坐标,对应的 y 坐标则按核线方程来计算。对每一个核线点,可用原始影像上最近的两个格网点内插其灰度,即

$$d = \frac{1}{\Delta} \big[(\Delta - y_{\text{shift}}) d_1 + y_{\text{shift}} d_2 \big] \qquad (4.119)$$

式中,d 是核线点的灰度,d_1、d_2 是离核线点最近的两个格网点灰度,$y_{\text{shift}} = \text{mod}(y, \Delta)$,其重采样过程如图 4.27 所示。这是一种简单线性内插方法,比双线性内插的效率要高得多。为进一步提高重采样速度,也可采用邻近点内插方法,如图 4.28 所示。

(4) 在左右像片上将一条核线的所有点重新排列为一个扫描行,同名核线的行号相同,即可生成核线影像。

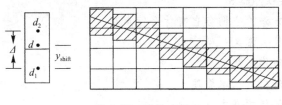

图 4.27 线性内插

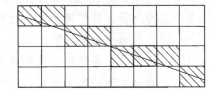

图 4.28 邻近点内插

习题与思考题

1. 什么是立体像对、同名像点和同名光线?

2. 试分析用立体像对能确定地面点三维坐标的原因。

3. 什么是核线、核面?试叙述核线的基本性质。

4. 为什么说同名像点都位于同名核线上?

5. 分析标准式立体像对和暂定标准式立体像对的核线特点。

6. 推导标准式立体像对的坐标关系。

7. 什么是左右视差?什么是上下视差?其在立体摄影测量中有何意义?

8. 试分析立体摄影测量的理论精度。

9. 试述用立体像对测算物体高度的方法。

10. 试分析用立体像对产生立体视觉的原理。

11. 试述像对立体观察的条件。

12. 摄影测量中有哪些立体观察方法？简要叙述一种立体观察方法的原理。

13. 什么是测标？其在摄影测量中有何作用？

14. 当恢复立体像对两张像片的摄影方位后，为什么像片沿基线的平移不会影响同名光线的相交？

15. 什么是相对定向元和相对定向元素？

16. 试分析连续像对相对定向系统和单独像对相对定向系统的相对方位元素及各自特点。

17. 相对定向完成后，立体模型与实地有何关系？

18. 解析相对定向时有哪些未知数？观测值是什么？需不需要地面控制点？

19. 什么是相对定向点？相对定向对相对定向点有何要求？

20. 试述连续像对相对定向元素的计算过程，并绘制其计算机程序框图。

21. 什么是空间前方交会？有什么作用？

22. 为什么用一、三式计算投影系数？同时用三个方程求解投影系数是否可行？为什么不这么做？

23. 试述模型点坐标的计算过程，并绘制相应的程度框图。

24. 分析用空间前方交会计算模型点坐标和地面点坐标的相同点和不同点。

25. 什么是立体像对和绝对定向和绝对方位元素？试分析绝对方位元素的个数和意义。

26. 解析绝对定向中有哪些未知数？绝对定向对绝对定向点有什么要求？

27. 试述坐标重心化和模型比例尺归化在绝对定向中的作用。

28. 试述绝对定向的主要过程，并绘制其程序框图。

29. 用立体像对计算地面点坐标有几种方法？它们各自有什么特点？

30. 什么是核线影像？制作核线影像有什么意义？

31. 什么是共面条件？在摄影测量中有何作用？

32. 试述基于像片纠正的核线几何关系解析的基本原理。

33. 试述基于共面条件的核线几何关系解析的基本原理。

34. 在建立核线几何关系时是否需要外方位元素？

第5章 解析空中三角测量

5.1 概 述

5.1.1 解析空中三角测量的特点和作用

利用少量野外控制点,通过摄影测量解析方法确定区域内大量待求点地面坐标或所有像片外方位元素的工作称为解析空中三角测量。由于这个过程只用少量控制点的地面坐标和相应像点坐标由计算机解算出摄影测量作业所需的所有像片控制点,从而将地面控制点从稀疏变为密集,因而解析空中三角测量也称摄影测量加密或电算加密。

解析空中三角测量的特点为:

(1)不需要直接接触被量测的目标或物体,凡是在影像上可以看到的目标,不受地面通视条件限制,均可以测定其位置。

(2)可以快速地在大范围内同时进行多点位测定,从而节省大量的野外测量工作。

(3)摄影测量平差计算时,加密区域内部精度均匀,很少受区域大小的影响。

虽然采用实地测量获取地面点三维坐标的方法历史悠久,且至今仍必不可少,但随着摄影测量与遥感技术的发展和计算机技术的进步,解析空中三角测量的定位精度有了明显提高,而且某些任务只能用摄影测量方法才能得到有效解决,这使解析空中三角测量成为了一种十分重要的点位测定方法,也使其应用领域在不断扩大。目前解析空中三角测量主要应用于以下几个方面:

(1)为立体测绘地形图、制作影像平面图和正射影像图提供定向控制点和内、外方位元素。

(2)取代大地测量方法,进行三、四等或等外三角测量的点位测定(要求精度为厘米级)。

(3)测定大范围内界址点的国家统一坐标(要求精度为厘米级)。

(4)解析法地面摄影测量,如各类建筑物变形测量、工业测量以及用影像重建物方目标等。

5.1.2 解析空中三角测量的分类

解析空中三角测量一般可以按平差的数学模型、平差范围的大小及平差条件的不同进行分类。根据平差中采用的数学模型,解析空中三角测量可分为航带法、独立模型法和光束法三种。航带法是通过相对定向和模型连接先建立自由航带,以点在该航带中的航带模型坐标为观测值,通过非线性多项式中变换参数的确定,使自由网纳入所要求的地面坐标系,并使公共点上不符值的平方和为最小。独立模型法是先通过相对定向建立起单元模型,以模型点坐标为观测值,通过单元模型在空间的相似变换,使之纳入到规定的地面坐标系,并使模型连接点上残差的平方和为最小。而光束法则直接由每幅影像的光线束出发,以像点坐标为观测值,通过每个光束在三维空间的平移和旋转,使同名光线在物方最佳地交会在一起,并使之纳入规定的坐标系,从而加密出待求点的物方坐标和像片的方位元素。

根据平差范围的大小,解析空中三角测量可分为单模型法、单航带法和区域网法。单模型法是在单个立体像对中加密大量的点或用解析法高精度测定目标点的坐标。单航带法是对一条航带进行处理,在平差中无法顾及相邻航带之间公共点条件。而区域网法则是对由若干条航带(每条航带有若干个像对或模型)组成的区域进行整体平差,平差过程中能充分地利用各种几何约束条件,并尽量减少对地面控制点数量的要求。

除此之外,可以在平差时加入像点坐标的系统误差补偿、粗差检测、地物的共面条件、共线条件、测高数据、GPS 数据、POS 数据等不同的条件参与联合平差,从而形成多种加密方法。这些条件的引入,使解析空中三角测量的精度大大提高,从而实现摄影测量的高精度定位。

5.1.3　解析空中三角测量所必需的信息

解析空中三角测量不仅要利用所摄目标地区的影像所提供的摄影测量信息,还要利用确定平差基准(即网的绝对位置)的非摄影测量信息,从而测定所摄影像的方位元素或未知点的物方空间坐标。由于它不同于大地测量中的三角测量控制网,而是要将空中摄站及影像放到加密的整个网中,起到点的传递和构网的作用,故通常被称为空中三角测量。

1. 摄影测量信息

主要指在影像上量测的控制点、定向点、连接点及待求点的影像坐标,或在所建立的立体模型上量测的上述各类点的模型坐标。由于地面点可出现在多幅影像或多个模型中,所以在量测这些坐标时,存在点在影像和模型上的辨认问题。但是,这些坐标的获得与点在地面上是否通视无关,只要它们出现在影像上即可。

2. 非摄影测量信息

主要指将空中三角测量网纳入到规定物方坐标系所必须的基准信息,同时还要考虑到不同方法求解时的几何可测定性和对影像系统误差的有效改正。长期以来,人们主要是利用若干已知大地测量坐标的物方控制点作为平差的基准信息。然而从摄影测量观测值与非摄影测量观测值的联合平差意义上讲,非摄影测量信息中还包括直接的大地测量观测值、导航数据所提供的影像外方位元素以及物方点之间存在的相对控制条件等,这些将在后续章节中作进一步讨论。

5.2　像点的系统误差及其改正

在理想情况下,地面点、摄影站点(投影中心)和像点应处在一条直线上,但是在摄影和摄影处理过程中,由于摄影物镜的畸变、大气折光、地球曲率以及底片变形等因素的影响,使地面点在像片上的像点位置发生移位,使像点坐标产生误差,因此实际摄影像片不再满足三点共线的条件,需对这些误差进行改正。镜头畸变、大气折光、地球曲率以及底片变形引起的像点移位都有各自的规律,都可以用数学公式来描述,属于系统误差范畴,这为像点坐标的误差改正提供了便利。在平面或立体测图作业时,由于系统误差对成图精度影响不大,一般不予考虑。然而在进行大范围空中三角测量以及高精度解析和数字摄影测量时,由于误差的传递累积,对加密成果的精度有着明显的影响,这就有必要事先改正原始数据中像点坐标的这些系统误差,特别是摄影材料变形和摄影物镜畸变引起的误差。

5.2.1　摄影材料变形改正

航空摄影时卷片机构沿胶片长度方向施加的拉力,摄影处理过程中的干湿变化和日后保存期间的温度、湿度等因素,都会使像幅发生变形,导致像点偏离了航空摄影时的投影位置。摄影材料的变形情况比较复杂,总括起来可分为偶然变形和系统变性。偶然变形是指底片某一局部产生偶然性的伸缩,并无一定规律。这种偶然变形只能靠改进底片制作工艺和改善底片保存方法加以限制,无法在测量作业中加以改正。系统变形是指某种因素引起底片一定规律性的变形,一般包含均匀变形和不均匀变形,所引起的像点坐标位移可通过量测框标坐标或量测框标距来进行改正。

若量测了 4 个框标距时,可采用变形公式

$$\left.\begin{matrix} x' = x\dfrac{L_x}{l_x} \\ y' = y\dfrac{L_y}{l_y} \end{matrix}\right\} \tag{5.1}$$

式中,x、y 为像点坐标的量测值,x'、y' 为改正后的像点坐标值,L_x、L_y 为框标距的理论值,l_x、l_y 为框标距的实际量测值。

若 $\dfrac{L_x}{l_x} = \dfrac{L_y}{l_y}$,说明底片变形在任何方向上都是相同的,称为均匀变形;若 $\dfrac{L_x}{l_x} \neq \dfrac{L_y}{l_y}$,说明底片变形随方向而异,称为不均匀变形。

对于边框标和角框标都可采用式(5.1)改正底片变形。但对于角框标而言,可采用更精确的方法,即量测出四个框标的坐标值,利用双线性函数式(5.2)来改正底片变形对像点坐标的影响,这不仅能改正均匀变形和不均匀变形,而且能改正具有旋转形式的变形,如图 5.1 所示。

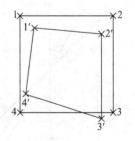

图 5.1　像片变形

$$\left.\begin{matrix} x' = a_0 + a_1 x + a_2 y + a_3 xy \\ y' = b_0 + b_1 x + b_2 y + b_3 xy \end{matrix}\right\} \tag{5.2}$$

式中,x、y 为像点坐标的量测值,x'、y' 为经改正的像点坐标值,a_i、b_i 为待定的系数。

将 4 个框标的理论坐标值和量测值代入式(5.2)中,求得待定的8个系数,然后再用式(5.2)即可得到改正后的像点坐标。

实际上,在影像的内定向过程中已部分地顾及了像片变形的改正,所以若像点的坐标测量包括了内定向步骤,也可不必另行作摄影材料的变形改正。

5.2.2　摄影机物镜畸变差改正

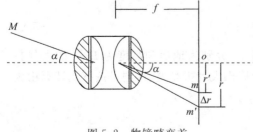

图 5.2　物镜畸变差

由于摄影机物镜在加工安装和调试过程中都不可避免存在一定的残余误差,这些残余误差使得经过物镜的入射光线与出射光线不平行,致使底片上像点不是按照中心投影的原理成像,或者说使得像点偏离理论位置从而破坏了三点共线的条件。如图 5.2 所示,物点 M 应构像于 m 点,由于出射光线不平行于入射光线,使得构像

移位到 m'，像点移位值 mm' 就是由镜头畸变所引起的。

镜头畸变有两种，分别为径向畸变和切向畸变。径向畸变发生在以像主点为中心的辐射线上，而切向畸变是由于镜头光学中心和几何中心不一致所引起的误差，它使构像点沿径向方向和垂直于径向方向都偏离其正确位置，是一种非对称畸变。摄影机物镜的切向畸变差比径向畸变差小得多，仅为径向畸变差的 $1/7\sim1/5$，因此，一般只考虑径向畸变对影像的影响。径向畸变差通常用下式表示，即

$$\Delta r = k_0 r + k_1 r^3 + k_2 r^5 + k_3 r^7 + \cdots \tag{5.3}$$

式中，Δr 为径向畸变差；r 为像点的向径，即像点到像主点的距离；k_0、k_1、k_2、k_3 … 为径向畸变系数，一般由生产相机的厂家提供或通过检校求出。

物镜畸变差在 x、y 方向上的改正数 Δx、Δy 为

$$\left.\begin{array}{l}\Delta x = -x\,\dfrac{\Delta r}{r} = -x(k_0 + k_1 r^2 + k_2 r^4 + k_3 r^6 + \cdots) \\[2mm] \Delta y = -y\,\dfrac{\Delta r}{r} = -y(k_0 + k_1 r^2 + k_2 r^4 + k_3 r^6 + \cdots)\end{array}\right\} \tag{5.4}$$

式中，x、y 应为经底片变形改正后的像点在像平面坐标系中的坐标值。

5.2.3　大气折光改正

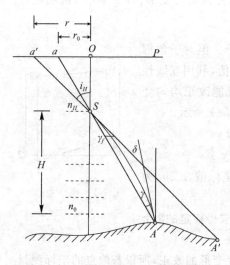

图 5.3　大气折光差对像片成像的影响

航空摄影中，经地面物体反射的光线需经过大气层才能进入摄影机物镜。大气层并不是均匀的物质，其密度是随着离地面高度的增加而减小，因而空气的折射率也随着高度的增加而减小，因此反射光线通过大气层进入摄影机物镜时，其路径并不是一条直线，而是一条曲线，如图 5.3 所示。

设地面点 A 在像片上的正确位置为点 a，由于实际的投射光线受大气折光影响而弯曲，构像于点 a'，aa' 是由大气折光引起的像点位移，因此称为大气折光差。由于底点光线不会发生大气折光现象，因此大气折光差发生在像底点的辐射线上，且都背离像底点移位。在近似垂直摄影情况下，也可以认为大气折光差在像主点的辐射线上。假设 a 到像主点距离为 r_0，a' 的向径为 r，则大气折光差可记为

$$\Delta r = r - r_0 \tag{5.5}$$

其计算公式为

$$\Delta r = \frac{n_0 - n_H}{n_0 + n_H} \cdot \frac{n_H}{n_0}\left(r + \frac{r^3}{f^2}\right) \tag{5.6}$$

式中，r 是像点到像主点距离；f 为摄影机主距；n_0 和 n_H 分别为地面和高度为 H 处的大气折射率，具体数值可由气象资料或大气模型获得。当计算出大气折光差后，则可按下式计算由大气折光差引起的像点坐标的改正值，即

$$dx = -x' \frac{\Delta r}{r}$$
$$dy = -y' \frac{\Delta r}{r}$$

(5.7)

式中，x'、y' 为大气折光改正之前的像点坐标。

5.2.4　地球曲率改正

上述三种因素底片变形、物镜畸变差和大气折光差都破坏了中心投影的三点共线的基本条件，需要在像点坐标中予以改正。地球曲率的影响却是另外一种性质的问题。这是由于地球的椭球曲面与航测的水平基准面不一致造成的。地球水准面是一个椭球曲面，而地形图的基准面是一个平面，因此两个平面的不一致导致物点的构像发生位移，它类似于地面起伏引起的像点位移。改正的途径是采用水平基准面上的地面坐标系，在像点上引进改正。这种方法虽是近似的，但在实际作业中应用比较广泛。

如图 5.4 所示，设航摄像片 P 是水平的，主光轴交大地水准面于 N 点。过 N 点作切面 E 作为摄影测量水平基准面。椭球曲面的大地水准面上有点 A，按中心投影原则在像片 P 上构象为点 a。如果将曲面展开，与水平面 E 重合，A 点在水平面上的位置为 A_0，即 $A_0N = AN = D$，此时 A_0 点在像片上的构像按中心投影规律应为 a' 点。如果将像片上的 a 移到 a'，则 a' 点在水平面 E 上的投影 A_0 恰好与地表面点 A 的地面坐标相当，这样就消除了地面弯曲的影响。线段 aa' 即为由于地球弯曲引起的像点移位，用 δ_h 表示。

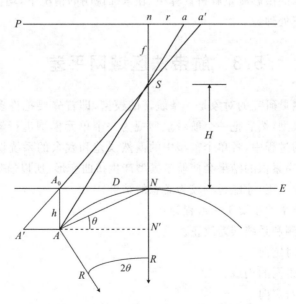

图 5.4　地球曲率对像片成像的影响

由图 5.4 可知

$$\delta_h = aa' = \frac{f}{SN} AA' = \frac{h}{H} NA_0 = \frac{h}{H} N'A = \frac{h}{H} \times \frac{r}{f} SN'$$

(5.8)

根据测量学知识，有

$$h = \frac{D^2}{R} \tag{5.9}$$

式中，R 为地球曲率半径，$D = DA_0 = N'A$。

综合式(5.8)和式(5.9)，整理可得

$$\delta_h = \frac{H}{2Rf^2} r^3 \tag{5.10}$$

式中，r 为像点的向径，f 为摄影机主距，H 为摄站点航高，R 为地球曲率半径。由此可得像点坐标的改正数为

$$\left. \begin{aligned} \delta_x &= \frac{x'}{r}\delta_h = \frac{x'Hr^2}{2f^2R} \\ \delta_y &= \frac{y'}{r}\delta_h = \frac{y'Hr^2}{2f^2R} \end{aligned} \right\} \tag{5.11}$$

式中，x'、y' 为地球曲率改正以前的像点坐标。

最后，经摄影材料变形、摄影物镜畸变差、大气折光差和地球曲率改正后的像点坐标为

$$\left. \begin{aligned} x &= x' + \Delta x + \mathrm{d}x + \delta_x \\ y &= y' + \Delta y + \mathrm{d}y + \delta_y \end{aligned} \right\} \tag{5.12}$$

式中，(x, y) 为经过各项系统误差改正后的像点坐标，(x', y') 为经过摄影材料变形改正后的像点坐标；Δx、Δy 为物镜畸变差引起的像点坐标改正数；$\mathrm{d}x$、$\mathrm{d}y$ 为大气折光引起的像点坐标改正数；δ_x、δ_y 为地球曲率引起的像点坐标改正数。

在本教材后续介绍的摄影测量解析计算中，在未加说明的情况下，均认为像点坐标已经作过上述系统误差的改正处理。

5.3　航带法区域网平差

航带法空中三角测量研究的对象是一条航带的模型，即首先要把许多立体像对所构成的单个模型连接成航带模型，然后把一个航带模型视为一个单元模型进行解析处理。由于在单个模型连成航带模型的过程中，各单个模型中的偶然误差和残余的系统误差将传递到下一个模型中去，这些误差传递累积的结果会使航带模型产生扭曲变形，所以航带模型经绝对定向以后还需作模型的非线性改正，才能得到较为满意的结果。

航带法空中三角测量的主要工作流程为：

(1)像点坐标的量测和系统误差改正。

(2)立体像对的相对定向。

(3)模型连接及航带网的构成。

(4)航带模型的绝对定向。

(5)航带模型的非线性改正。

其中步骤(1)、(2)和(4)与前面各章节介绍的单模型情况基本相同，故下面重点介绍航带网的构成和航带模型非线性改正两部分。

5.3.1　自由航带模型的构成

自由航带网的构成主要包括像对的相对定向和模型连接两部分内容。

　　像对的相对定向方法已在第 4 章中叙述,此处以连续像对相对定向为例,重点介绍如何把相对定向后的立体模型连接成自由航带网。连续相对定向系统以左像空系为模型坐标系,因此相对定向后,各立体模型的坐标系相互平行,但坐标原点和比例尺不同,只需进行简单的模型比例尺归化和坐标平移,即可将各个单模型连接成一个航带模型。

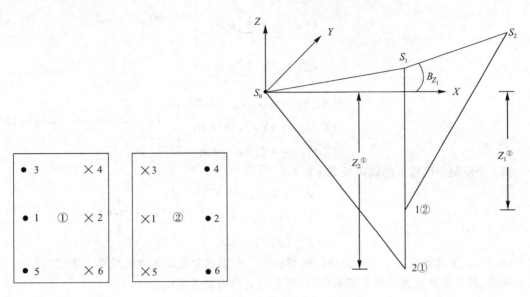

图 5.5　模型连接

　　在图 5.5 中,模型①和模型②是两个相邻的单模型,因此模型①中的 2、4、6 点与模型②中的 1、3、5 点分别是同名模型点,如果这两个模型的比例尺一致,则点 1 在模型②中的高程与点 2 在模型①中的高程有以下关系

$$Z_1^② = Z_2^① - B_{Z_1} \tag{5.13}$$

　　如果前后两个模型的比例尺不一致,则

$$Z_1^② \neq Z_2^① - B_{Z_1}$$

其比例尺的归化系数为

$$k = (Z_2^① - B_{Z_1})/Z_1^② \tag{5.14}$$

式中,$Z_2^①$ 为 2 点在模型①中的模型点高程,$Z_1^②$ 为 1 点在模型②中的高程,B_{Z_1} 为在模型①中求得的相对方位元素 B_Z。

　　为了提高模型连接的精度,模型比例尺归化系数 k 可取用公共点 2、4、6 上求得的各相应值的平均值,即

$$k = \frac{1}{3}(k_2 + k_4 + k_6) \tag{5.15}$$

　　求得模型比例尺归化系数以后,在后一模型中,每一模型点的模型坐标以及基线分量 B_X、B_Y、B_Z 均乘以归化系数 k,就可获得与前一模型比例尺一致的坐标。由此可见模型连接的实质就是求出相邻模型之间的比例尺归化系数 k。

　　在求出各单个模型在各自坐标系中的模型坐标后,需将其连接成一个整体的航带模型,也就是将航带中所有的摄站点、模型点的坐标都纳入到全航带统一的模型坐标系中,以构成自由航带网。一般情况下,航带模型坐标系可选用本航线第一幅影像的像空间坐标系。

假设一条航线有 n 个模型,模型点在每个单模型中的坐标为 (X_i,Y_i,Z_i),每个模型的基线分量为 B_{X_i}、B_{Y_i}、B_{Z_i},依次求出的模型比例尺归化系数为 k_i,则第 i 个模型左右摄站的航带模型坐标为

$$\left. \begin{aligned} (X_{S_i})_{左} &= \sum_{j=1}^{i-1} k_j B_{X_j} \\ (Y_{S_i})_{左} &= \sum_{j=1}^{i-1} k_j B_{Y_j} \\ (Z_{S_i})_{左} &= \sum_{j=1}^{i-1} k_j B_{Z_j} \end{aligned} \right\} \quad (i=1,2,\cdots,n) \tag{5.16}$$

$$\left. \begin{aligned} (X_{S_i})_{右} &= (X_{S_i})_{左} + k_j B_{X_i} \\ (Y_{S_i})_{右} &= (Y_{S_i})_{左} + k_j B_{Y_i} \\ (Z_{S_i})_{右} &= (Z_{S_i})_{左} + k_j B_{Z_i} \end{aligned} \right\} \quad (i=1,2,\cdots,n) \tag{5.17}$$

第 i 个模型中模型点的航带模型坐标为

$$\left. \begin{aligned} X &= (X_{S_i})_{左} + k_i X_i \\ Y &= (Y_{S_i})_{左} + k_i Y_i \\ Z &= (Z_{S_i})_{左} + k_i Z_i \end{aligned} \right\} \quad (i=1,2,\cdots,n) \tag{5.18}$$

式中,$k_1=1$。至此就构建了一个完整的航带模型。由于这个模型是以航线第一张像片的像空系为基准,其方位和比例尺都是不确定的,因此称为自由航带模型。

5.3.2　航带模型的绝对定向

利用航线两端的控制点,按照第 4 章介绍的单模型绝对定向方法,对自由航带模型进行绝对定向,将其归化到地面坐标系中,并用相似变换公式计算出各个地面控制点和待求点的地面坐标。与单模型绝对定向不同,由于在模型连接时单模型残余误差和模型连接误差会产生传递和累积,使航带模型存在较大的非均匀误差,结果是航带模型和地面相似这一条件不再成立。当对这样的立体模型进行绝对定向后模型将产生较为严重的扭曲变形,此时计算的地面点坐标有较大的误差,还不能满足摄影测量的定位精度要求,因此航带模型的绝对定向通常也称为航带模型的概略定向,所计算的地面点坐标也称为概略坐标。

5.3.3　航带模型的非线性改正

绝对定向后,航带模型的变形是非线性的,非常复杂,很难用一个数学公式准确描述。通常可根据航线的长短采用二次或三次多项式模型,利用控制点地面坐标和概略坐标之间的差值,通过最小二乘法方法来拟合一个变形曲面方程,求出各待定点概略坐标的非线性改正值,从而得到待定点地面坐标的最或然值。一般使用的多项式有两种形式,一种是对 (X,Y,Z) 坐标分别列出通用多项式;另一种是平面坐标采用正形变换多项式,而高程则采用通用多项式。下面以二次多项式模型为例,介绍航带模型的非线性改正方法。

当采用二次多项式时,航带模型的非线性变形改正公式为

$$\left. \begin{aligned} \Delta X &= A_0 + A_1 \overline{X} + A_2 \overline{Y} + A_3 \overline{X}^2 + A_4 \overline{X}\,\overline{Y} \\ \Delta Y &= B_0 + B_1 \overline{X} + B_2 \overline{Y} + B_3 \overline{X}^2 + B_4 \overline{X}\,\overline{Y} \\ \Delta Z &= C_0 + C_1 \overline{X} + C_2 \overline{Y} + C_3 \overline{X}^2 + C_4 \overline{X}\,\overline{Y} \end{aligned} \right\} \tag{5.19}$$

式中，$\Delta X = \overline{X}_p - \overline{X}$，$\Delta Y = \overline{Y}_p - \overline{Y}$，$\Delta Z = \overline{Z}_p - \overline{Z}$，$(\overline{X}, \overline{Y}, \overline{Z})$ 为绝对定向后点控制点或待定点的重心化概略坐标，$(\overline{X}_p, \overline{Y}_p, \overline{Z}_p)$ 为控制点的重心化地面坐标，A_i、B_i、C_i 为多项式的待定系数。

　　式(5.19)中共有 15 个待定参数，至少需要 5 个平高控制点才能解出多项式的系数。在实际工作中，一般用 6 个平高控制点，采用最小二乘方法求出各待定参数，从而建立航带模型的非线性改正公式。当 A_i、B_i、C_i 为已知时，就可根据各待定点的概略坐标用式(5.19)计算其非线性改正数 $(\Delta X, \Delta Y, \Delta Z)$，从而得到准确的地面坐标。

5.3.4　航带法区域网平差

　　上面介绍的单航带解析空中三角测量是把一条航带作为解算单元，独立求出待定点的地面坐标。但对一个有若干条航线的测区而言，若采用这种平差方法不仅会降低平差精度，使测区内的精度不均匀，也会大大增加对野外控制点数量的需求，因此当针对一个区域时应采用航带区域网平差方法。航带法区域网平差是以航带模型为平差单元，把几条航带或一个测区作为一个解算的整体，同时建立测区内所有航线的非线性改正公式，从而解算出所有待定点的地面坐标，如图 5.6 所示。

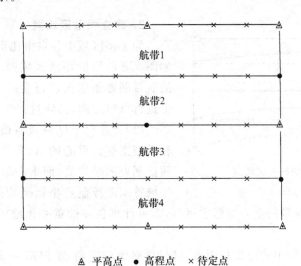

△ 平高点　● 高程点　× 待定点

图 5.6　航带法区域网空中三角测量

　　其基本思想是：首先，按单航带的方法将每条航带构成自由航带模型；其次，用本航带的控制点及与上一条相邻航带公共点的概略地面坐标，进行本航带的概略定向，从而把整个区域内的各条航带都纳入到统一的地面坐标系中；最后，按非线性改正模型同时解算各航带的非线性改正系数。计算过程中既要顾及相邻航带间公共点的地面坐标应相等，控制点的实测坐标与其计算坐标应相等，又要使观测值改正数的平方和 $[pvv]$ 最小，在这种条件下最后求出全区所有待定点的地面坐标。仅在一条航线上出现的待定点，没有列出误差方程的条件，故不参加平差计算。

1. 建立自由比例尺航带网

　　各航带分别进行模型的相对定向和模型连接，然后求出各航带模型中摄站点、控制点和待定点的航带模型坐标。由于此时求得的各航带模型坐标的坐标系原点和模型比例尺都是各自独立的,故称之为自由比例尺的航带网,如图 5.7 所示。

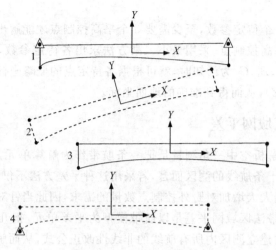

图 5.7　自由比例尺航带网

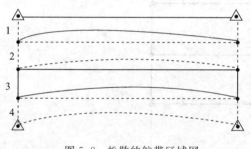

图 5.8　松散的航带区域网

2. 建立松散区域网

为了将区域中各自由比例尺的航带网拼接成如图 5.8 所示的松散区域网,需要将自由比例尺的航带网逐条依次进行空间相似变换,即对各航带进行概略定向,具体过程为:

(1)计算整个区域及各航带重心化地面坐标和模型坐标。重心的 X、Z 坐标可取全区域首末两控制点的平均值,而重心的 Y 坐标除了利用全区域首末两控制点坐标平均值信息外,各航带需分别计算。区域及各航带的重心坐标求得后,即可计算各点的重心化地面坐标和重心化模型坐标。

(2)利用第一条航带中的已知控制点,进行概略绝对定向,求出第一条航带中各点在区域中的概略坐标。

(3)依次进行第二条航带及以后各航带的概略绝对定向。这时,每一条航带中若有控制点信息,则利用控制点进行概略绝对定向;若无控制点信息,则利用上一航带与本航带间公共点的概略坐标作为"已知"的控制点坐标,进行概略绝对定向。注意,此时计算出的各公共点概略地面坐标都不取中数,以保持各航带的相对独立性。

3. 区域网整体平差

整体平差的数学模型仍是式(5.19)所示的非线性改正公式,但是由于不同航线的变形规律不同,因此需对每条航线都建立非线性改正模型。若一个测区有 n 条航线,则需平差计算的未知数有 $15n$ 个,必须能列出足够多的误差方程式才能完成平差解算。从式(5.19)可以看出,每条航带的 X、Y、Z 非线性改正系数是相互独立的,因此可以分别单独求解。下面以 X 坐标的非线性改正为例,说明航带法区域网平差的整体平差方法。

（1）建立误差方程式。

X 方向的非线性改正公式为

$$\Delta X = A_0^i + A_1^i\,\overline{X} + A_2^i\,\overline{Y} + A_3^i\,\overline{X^2} + A_4^i\,\overline{X}\,\overline{Y} \tag{5.20}$$

式中，i 为航线号。在多条航带同时进行区域网平差时，每一个外业控制点都能对所在的航线单独列出一个式（5.20）所示的方程，能列出方程的总个数取决于共用该点的航线条数。另外，由于航带间的公共点（航线连接点）有相同的地面坐标，因此每一个公共点也能列出一个包含其所在航线非线性改正系数的方程。

对于控制点，可按式（5.20）列出误差方程式，即

$$v_X = A_0^i + A_1^i\,\overline{X}^{ij} + A_2^i\,\overline{Y}^{ij} + A_3^i\,\overline{X}^{ij2} + A_4^i\,\overline{X}^{ij}\overline{Y}ij - l_X^{ij} \qquad p = 1 \tag{5.21}$$

式中，i 为航线号，j 为控制点序号，$l_X^{ij} = \overline{X}_p^{j} - \overline{X}^{ij}$ 为常数项，$\overline{X}_p^{j}$ 是控制点的重心化地面坐标，p 是方程的权。

对于航带间连接点（设该点是航带 i 的下排点和航带 $i+1$ 的上排点），则有

$$v_X = A_0^i + A_1^i\,\overline{X}^{ic} + A_2^i\,\overline{Y}^{ic} + A_3^i(\overline{X^2})^{ic} + A_4^i(\overline{X}\,\overline{Y})^{ic} - A_0^{i+1} - A_1^{i+1}\,\overline{X}^{(i+1)c} -$$

$$A_2^{i+1}\,\overline{Y}^{(i+1)c} - A_3^{i+1}(\overline{X^2})^{(i+1)c} - A_4^{i+1}(\overline{X}\,\overline{Y})^{(i+1)c} - l_X^{ic} \qquad p = 0.5 \tag{5.22}$$

式中，i 为航线号，c 为连接点序号，$l_X^{ic} = (\overline{X}^{(i+1)c} + \dot{X}^{i+1}) - (\overline{X}^{ic} + \dot{X}^{i})$ 为常数项，$\dot{X}^i$ 为第 i 航线的地面坐标系的重心点坐标，p 是方程的权。

每一个控制点、航线连接点可以分别按式（5.21）和式（5.22）列出一个或一组误差方程式，遍历所有点后可列出全部误差方程式，写成矩阵形式为

$$V = BX - L \qquad\qquad 权\ P \tag{5.23}$$

式中，B 为误差方程式系数矩阵，X 为由各航带待定系数所组成的列矩阵，L 为常数项矩阵，P 为权矩阵。

对式（5.23）法化后有

$$B^{\mathrm{T}}PBX - B^{\mathrm{T}}PL = 0 \tag{5.24}$$

解法方程即可求出航带网中各航带的非线性改正系数 $A_0^i \sim A_4^i$，同理可以求出 $B_0^i \sim B_4^i$，$C_0^i \sim C_4^i$。

求出所有的非线性改正系数后，则可用式（5.19）计算各待定点的坐标改正数，从而得到各点的地面坐标。单独点的地面坐标为

$$\left. \begin{aligned} X_P^j &= \dot{X}^i + \overline{X}^{ij} + \Delta X^{ij} \\ Y_P^j &= \dot{Y}^i + \overline{Y}^{ij} + \Delta Y^{ij} \\ Z_P^j &= \dot{Z}^i + \overline{Z}^{ij} + \Delta Z^{ij} \end{aligned} \right\} \tag{5.25}$$

公用点的地面坐标则为

$$\left. \begin{aligned} X_P^j &= \frac{1}{2}(\overline{X}^{ij} + \Delta X^{ij} + \dot{X}^i + \overline{X}^{(i+1)j} + \Delta X^{(i+1)j} + \dot{X}^{i+1}) \\ Y_P^j &= \frac{1}{2}(\overline{Y}^{ij} + \Delta Y^{ij} + \dot{Y}^i + \overline{Y}^{(i+1)j} + \Delta Y^{(i+1)j} + \dot{Y}^{i+1}) \\ Z_P^j &= \frac{1}{2}(\overline{Z}^{ij} + \Delta Z^{ij} + \dot{Z}^i + \overline{Z}^{(i+1)j} + \Delta Z^{(i+1)j} + \dot{Z}^{i+1}) \end{aligned} \right\} \tag{5.26}$$

式中，i 是航线号，j 为待定点点号，(X_P^j, Y_P^j, Z_P^j) 为第 j 个待定点的地面坐标，$(\dot{X}^i, \dot{Y}^i, \dot{Z}^i)$ 是 i

航线地面坐标系的重心坐标。

4.误差方程式的组成及结构

　　航线法区域网平差中,参加平差的点包括已知控制点和连接点,其中已知控制点分两种情况,一种是两条相邻航带公共的已知控制点,简称公控点;另一种是只位于一条航带内的,叫作单控点。在待定点(加密点)中,相邻航带间的公共点起到连接作用应参与平差,只位于单条航带内的加密点,对航线网既不能起控制作用,又不能起连接相邻航带的作用,因而对平差计算不起任何作用,故不参与平差运算。

　　下面以图5.9所示的区域网为例,说明在求解航带高程变形参数 C_i 时误差方程式的组成和结构。在航带法区域网平差中,将每条航带的变形参数编成一组,各组按照航带序号顺序排列。设由航带网的高程变形参数组成的未知数列矩阵为 $\boldsymbol{\Delta}_i$,即

$$\boldsymbol{\Delta}_i = \begin{bmatrix} C_0 & C_1 & C_2 & C_3 & C_4 \end{bmatrix}_i^{\mathrm{T}}$$

式中, i 表示航带序号。按照这样的未知数排列顺序,首先对控制点按式(5.21)列误差方程式。

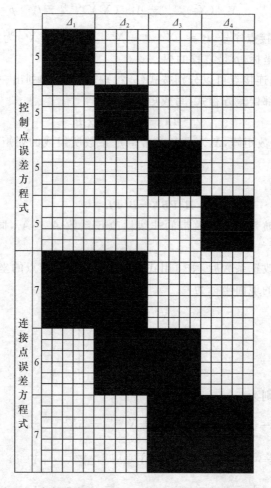

图5.9　各航带高程变形改正的误差方程式系数阵结构

　　在图5.9中,第一条航线中包含有5个高程控制点,可按式(5.21)列立5个误差方程式,

用矩阵形式可表示为

$$R_1\Delta_1 + 0\Delta_2 + 0\Delta_3 + 0\Delta_4 - L_1 = V_1 \qquad 权矩阵\ P_1 \qquad (5.27)$$

式中，R_1 为第一条航带误差方程式对应的系数矩阵，Δ_i 为第 i 条航带的非线性改正系数，L_i 为常数项矩阵。按照相同的方法可列立区域网中所有航线控制点的误差方程式

$$
\left.
\begin{aligned}
R_1\Delta_1 + 0\Delta_2 + 0\Delta_3 + 0\Delta_4 - L_1 &= V_1 \qquad 权矩阵\ P_1 \\
0\Delta_1 + R_2\Delta_2 + 0\Delta_3 + 0\Delta_4 - L_2 &= V_2 \qquad 权矩阵\ P_2 \\
0\Delta_1 + 0\Delta_2 + R_3\Delta_3 + 0\Delta_4 - L_3 &= V_3 \qquad 权矩阵\ P_3 \\
0\Delta_1 + 0\Delta_2 + 0\Delta_3 + R_4\Delta_4 - L_4 &= V_4 \qquad 权矩阵\ P_4
\end{aligned}
\right\} \qquad (5.28)
$$

连接点的误差方程式按照式(5.22)进行列立，每一个连接点只列立一个误差方程式，四条航带有三排连接点，各排连接点误差方程式的矩阵形式为

$$
\left.
\begin{aligned}
\underline{R}_1\Delta_1 - \overline{R}_2\Delta_2 + 0\Delta_3 + 0\Delta_4 - L_{1,2} &= V_{1,2} \qquad 权矩阵\ P_{1,2} \\
0\Delta_1 + \underline{R}_2\Delta_2 - \overline{R}_3\Delta_3 + 0\Delta_4 - L_{2,3} &= V_{2,3} \qquad 权矩阵\ P_{2,3} \\
0\Delta_1 + 0\Delta_2 + \underline{R}_3\Delta_3 - \overline{R}_4\Delta_4 - L_{3,4} &= V_{3,4} \qquad 权矩阵\ P_{3,4}
\end{aligned}
\right\} \qquad (5.29)
$$

式中，$\underline{R}_i$ 表示由第 i 条航带的下排点所组成的系数矩阵，$\overline{R}_i$ 表示由第 i 条航带的上排点所组成的系数矩阵，i 表示航带序号。

式(5.28)和式(5.29)即是图 5.6 所示的平差区域能列出的所有误差方程式，其系数矩阵的结构如图 5.9 所示。图中，第一排是待求未知数，每个小方格代表未知数对应的系数，空方格代表该系数为 0。

航带法空中三角测量是通过航带内所有像对的相对定向和模型连接构建自由航带，以各条自由航带为平差的基本单元，各航带中点的概略坐标作为平差的观测值。由于这种方法构建自由航带时，是以前一步计算结果作为下一步计算的依据，所以误差累积得很快，甚至偶然误差也会产生二次和的累积作用，这是航带法平差的主要缺点和不严密之处。

5.4　独立模型法区域网平差

为了避免误差累积，可以将单模型(或双模型)作为基本平差单元。一个个相互连接的单模型既可以构成一条航带网，也可以组成一个区域网，但构网过程中的误差却被限制在单个模型范围内，而不会发生传递累积，这样就可克服航带法空中三角测量的不足，有利于加密精度的提高。

5.4.1　独立模型法区域网平差的基本思想

独立模型法区域网平差是把一个单元模型(可以由一个立体像对或两个立体像对，甚至三个立体像对组成)视为刚体和基本平差单元，利用各模型间的公共点连成一个区域进行区域网平差，如图 5.10 所示，从而求解出各个单元模型的绝对方位元素和各待定点的地面坐标。在平差中要使模型间公共点的坐标尽可能一致，计算的控制点地面坐标应与其实测坐标尽可能一致，同时满足观测值改正数的平方和 $[pvv]$ 为最小。

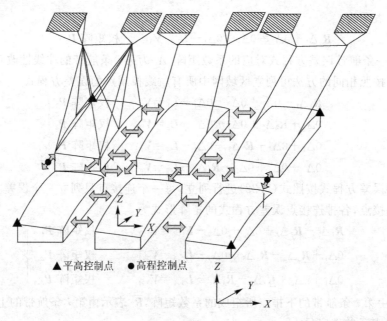

图 5.10 独立模型法空中三角测量

5.4.2 独立模型法区域网平差的数学模型

单元模型建立后,需对每个模型各自进行空间相似变换

$$\begin{bmatrix} X_P \\ Y_P \\ Z_P \end{bmatrix} = \lambda \boldsymbol{R} \begin{bmatrix} \overline{X} \\ \overline{Y} \\ \overline{Z} \end{bmatrix} + \begin{bmatrix} X_g \\ Y_g \\ Z_g \end{bmatrix} \tag{5.30}$$

式中,$(\overline{X},\overline{Y},\overline{Z})$ 为单元模型中任一模型点(包括投影中心)的重心化模型坐标,计算每个模型的重心坐标时,要用到所有参与平差的模型点(不包括投影中心)坐标;(X_P,Y_P,Z_P) 为模型点对应的地面点坐标;(X_g,Y_g,Z_g) 为该模型重心对应的地面坐标,该值代表了模型的平移量,从而将所有模型点的地面坐标纳入到一个统一的地面坐标系中。由于平差前,每个模型重心的地面坐标不能准确求出,因此在独立模型法区域网平差中该值是作为未知数在平差后求出的,这是与单模型绝对定向时坐标重心化的不同之处;λ 为单元模型的缩放系数;$\boldsymbol{R}$ 为由模型绝对定向角元素构成的旋转矩阵。

仿照单模型的绝对定向,将式(5.30)进行线性化处理,可得误差方程式为

$$-\begin{bmatrix} v_X \\ v_Y \\ v_Z \end{bmatrix} = \begin{bmatrix} 1 & 0 & 0 & \overline{X} & \overline{Z} & 0 & -\overline{Y} \\ 0 & 1 & 0 & \overline{Y} & 0 & -\overline{Z} & \overline{X} \\ 0 & 0 & 1 & \overline{Z} & \overline{X} & \overline{Y} & 0 \end{bmatrix}_{ij} \begin{bmatrix} \Delta X_g \\ \Delta Y_g \\ \Delta Z_g \\ \Delta \lambda \\ \Delta \Phi \\ \Delta \Omega \\ \Delta K \end{bmatrix} - \begin{bmatrix} \Delta X \\ \Delta Y \\ \Delta Z \end{bmatrix}_j - \begin{bmatrix} l_X \\ l_Y \\ l_Z \end{bmatrix}_{ij} \tag{5.31}$$

其中

$$\begin{bmatrix} l_X \\ l_Y \\ l_Z \end{bmatrix}_j = \begin{bmatrix} X_0 \\ Y_0 \\ Z_0 \end{bmatrix}_j - \lambda \boldsymbol{R} \begin{bmatrix} \overline{X} \\ \overline{Y} \\ \overline{Z} \end{bmatrix}_{ij} - \begin{bmatrix} X_g \\ Y_g \\ Z_g \end{bmatrix}_i \tag{5.32}$$

式中,ΔX、ΔY、ΔZ 为待定点的坐标改正数,i 为模型编号,j 为参与平差点的编号,(X_0,Y_0,Z_0) 为待求点的坐标初值,在迭代趋近中,每次可用新坐标值求得。

式(5.31)和式(5.32)适合于模型间的公共连接点。对于控制点而言,若认为控制点无误差,则式(5.31)中的 $[\Delta X \ \Delta Y \ \Delta Z]$ 为零,并且常数项中 $[X_0 \ Y_0 \ Z_0]$ 用控制点坐标 $[X_{tp} \ Y_{tp} \ Z_{tp}]$ 来代替。若考虑控制点坐标误差,则式(5.31)中仍有 $[\Delta X \ \Delta Y \ \Delta Z]$,而且还需列出下面一组误差方程式

$$\begin{bmatrix} X_T \\ Y_T \\ Z_T \end{bmatrix}_i - \begin{bmatrix} X'_T \\ Y'_T \\ Z'_T \end{bmatrix}_i = \begin{bmatrix} v_X \\ v_Y \\ v_Z \end{bmatrix}_i \tag{5.33}$$

式中,(X'_T, Y'_T, Z'_T) 为外业提供的已知控制点坐标;(X_T, Y_T, Z_T) 为已知控制点坐标的平差值,在平差中是一组未知数。每一个公共连接点或控制点可按上述模型列出一组误差方程式,遍历所有点后则可得到全部的误差方程式。

为了计算方便,常把误差方程式中的未知数分为两组,即每个模型的 7 个定向参数改正数 $[\Delta X_g \ \Delta Y_g \ \Delta Z_g \ \Delta\lambda \ \Delta\Phi \ \Delta\Omega \ \Delta K]^\mathrm{T}$ 为一组,用 t 表示,待定点的地面坐标改正数 $[\Delta X \ \Delta Y \ \Delta Z]^\mathrm{T}$ 为一组,用 $\boldsymbol{X}$ 表示,则模型连接点和控制点误差方程的矩阵形式分别为

$$-\boldsymbol{V} = \boldsymbol{A}t + \boldsymbol{B}\boldsymbol{X} - \boldsymbol{L} \tag{5.34}$$

和

$$\left.\begin{array}{l} -\boldsymbol{V} = \boldsymbol{A}t + \boldsymbol{B}\boldsymbol{X} - \boldsymbol{L} \\ \boldsymbol{V} = 0 + \boldsymbol{X} \end{array}\right\} \tag{5.35}$$

相应的法方程式为

$$\begin{bmatrix} \boldsymbol{A}^\mathrm{T}\boldsymbol{A} & \boldsymbol{A}^\mathrm{T}\boldsymbol{B} \\ \boldsymbol{B}^\mathrm{T}\boldsymbol{A} & \boldsymbol{B}^\mathrm{T}\boldsymbol{B} \end{bmatrix} \begin{bmatrix} t \\ \boldsymbol{X} \end{bmatrix} = \begin{bmatrix} \boldsymbol{A}^\mathrm{T}\boldsymbol{L} \\ \boldsymbol{B}^\mathrm{T}\boldsymbol{L} \end{bmatrix} \tag{5.36}$$

或

$$\begin{bmatrix} \boldsymbol{N}_{11} & \boldsymbol{N}_{12} \\ \boldsymbol{N}_{21} & \boldsymbol{N}_{22} \end{bmatrix} \begin{bmatrix} t \\ \boldsymbol{X} \end{bmatrix} = \begin{bmatrix} \boldsymbol{n}_1 \\ \boldsymbol{n}_2 \end{bmatrix} \tag{5.37}$$

通常待定点坐标未知数 $\boldsymbol{X}$ 的个数要远远大于定向未知数 t 的个数,故在法方程求解时,应先消去其中含未知数较多的 $\boldsymbol{X}$,得到仅含未知数 t 的改化法方程式,即

$$(\boldsymbol{N}_{11} - \boldsymbol{N}_{12}\boldsymbol{N}_{22}^{-1}\boldsymbol{N}_{12}^\mathrm{T})t = \boldsymbol{n}_1 - \boldsymbol{N}_{12}\boldsymbol{N}_{22}^{-1}\boldsymbol{n}_2 \tag{5.38}$$

从而得到

$$t = (\boldsymbol{N}_{11} - \boldsymbol{N}_{12}\boldsymbol{N}_{22}^{-1}\boldsymbol{N}_{12}^\mathrm{T})^{-1}(\boldsymbol{n}_1 - \boldsymbol{N}_{12}\boldsymbol{N}_{22}^{-1}\boldsymbol{n}_2) \tag{5.39}$$

求出每个模型的定向参数后,再按式(5.30)求得待定点的地面坐标。

5.4.3 独立模型法区域网平差的主要过程

独立模型法区域网平差的主要过程包括:

(1)通过相对定向求出各单元模型中模型点坐标和摄站坐标。

(2)利用所有模型点坐标(不包括摄站点)计算各独立模型的重心坐标,并对模型坐标进行重心化处理。

(3)利用地面控制点或模型连接点对各模型进行比例尺归化,使 $\lambda_i \approx 1$,其中 i 为模型序号。

(4)确定各所求值的初值。

(5)对相邻模型之间的公共点(包括摄站)和模型中的控制点分别列出误差方程式。

(6)按分块求解方法,对法方程式进行分块求解,求得每个模型的 7 个绝对方位元素改正数。

(7)计算绝对方位元素的新初值,并按式(5.30)计算各待定点的新坐标,若为相邻模型的公共点,则取其平均值。

(8)判断迭代是否结束,若不则返回步骤(5)。

独立模型法区域网平差所需要的计算机内存和计算量都是巨大的。在计算机技术尚不发达时期,为了节省一些内存,近似地将模型的 7 个绝对方位元素分为两组,一组只和平面位置有关,另一组只与高程有关,从而将绝对方位元素的答解过程按平面和高程分开进行迭代处理。这种方法虽然节省了大量的内存,但其理论并不严格,且平差的效率较低。因此,在计算机技术高速发展的今天,独立模型法区域网平差已较少使用,如确需用该方法进行平差,则完全可以按上述严格的平差模型进行。

5.5　光束法区域网平差

5.5.1　光束法区域网平差的基本思想

光束法区域网平差是以一幅影像所组成的一束光线作为平差的基本单元,以中心投影的共线方程作为平差的基础方程。通过各个光线束在空间的旋转和平移,使模型之间的公共点的光线实现最佳的交会,并使整个区域最佳地纳入到已知的控制点坐标系统中去,如图 5.11所示。这里的旋转相当于光线束的外方位角元素,而平移相当于摄站点的空间坐标。在具有多余观测的情况下,由于存在着像点坐标量测误差,所谓的相邻影像公共交会点坐标应相等,和控制点的加密坐标与地面测量坐标应一致,均是在保证 $[pvv]$ 最小意义下的一致。这便是光束法区域网空中三角测量的基本思想。

光束法区域网空中三角测量的基本内容有:

(1)各影像外方位元素和地面点坐标近似值的确定。可以利用航带法区域网空中三角测量方法提供影像外方位元素和地面点坐标的近似值,在竖直摄影情况下,也可以设 $\varphi = \omega = 0$,κ 角值和地面点坐标近似值则可以在地形图上读出。

(2)从每幅影像上的控制点和待定点的像点坐标出发,按共线条件方程列出误差方程式。

(3)逐点法建立改化法方程式,按循环分块的求解方法先求出其中的一类未知数,通常是先求得每幅影像的外方位元素。

(4)空间前方交会求得待定点的地面坐标,对于相邻影像公共交会点应取其均值作为最后结果。

在上述步骤(3)中,在某些特定情况下,也可以先消去每幅影像的外方位元素未知数而建立只含坐标未知数的改化法方程式,直接求解待定点的地面坐标。

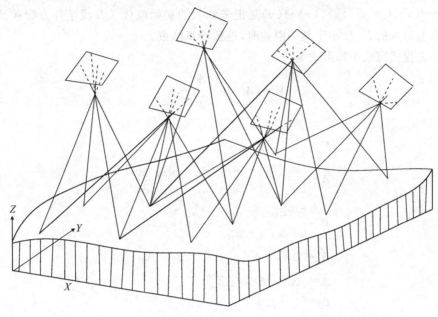

图 5.11　光束法空中三角测量

如果我们分析一下各种空中三角测量平差方法的平差基本单元就会发现:航带法区域网平差是以每条航带为平差单元,将单航带模型点的概略地面坐标视为"观测值";独立模型法区域网平差则是以单元模型为平差单元,将点的模型坐标作为观测值;而光束法区域网平差则以单张影像为平差单元,将影像坐标量测值作为观测值。显然,只有影像坐标才是真正原始的、独立的观测值,而其他两种方法下的观测值,往往是相关而不独立的。从这个意义上讲,光束法平差是最严密的。此外,在介绍摄影测量基础的时候,我们曾讲到影像坐标中存在着由于诸如物理因素、底片变形、量测仪器误差等引起的像点坐标系统误差,这些误差项均是影像坐标的函数。由于光束法区域网平差是从原始的影像坐标观测值出发建立平差数学模型的,所以只有在光束法平差中才能最佳地顾及和改正影像系统误差的影响。

5.5.2　误差方程式和法方程式的建立

与单张影像空间后方交会一样,光束法区域网平差是以共线条件方程作为其基本数学模型,影像坐标观测值是未知数的非线性函数,因此需经过线性化处理后,才能用最小二乘法原理进行计算。同样,线性化过程中,需要给未知数提供一套初始值,然后逐渐趋近地求出最佳解,即使得$[pvv]$最小。所提供的初始值越接近最佳解,收敛速度越快。不合理的初始值不仅会影响收敛速度,甚至可能造成不收敛。

在对共线方程进行线性化过程中,与单像空间后方交会不同的是,这里对 X、Y、Z 也要进行偏微分,在内方位元素视为已知的情况下,其误差方程式可表示为

$$\left.\begin{aligned}
v_x &= a_{11}\Delta X_S + a_{12}\Delta Y_S + a_{13}\Delta Z_S + a_{14}\Delta\varphi + a_{15}\Delta\omega + a_{16}\Delta\kappa - \\
&\quad a_{11}\Delta X - a_{12}\Delta Y - a_{13}\Delta Z - l_x \\
v_y &= a_{21}\Delta X_S + a_{22}\Delta Y_S + a_{23}\Delta Z_S + a_{214}\Delta\varphi + a_{25}\Delta\omega + a_{26}\Delta\kappa - \\
&\quad a_{21}\Delta X - a_{22}\Delta Y - a_{23}\Delta Z - l_y
\end{aligned}\right\} \tag{5.40}$$

式中各系数值详见单像空间后方交会一节，此处略去了其中的内方位元素 f、x_0、y_0。常数项 $l_x = x - (x)$、$l_y = y - (y)$，(x) 和 (y) 是把未知数的初始值代入共线条件方程式计算得到的。当影像上每点的 l_x、l_y 小于某一限差时，迭代计算结束。

将误差方程式写成矩阵形式为

$$V = \begin{bmatrix} A & B \end{bmatrix} \begin{bmatrix} \Delta \\ \dot{\Delta} \end{bmatrix} - L \tag{5.41}$$

式中

$$V = \begin{bmatrix} v_x & v_y \end{bmatrix}^T$$

$$A = \begin{bmatrix} a_{11} & a_{12} & a_{13} & a_{14} & a_{15} & a_{16} \\ a_{21} & a_{22} & a_{23} & a_{24} & a_{25} & a_{26} \end{bmatrix}$$

$$B = \begin{bmatrix} -a_{11} & -a_{12} & -a_{13} \\ -a_{21} & -a_{22} & -a_{23} \end{bmatrix}$$

$$\Delta = \begin{bmatrix} \Delta X_S & \Delta Y_S & \Delta Z_S & \Delta\varphi & \Delta\omega & \Delta\kappa \end{bmatrix}^T$$

$$\dot{\Delta} = \begin{bmatrix} \Delta X & \Delta Y & \Delta Z \end{bmatrix}^T$$

$$L = \begin{bmatrix} l_x & l_y \end{bmatrix}^T$$

光束法中参与平差的点包括控制点和加密点，每个加密点对其所在的所有像片按式(5.41)列出一组误差方程式，但控制点较为特殊，下面对其进行单独说明。

区域中位于立体重叠范围内的所有已知控制点(包括平高控制点、平面控制点和高程控制点)都要参与平差运算，而只构象在单张像片上的已知控制点，只有平高点才能参与平差。

对于已知控制点而言，若不考虑控制点误差，不同类型的控制点还应区别对待。例如，平高点参与平差时，其坐标改正数 $\Delta X = \Delta Y = \Delta Z = 0$；平面点解算时，其坐标改正数 $\Delta X = \Delta Y = 0$；高程点解算时，其坐标改正数 $\Delta Z = 0$。

若考虑控制点坐标有误差时，则需要将控制点坐标作为观测值进行看待，除了按照式(5.40)列立一组方程式，保留其对应的坐标改正数 ΔX、ΔY、ΔZ，还要额外增加一组控制点的误差方程，并赋予适当的权，具体形式为

(1)平高点的误差方程

$$\left. \begin{array}{ll} V_X = \Delta X & 权\ P_平 \\ V_Y = \Delta Y & 权\ P_平 \\ V_Z = \Delta Z & 权\ P_高 \end{array} \right\} \tag{5.42}$$

(2)平面点的误差方程

$$\left. \begin{array}{ll} V_X = \Delta X & 权\ P_平 \\ V_Y = \Delta Y & 权\ P_平 \end{array} \right\} \tag{5.43}$$

(3)高程点误差方程

$$V_Z = \Delta Z \qquad 权\ P_高 \tag{5.44}$$

图 5.12 是一个有 2 条航线，6 张像片组成的平差区域，共有 12 个点参与平差，其中有 6 个平高控制点、6 个加密点，且像片顺序按航线进行排列。在考虑已知控制点误差的情况下，这个平差区域有多少未知数，又能列立多少个误差方程式呢？

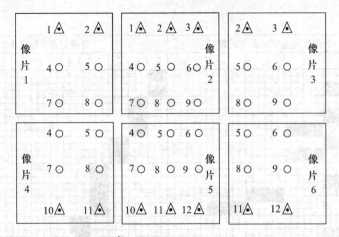

△ 平高点　○ 加密点

图 5.12　光束法区域网平行航线排列

　　每张像片有 6 个外方位元素,6 张像片共有 6×6 个外方位元素改正数,每个加密点和控制点都有三个未知改正数,共有 12×3 个坐标改正数,因此整个区域需解求的未知数共有 6×6+12×3＝72 个。对于加密点,5、8 两点是 6 片重叠,可按式(5.41)列出 2×6×2 个误差方程式,其余 4 个加密点均为 4 片重叠,可列出 4×4×2 个方程;对于控制点,2、11 两点为 3 片重叠,可按式(5.41)列出 2×3×2 个误差方程式,其余 4 个控制点均为 2 片重叠,可列出 4×2×2 个方程;另外每个控制点还要按式(5.42)列出一组虚拟误差方程式,共有 6×3 个。这样所有参加平差的点能列出的误差方程总数为 24+32+12+16+18＝92 个,比所求未知数多 20 个。

　　按参与平差点和未知数的顺序列出所有误差方程式,其系数阵的结构如图 5.13 所示。

　　对所有误差方程进行法化,可得到分块的法方程式为

$$\begin{bmatrix} A^{\mathrm{T}}A & A^{\mathrm{T}}B \\ B^{\mathrm{T}}A & B^{\mathrm{T}}B \end{bmatrix}\begin{bmatrix} \Delta \\ \dot{\Delta} \end{bmatrix}=\begin{bmatrix} A^{\mathrm{T}}L \\ B^{\mathrm{T}}L \end{bmatrix}\tag{5.45}$$

式中,$A^{\mathrm{T}}A$ 为 $6nN$ 阶的分块对角矩阵,对角线上的子块为 6 阶矩阵,子块个数等于整个测区包含的像片个数;$B^{\mathrm{T}}B$ 为 $3t$ 阶的分块对角矩阵,对角线上的子块为 3 阶矩阵,子块个数等于整个测区参加平差的像点个数。这样得到的法方程系数阵的结构如图 5.14 所示。

　　图 5.12 中点和像片都是按航线排列的,根据加密区的形状也可采用其他排列方法,如点按航线排列,像片按旁向排列,或者都按旁向排列。无论如何排列,加密结果不变,但误差方程和法方程的系数矩阵的结构会发生相应的变化。

　　在光束法区域网平差中,由于加密区航线数、每条航线像片数和每幅影像的量测像点数有时会很多,无论是何种排序方式所构成的误差方程的总数都是十分可观的,因此在解算过程中可先消去其中的一类未知数而只求另一类未知数。一般情况下待定点坐标未知数 $\dot{\Delta}$ 的个数要远远大于定向未知数 Δ 的个数,因此式(5.45)中消去未知数 $\dot{\Delta}$ 以后,可得 Δ 未知数的解为

$$\Delta=\left[A^{\mathrm{T}}A-A^{\mathrm{T}}B(B^{\mathrm{T}}B)^{-1}B^{\mathrm{T}}A\right]^{-1}\left[A^{\mathrm{T}}L-A^{\mathrm{T}}B(B^{\mathrm{T}}B)^{-1}B^{\mathrm{T}}L\right]\tag{5.46}$$

　　利用式(5.46)求出每幅影像的外方位元素后,再利用空间前方交会方法,即可求得全部待定点的地面坐标。

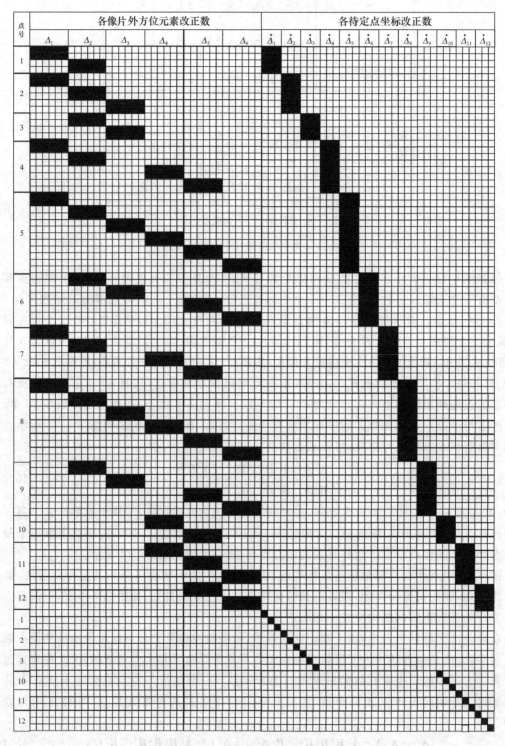

图 5.13　光束法区域网误差方程式系数阵

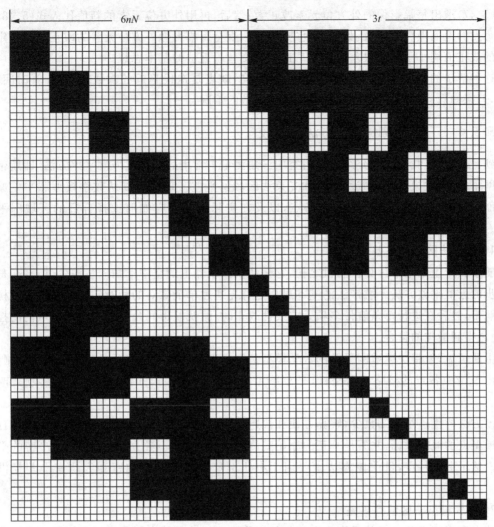

N为航带数　　n为每航带中的像片数　　t为参加平差的像点数

图 5.14　光法区域网法方程式系数阵

5.5.3　两类未知数交替趋近法

交替趋近法的基本思想源于后交——前交解法。在式(5.40)所示的误差方程式中，如果已知地面点的坐标，则其将变成空间后方交会的误差方程式，即

$$v_x = a_{11}\Delta X_S + a_{12}\Delta Y_S + a_{13}\Delta Z_S + a_{14}\Delta\varphi + a_{15}\Delta\omega + a_{16}\Delta\kappa - l'_x \left.\right\}$$
$$v_y = a_{21}\Delta X_S + a_{22}\Delta Y_S + a_{23}\Delta Z_S + a_{24}\Delta\varphi + a_{25}\Delta\omega + a_{26}\Delta\kappa - l'_y$$

$$(5.47)$$

反过来，如果每幅影像的外方位元素已知，则由式(5.40)可得空间前方交会的误差方程式，即

$$v_x = -a_{11}\Delta X_S - a_{12}\Delta Y_S - a_{13}\Delta Z_S - l''_x \left.\right\}$$
$$v_y = -a_{21}\Delta X_S - a_{22}\Delta Y_S - a_{23}\Delta Z_S - l''_y$$

$$(5.48)$$

实际上在光束法区域网平差中，地面待定点坐标和每幅影像的外方位元素均是未知的，采用交替趋近法时，则依次认为它们均为已知。首先，利用地面点的近似坐标作为已知值，则可

按式(5.47)求出每幅影像的外方位元素改正数;然后,再用外方位元素的新值代入式(5.48)中计算每点的地面坐标改正数,如此反复迭代趋近,直至每幅影像外方位元素的改正值和待定点坐标的改正值均小于某个限差时为止。这就是交替趋近法的基本思想。

这种解法的优点是对计算机容量的要求不高,缺点是迭代趋近的次数较多、计算时间长。此外,若未知数初始值不好,有时还会发生不收敛的情况。

5.5.4　三种区域网平差方法的比较

到目前为止,我们分别介绍了解析空中三角测量中常用的三种区域网平差方法,即航带法区域网平差、独立模型法区域网平差和光束法区域网平差。现在可以从数学模型和平差原理等方面比较分析这三种方法的各自特点,以及在实际作业中应如何选择合适的区域网平差方法。

1. 航带法区域网平差

航带法产生于电子计算机问世之初,它是从模拟仪器上的空中三角测量演变过来的,是一种分步的近似平差方法。航带法的基本思想是首先通过单个像对的相对定向和模型连接构建自由航带,然后在进行每条航带多项式非线性改正时,顾及航带间公共点条件和区域内的控制点,使之得到最佳的符合。

由此可见,航带法区域网平差的数学模型是航带坐标的非线性多项式改正公式,"观测值"是自由航带中各点的概略地面坐标,平差单元为单航带,平差未知数是各航带的多项式改正系数。

该方法的优点是未知数少,解算方便和快速,缺点是精度不高。主要因为其观测值是自由航带模型点的概略坐标,并不是真正的原始观测值,彼此也并不独立,因而它不是严密的平差方法。鉴于上述特点,目前该方法主要用于小比例尺低精度点位加密和为严密平差提供初始值。

2. 独立模型法区域网平差

独立模型法平差源于单元模型空间相似变换的思想。利用由影像坐标经解析相对定向后求出的或量测的独立模型坐标,通过各单元立体模型在空间的旋转、平移和缩放,使得模型公共点有尽可能相同的坐标,并通过地面控制点使整个空中三角测量网最佳地纳入到规定的坐标系中。

由此可见,独立模型法区域网平差的数学模型是单元模型的空间相似变换公式,观测值是计算的或量测的模型坐标,平差单元为单个独立模型,未知数是各模型空间相似变换的7个参数和加密点的地面坐标。

对于一个区域而言,其未知数要比航带法区域网平差多很多,但是如采用平高分求的办法,其解算所占用的内存和计算时间要比光束法区域网平差少很多。这种方法是一种相当严密的平差方法。如果能顾及模型坐标间的相关特性,独立模型法在理论上与光束法同样的严密。

3. 光束法区域网平差

光束法区域网平差是从实现摄影过程的几何反转出发,基于摄影成像时像点、物点和摄影中心三点共线的特点而提出的。这种方法最初提出时,由于受当时计算机水平和计算技术的限制,未能广泛应用。但随着摄影测量技术的发展和计算机水平的提高,这种最严密的平差方法日益得到广泛应用,并已成为解析空中三角测量方法的主流。

光束法区域网平差的数学模型是共线条件方程,平差单元是单张像片,像点坐标为观测值,未知数是各影像的外方位元素(在某些特定条件下也包含内方位元素)和所有待求点的地面坐标。通过各个光束在空间的旋转和平移,使同名光线最佳地交会,并最佳地纳入到地面坐标系中。由于像点坐标是最原始的观测值,因此是最严密的一种平差方法。另外,光束法区域网平差能最方便地顾及影像系统误差的影响,最便于引入非摄影测量的附加观测值,如导航数据和地面测量观测值,还可以严密地处理非常规摄影以及非量测相机的影像数据,故在实际生产中被广泛应用于各种高精度的解析空中三角测量和点位测定。

当然,与前两种方法相比,光束法区域网平差也有缺点。首先,由于共线方程所描述的像点坐标与各未知参数的关系是非线性的,因此必须建立线性化误差方程式和提供各未知数初始值;其次,光束法区域网平差未知数多、计算量大,计算速度也相对较慢;最后,它不能像前两种方法那样,可将平面高程分开处理,而只能是三维网平差。

三种摄影测量区域网平差方法的比较还可以参见图 5.15 和表 5.1。

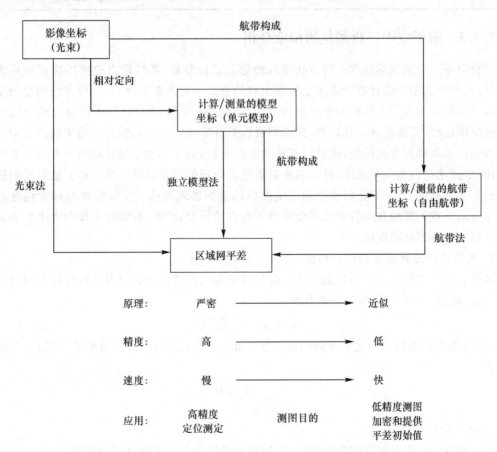

图 5.15　三种区域网平差方法的比较

表 5.1　三种区域网平差方法对比

	航带法	独立模型法	光束法
数学模型	非线性改正的多项式	空间相似变换为公式	共线条件方程
平差单元	单条航带模型	单模型/模型组	单张像片
观测值	航带模型点的概略地面坐标	单模型点的模型坐标	像点坐标
未知数	各航带的非线性改正系数	各模型空间相似变换的 7 个参数及待定点的地面坐标	每张像片的外方位元素及待定点的地面坐标
计算复杂度	简单	复杂	最复杂
优点	方法简单,未知数个数少,计算速度快,内部精度均匀	平差方法较严密,精度也较高	原理最严密,精度最高,方便引入非摄影测量信息
缺点	平差方法不严密,精度不高,受区域大小限制	未知数个数多,可将平面和高程分开答解	计算量大,速度慢,精度受系统误差影响大,且必须提供未知数的近似值

5.5.5　解析空中三角测量的精度分析

解析空中三角测量的精度一种方法可从理论上进行分析,把待定点的坐标改正数视为随机变量,在最小二乘平差计算中求出坐标改正数的方差—协方差矩阵;另一种方法则是利用大量的野外实测控制点作为解析空中三角测量的多余检查点,将平差计算所得该点的坐标与野外实测坐标比较,其差值视为真误差,由这些真误差计算出点位坐标精度。通常我们把前一种方法得到的精度称为理论精度,通过对理论精度的分析,能了解和掌握区域网平差后误差的分布规律,根据这些误差分布规律,可以对控制点进行合理的分布设计。后一种方法得到的精度估计称为实际精度,这是评定解析空中三角测量精度的客观方法。实际精度与理论精度的差异往往有助于我们发现观测数据或平差模型中存在的误差,因此,在实际工作中提供足够多的多余控制点数是非常必要的。

1. 解析空中三角测量的理论精度

解析空中三角测量中未知数的理论精度是以平差获得的未知数协方差矩阵作为测度来进行评定的,设第 i 个未知数的理论精度为

$$m_i = m_0 \cdot \sqrt{Q_{ii}} \tag{5.49}$$

式中,Q_{ii} 为法方程系数矩阵之逆矩阵的第 i 个对角线元素;m_0 为单位权观测值中误差,其计算公式为

$$m_0 = \sqrt{\frac{V^T P V}{r}} \tag{5.50}$$

式中,r 为多余观测数。

通过对区域网平差精度的理论分析,区域网平差的误差分布规律可以概括为:

(1)不论采用航带法、独立模型法,还是光束法平差,区域网空中三角测量的精度最弱点位于区域的四周,而不在区域的中央。也就是说.对于区域网空中三角测量,区域内部精度较高而且均匀,精度薄弱环节在区域的四周。根据这一点,平面控制点应当布设在区域的四周,这

样才能起到控制精度的作用。

（2）当密集周边布点时，区域网的理论精度对于航带法而言小于一条航带的测点精度；对于独立模型法而言相当于一个单元模型的测点精度；而光束法区域网的理论精度不随区域大小而改变，是个常数。

（3）当控制点稀疏分布时，区域网的理论精度会随着区域的增大而降低，但若增大旁向重叠，则可以提高区域网平面坐标的精度。

（4）区域网平差的高程精度取决于控制点间的跨度而与区域大小无关。即只要高程控制点间的跨度相同，即使区域大小不一样，它们的高程精度还是相等的。

从理论上讲，光束法平差最符合最小二乘法原理，精度最好。因为光束法平差中使用的观测值是真正的观测值，而其他两种方法在平差中的观测值均为真正观测值的函数。但如果系统误差没有得到很好的补偿，光束法的优点也就反映不出来，这时三种方法的精度也就没有显著的差异。

2. 解析空中三角测量的实际精度

上面介绍了区域网空中三角测量的理论精度，它反映了量测中偶然误差的影响与点位的分布有关。而实际情况是复杂的，往往要受到偶然误差和残余系统误差的综合影响，这就意味着实际精度与理论精度可能有一定的差异，因此必须估计区域网空中三角测量的实际精度。

摄影测量试验场是研究区域网空中三角测量实际精度的最有效方法。试验场中布设有大量的地面控制点，这些点不但有明显标志，而且有高精度的地面测量坐标，因此这些地面控制点的地面测量坐标可以认为是真值。在航空摄影时，这些地面标志点均能清晰成像，便于其像平面坐标的精确量测。区域网平差后可以计算出这些标志点的地面坐标，其与实测的地面坐标之差即为"真差"，可用来衡量区域网空中三角测量的实际精度。假设试验场中有 n 个标志点，其实测坐标为 $(X_测, Y_测, Z_测)$，平差后的坐标为 $(X_计, Y_计, Z_计)$，则区域网平差的实际精度为

$$\left.\begin{aligned}\mu_X &= \sqrt{\frac{\sum (X_测 - X_计)^2}{n}} \\[2mm] \mu_Y &= \sqrt{\frac{\sum (Y_测 - Y_计)^2}{n}} \\[2mm] \mu_Z &= \sqrt{\frac{\sum (Z_测 - Z_计)^2}{n}}\end{aligned}\right\} \tag{5.51}$$

5.6　自检校光束法区域网平差

对于解析空中三角测量而言，从航空摄影开始，直至获得影像或模型坐标的整个数据获取过程中，都会带来许多系统误差。熟知的系统误差有摄影物镜的畸变差、摄影材料的变形、软片的压平误差、地球曲率和大气折光、量测系统的误差以及作业员的系统误差等。从理论上讲，如果能获得上述各种系统误差的有关参数（如通过实验室检校等），就可以在解析空中三角测量平差之前，预先消除这些系统误差的影响。

然而，区域网平差的实际结果表明，既是对系统误差进行事前改正，平差后的结果仍然存在一定的系统误差，从而是最严密的平差方法，如光束法也不能获得最精确的结果，实际精度

与理论预期精度之间仍存在明显的差异。

为什么最严密的平差方法得不到最精确的结果？这只能表明所建立的数学模型并未真正反映客观实际，可能还存在某种未被考虑的误差。经过长期的研究，人们找到了问题的根源，即存在着难以预先估计和测定的影像系统误差。

5.6.1　影像坐标系统误差的特性

系统误差是由于某种物理原因造成的有一定规律而又不可避免的误差。摄影测量观测值的系统误差主要来自以下几个方面：

（1）摄影机。

主要包括物镜畸变差、软片压平误差、滤光片或窗口保护玻璃不平引起的光学误差。

（2）航摄平台。

航摄飞机在飞行中引起的大气振动，发动机排出的气流通过摄影窗口均可引起系统性的构像误差。

（3）底片变形。

片基本身总是有一定的系统变形的，而且在航摄、摄影处理、量测或数字化（扫描）过程中，都可能会受到某种应变力的作用而造成动态的几何变形。

（4）大气折光和地球曲率。

大气折光是另一个误差源，实际气象条件下的大气折光与标准大气条件下的计算结果会有出入，尤其是物镜附近的大气层条件将对折光误差产生影响。地球曲率问题如果按严格方法进行处理，将不是系统误差源，但是倘若用近似处理方法，它也可成为一种系统误差源。

（5）观测仪器与观测者。

观测设备的系统误差及观测员本身的作业习惯也会产生影像坐标量测的系统误差。系统误差除了具有系统特性外，还具有随机性的一面，即随着外界条件的变化，像点坐标系统误差存在着随机变化的特性。

影像系统误差一般是在实验室测定的，是在静止状态下进行的，而实际数据获取过程是一个动态过程。例如，摄影飞行时，飞机加速度、气压差和温度差均作用于摄影机上，软片传输装置和压平吸附装置的马达引起的升温也将作用于摄影机壳体和物镜支撑点，更换滤光片、暗匣时，物镜的成像性能也将直接受到影响，这些都增加了像点坐标误差的不确定性。

5.6.2　补偿系统误差的方法

除了通过实验室手段测定各种系统误差参数外，在平差前后还可采用下列几种方法来补偿影像的系统误差。

1. 试验场检校法

考虑到常规的实验室检校不能完全代表获取影像数据的实际过程，德国库普费尔（Kupfer）教授提出利用真实摄影飞行条件下的试验场检校法，由大量地面控制点求得补偿系统误差的参数。在保证摄影测量条件（即摄影机、摄影期、大气条件、摄影材料、摄影处理条件、观测设备及观测员等）基本不变的情况下，用这组参数来补偿和改正实际区域网平差中的系统误差，是一种直接补偿方法。

2. 验后补偿法

这种补偿系统误差的方法最先由法国学者 Masson D'Autuml 提出。该方法不改变原来的平差程序,而是通过对平差后残差大小及方向的分析来推算影像系统误差的大小及特征,然后在观测值上引入系统误差改正。利用改正后的影像坐标重新计算,从而使平差结果得到改善。

广义的验后补偿法还包括根据控制点在平差后的坐标残差,进行最小二乘配置法的滤波和推估,从而消除和补偿地面控制网中产生的所谓应力,使摄影测量网更好地纳入到大地坐标系统中。

3. 自检校法

在摄影测量中最常用的补偿系统误差方法是自检校法,或称利用附加参数的整体平差法。它选用若干附加参数组成系统误差模型,将这些附加参数作为未知数或带权观测值,与区域网的其他未知参数一起解求,从而在平差过程中自行检定和消除系统误差的影响。

另一种简单的补偿方法是自抵消法。它通过对同一测区进行相互垂直的两次航摄飞行,航向与旁向重叠均为 60%,从而获得同一测区的四组摄影测量数据(即四次覆盖测区)。将这四组数据同时进行区域网平差,此时各组数据之间的系统变形将会相互抵消或减弱,使系统误差成了"偶然误差"。在四组数据整体平差结果中,也可能部分地顾及系统误差的影响。

上述各种方法既可以单独使用,又可以组合起来使用。例如,自检校平差加验后补偿法,试验场检校与自检校平差同时采用,通过这些组合可获得最佳效果。

需要强调指出的是,像点坐标中包含的系统误差通常是与偶然误差混在一起的。在这种情况下,系统误差相当于某种信号,而偶然误差则是噪声。当偶然误差很大时,信噪比将很小。此时,系统误差很难测出和加以补偿,而且改正系统误差也不会对结果有明显的改善。因此,只有尽力减小影像坐标的偶然误差,才有可能和必要来补偿影像系统误差。此外,像点坐标或控制点坐标上的粗差也会干扰对系统误差的补偿,只有利用适当的方法剔除数据中的粗差后,才能有效地补偿影像系统误差。

5.6.3　自检校光束法区域网平差

利用附加参数自检校法的基本思想是,采用一个用若干附加参数描述的系统误差模型,在区域网平差的同时解求这些附加参数,进而达到自动测定和消除系统误差的目的,故称为利用附加参数自检校法。

由于系统误差可以方便地表示为影像坐标的函数,所以通常只在以像点坐标为观测值的光束法区域网平差中进行附加参数的自检校平差。

1. 基本解算过程

由于影像系统误差通常并不很大,因此描述系统误差的附加参数也不会很大。一般不宜将附加参数处理成自由未知数,而是把它们视为带权观测值。如果将外业控制点也处理成带权观测值的话,则平差的基本误差方程式为

$$
\left.
\begin{aligned}
\boldsymbol{V}_1 &= \boldsymbol{A}_1\boldsymbol{X}_1 + \boldsymbol{A}_2\boldsymbol{X}_2 + \boldsymbol{A}_3\boldsymbol{X}_3 - \boldsymbol{L}_1 &\quad \text{权矩阵 } \boldsymbol{P}_1 \\
\boldsymbol{V}_2 &= l_2\boldsymbol{X}_2 - \boldsymbol{L}_2 &\quad \text{权矩阵 } \boldsymbol{P}_2 \\
\boldsymbol{V}_3 &= l_3\boldsymbol{X}_3 - \boldsymbol{L}_3 &\quad \text{权矩阵 } \boldsymbol{P}_3
\end{aligned}
\right\}
\tag{5.52}
$$

式中,$\boldsymbol{X}_1$ 为外方位元素和坐标未知数改正数向量,$\boldsymbol{A}_1$ 为相应的误差方程式系数矩阵,$\boldsymbol{L}_1$ 为像

点(或模型点)坐标的观测值向量，P_1 为像点(或模型点)坐标的权矩阵；X_2 为控制点坐标的改正数向量，A_2 为相应的误差方程式系数矩阵，L_2 为控制点坐标改正数的观测值向量(取控制点坐标为初值时，$L_2=0$)，P_2 为控制点坐标的权矩阵；X_3 为附加参数向量，A_3 为相应的系数矩阵，由系统误差模型所决定，L_3 为附加参数的观测值向量，只有当该参数已预先测出或已知时它才为零，P_3 为附加参数的权矩阵，取决于系统误差与偶然误差的信噪比，l_1、l_2 取单位矩阵。

令

$$V=\begin{bmatrix}V_1\\V_2\\V_3\end{bmatrix},X=\begin{bmatrix}X_1\\X_2\\X_3\end{bmatrix},L=\begin{bmatrix}L_1\\L_2\\L_3\end{bmatrix}$$

$$A=\begin{bmatrix}A_1 & A_2 & A_3\\0 & I_2 & 0\\0 & 0 & I_3\end{bmatrix},P=\begin{bmatrix}P_1 & & \\ & P_2 & \\ & & P_3\end{bmatrix}$$

则式(5.52)可写成

$$V=AX-L,\qquad P \tag{5.53}$$

法方程式为

$$(A^TPA)X=A^TPL \tag{5.54}$$

其分块矩阵的形式为

$$\begin{bmatrix}A_1^TP_1A_1 & A_1^TP_1A_2 & A_1^TP_1A_3\\A_2^TP_1A_1 & A_2^TP_1A_2+P_2 & A_2^TP_1A_3\\A_3^TP_1A_1 & A_3^TP_1A_2 & A_3^TP_1A_3+P_3\end{bmatrix}\begin{bmatrix}X_1\\X_2\\X_3\end{bmatrix}=\begin{bmatrix}A_1^TP_1L\\A_2^TP_1L_1+P_2L_2\\A_3^TP_1L_1+P_3L_{31}\end{bmatrix} \tag{5.55}$$

2. 系统误差模型的选择

从理论上讲，像点坐标系统误差是影像坐标的函数，可以一般地表示为

$$\left.\begin{aligned}\Delta x=f_1(x,y)\\\Delta y=f_2(x,y)\end{aligned}\right\} \tag{5.56}$$

式中，(x,y) 为像点在以像主点为原点的像平面坐标系中的坐标。

由于这种函数关系很难得知，在 1972—1980 年，各国学者曾研究过不同的附加参数选择方案。从引起系统误差的物理因素出发，美国的布朗博士提出了包含四类改正项共 21 个参数的系统误差模型，其具体形式为

$$\left.\begin{aligned}\Delta x&=a_1x+a_2y+a_3xy+a_4y^2+a_5x^2y+a_6xy^2+\\&\quad\frac{x}{f}\left[a_{13}(x^2-y^2)+a_{14}x^2y^2+a_{15}(x^4-y^4)\right]+\\&\quad x\left[a_{16}(x^2+y^2)+a_{17}(x^2+y^2)^2+a_{18}(x^2+y^2)_3\right]+\\&\quad a_{19}+a_{21}\left(\frac{x}{f}\right)\\\Delta y&=a_8xy+a_9x^2+a_{10}x^2y+a_{11}xy^2+a_{12}x^2y^2+\\&\quad\frac{y}{f}\left[a_{13}(x^2-y^2)+a_{14}x^2y^2+a_{15}(x^4-y^4)\right]+\\&\quad y\left[a_{16}(x^2+y^2)+a_{17}(x^2+y^2)^2+a_{18}(x^2+y^2)_3\right]+\\&\quad a_{20}+a_{21}\left(\frac{y}{f}\right)\end{aligned}\right\} \tag{5.57}$$

$a_1\sim a_{12}$这一组参数主要反映不可补偿的软片变形和非径向畸变,它们几乎是正交的,而且与$a_{13}\sim a_{18}$也近似正交。$a_{13}\sim a_{15}$表示压平板不平引起的附加参数,它并不严格取决于径距,而且还包含了不规则畸变的径向分量。至于压片板不平的非对称影响可用$a_5 x^2 y$和$a_{11} xy^2$两项的组合作用来补偿。$a_{16}\sim a_{18}$这三个参数表示对称的径向畸变和对称的径向压平误差的影响。系数$a_{19}\sim a_{21}$相当于内方位元素误差,通常不予考虑,只有当地形起伏很大时才有必要列入。

在这组附加参数中,$a_{13}\sim a_{18}$之间存在着一些强相关,而且它们与地面坐标未知数之间可能也强相关,所以必须通过统计检验和附加参数可靠性分析来适当地选取参数。

也可以从纯数学角度建立系统误差模型,此时不强调附加参数的物理含义,而只关心它们对系统误差的有效补偿。此时可采用一般多项式,包含傅里叶系数的多项式或由球谐函数导出的多项式,但人们更喜欢采用正交多项式的附加参数,因为它能保证附加参数之间相关很小而利于解算。

最典型的正交多项式附加参数组是由德国埃布纳(Ebner)教授提出的,含 12 个附加参数,其形式为

$$\left.\begin{aligned}
\Delta x &= b_1 x + b_2 y - b_3(2x^2 - 4b^2/3) + b_4 xy + b_5(y^2 - 2b^2/3) + \\
&\quad b_7 x(y^2 - 2b^2/3) + b_9(x^2 - 2b^2/3)y + b_{11}(x^2 - 2b^2/3)(y^2 - 2b^2/3) \\
\Delta y &= -b_1 y + b_2 x + b_3 xy - b_4(2y^2 - 4b^2/3) + b_6(x^2 - 2b^2/3) + \\
&\quad b_8(x^2 - 2b^2/3)y + b_{10} x(y^2 - 2b^2/3) + b_{12}(x^2 - 2b^2/3)(y^2 - 2b^2/3)
\end{aligned}\right\} \tag{5.58}$$

该误差模型是考虑到每幅影像有 9 个标准配置点的情况,如果每幅影像分布 5×5 个标准点,则还可得到包含 44 个附加参数的正交多项式,这主要用于高精度地籍加密中。

3. 自检校平差的效果与信噪比

经过大量的研究试验表明,自检校平差是补偿系统误差最有效的办法。但是,实际试验研究结果表明,自检校平差的效果有很大的波动性,很难判断哪一组附加参数最有效。

一般的分析认为,系统误差的补偿取决于多种因素,如平差区域大小、重叠度大小、航摄方向、每幅影像的像点数与像点的分布、平差的多余观测数、地面控制点分布及点数、区域内系统误差的变化情况、测区的地形起伏、附加参数的选择等。

由深入的分析可知,自检校平差是从有噪声(偶然误差)的观测值中提取信号(系统误差)的过程,因此自检校平差所能导致的精度改善根本上取决于观测值的信噪比。当信噪比较大时,由于偶然误差很小,系统误差能较好地被测定,改正了系统误差后必能使精度有明显的提高。反过来,当信噪比小时,系统误差将受到偶然误差严重的干扰,此时系统误差很难测准,而且改正后也不会使精度有本质的改善。更有甚者,如果在偶然误差大、系统误差小时,将附加参数处理成自由未知数,则很可能由于法方程状态坏、噪声大而导致所谓的过度参数化,从而严重降低结果的精度。为此,需要对附加参数进行显著性检验、可靠性检验、相关性检验,以保证法方程有好的状态,或者通过附加参数带适当的权或岭估计等措施来改善方程组的病态问题。

4. 对自检校区域网平差方法的评价

自检校区域网平差是在解析摄影测量平差中补偿系统误差的最有效方法,其原理也可以用来处理大地测量、重力测量、卫星大地测量以及工程测量控制网中的系统误差,许多国家已作为标准方法用于高精度解析空中三角测量。在武汉大学的 WuCAPS$_{GPS}$联合平差软件包中也采用了自检校平差,在高精度地界点坐标测定中取得了成效。

根据研究,只要信噪比大于 0.8,即系统误差与偶然误差相比不是太小,均可用带附加参数的自检校平差。对于一般加密情况可引入少量可测定的附加参数。当进行高精度加密时,可引入较多的附加参数,而且,可以将它们处理成带权观测值,或采用程序控制下的自动检验和选择附加参数的方法。

5.7　GPS 辅助空中三角测量

5.7.1　GPS 辅助空中三角测量概述

GPS 辅助空中三角测量是利用装在飞机和设在地面的一个或多个基准站上的至少两台 GPS 信号接收机,同时而连续地观测 GPS 卫星信号,通过对 GPS 载波相位测量差分定位技术的离线数据后处理获取航摄仪曝光时刻摄站的三维坐标,然后将其视为附加观测值引入到摄影测量区域网平差中,经采用统一的数学模型和算法整体确定点位并对其质量进行评定。

GPS 辅助空中三角测量大体上可分为以下四个过程:

(1)现行航空摄影系统改造及偏心测定。对现行的航空摄影飞机进行改造,安装 GPS 接收机天线,并进行 GPS 接收机天线相位中心到摄影机中心的偏心测定。需要说明的是,对于同一架航空摄影飞机,改造安装 GPS 接收机天线的工作只需要进行一次即可。

(2)带 GPS 接收机的航空摄影。在航空摄影过程中,以 0.5~1.0 s 的数据更新率,用至少两台分别设在地面基准站和飞机上的 GPS 接收机同时而连续地观测 GPS 卫星信号,以获取 GPS 载波相位观测和航摄仪曝光时刻。

(3)解求 GPS 摄站坐标。对 GPS 载波相位观测量进行离线数据后处理,解求航摄仪曝光时刻机载 GPS 天线相位中心的三维坐标(X_A, Y_A, Z_A)——GPS 摄站坐标及其方差-协方差矩阵。

(4)GPS 摄站坐标与摄影测量数据的联合平差。将 GPS 摄站坐标视为带权观测值与摄影测量数据进行联合区域网平差,以确定待求地面点的位置并评定其质量。

5.7.2　GPS 辅助空中三角测量的基本原理

1. GPS 摄站坐标与投影中心坐标的几何关系

由于机载 GPS 接收机天线的相位中心不可能与航摄仪物镜后节点重合,所以会产生一个偏心矢量。航摄飞行中,为了能够利用 GPS 动态定位技术获取航摄仪在曝光时刻摄站的三维坐标,必须对传统的航摄系统进行改造。首先应在飞机外表顶部中轴线附近安装一个高动态航空 GPS 信号接收天线,其次必须在航摄仪中加装曝光传感器,然后是将 GPS 天线通过前置放大器、航摄仪通过外部事件接口(event marker)与机载 GPS 接收机相连构成一个可用于 GPS 导航的航摄系统。

将 GPS 固定安装在飞机上后,机载 GPS 接收机天线的相位中心与航摄仪投影中心的偏心矢量为一个常数,且在飞机坐标系(即像方坐标系)中的三个坐标分量可以测定出来。

在图 5.16 中,设机载 GPS 相位中心 A 和航摄仪投影中心 S 在以 M 为原点的地面坐标系 $M\text{-}XYZ$ 中的坐标分别为(X_A, Y_A, Z_A)和(X_S, Y_S, Z_S),若 A 点在像空间坐标系 $S\text{-}uvw$ 中的坐标为(u, v, w),则利用像片姿态角 φ, ω, κ 所构成的正交矩阵 $\boldsymbol{R}$ 就可得到以下关系式

$$
\begin{bmatrix} X_A \\ Y_A \\ Z_A \end{bmatrix} = \begin{bmatrix} X_S \\ Y_S \\ Z_S \end{bmatrix} + \boldsymbol{R} \begin{bmatrix} u \\ v \\ w \end{bmatrix} \tag{5.59}
$$

研究表明,基于载波相位测量的动态 GPS 定位会产生随航摄飞行时间 t 线性变化的漂移系统误差。若在式(5.59)中引入该系统误差改正模型,则有

$$
\begin{bmatrix} X_A \\ Y_A \\ Z_A \end{bmatrix} = \begin{bmatrix} X_S \\ Y_S \\ Z_S \end{bmatrix} + \boldsymbol{R} \begin{bmatrix} u \\ v \\ w \end{bmatrix} + \begin{bmatrix} a_X \\ a_Y \\ a_Z \end{bmatrix} + (t - t_0) \begin{bmatrix} b_X \\ b_Y \\ b_Z \end{bmatrix} \tag{5.60}
$$

式中,t_0 为参考时刻,a_X、a_Y、a_Z、b_X、b_Y、b_Z 为 GPS 摄站坐标漂移误差改正参数。

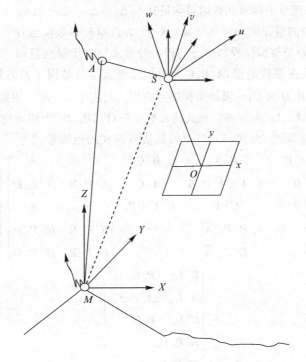

图 5.16　GPS 辅助航空摄影测量

式(5.60)所表达的机载 GPS 天线相位中心与投影中心坐标间的严格几何关系式是非线性的。为了能将 GPS 所确定的摄站坐标作为带权观测值引入空中三角测量平差中,需对其进行线性化处理。对未知数取偏导数,并按泰勒级数展开取至一次项,可得到如下线性化观测值误差方程式

$$
\begin{bmatrix} v_{X_A} \\ v_{Y_A} \\ v_{Z_A} \end{bmatrix} = \begin{bmatrix} \Delta X_S \\ \Delta Y_S \\ \Delta Z_S \end{bmatrix} + \frac{\partial X_A Y_A Z_A}{\partial \varphi \omega \kappa} \begin{bmatrix} \Delta \varphi \\ \Delta \omega \\ \Delta \kappa \end{bmatrix} + \boldsymbol{R} \begin{bmatrix} \Delta u \\ \Delta v \\ \Delta w \end{bmatrix} + \begin{bmatrix} \Delta a_X \\ \Delta a_Y \\ \Delta a_Z \end{bmatrix} +
$$
$$
(t - t_0) \cdot \begin{bmatrix} \Delta b_X \\ \Delta b_Y \\ \Delta b_Z \end{bmatrix} - \begin{bmatrix} X_A \\ Y_A \\ Z_A \end{bmatrix} + \begin{bmatrix} X_A^0 \\ Y_A^0 \\ Z_A^0 \end{bmatrix} \tag{5.61}
$$

式中,(X_A^0, Y_A^0, Z_A^0) 为由未知数的近似值代入式(5.60)求得的 GPS 摄站坐标。

2．GPS 辅助光束法平差的误差方程式和法方程式

GPS 辅助光束法区域网平差的数学模型是在自检校光束法区域网平差的基础上联合式 (5.61)所得到的的一个基础方程,其矩阵形式可写为

$$
\left.
\begin{aligned}
V_X &= Bx + At + Cc - L_X, & E \\
V_C &= E_X x - L_C, & P_C \\
V_S &= E_C c - L_S, & P_S \\
V_G &= \overline{A}t + Rr + Dd - L_G, & P_G
\end{aligned}
\right\}
\tag{5.62}
$$

式中,V_X、V_C、V_S、V_G 分别为像点坐标、地面控制点坐标、自检校参数和 GPS 摄站坐标观测值改正数向量,其中 V_G 方程就是将 GPS 摄站坐标引入摄影测量区域网平差后新增的误差方程式;$x = [\Delta X \quad \Delta Y \quad \Delta Z]^T$ 为加密点坐标未知数增量向量;$t = [\Delta\varphi \quad \Delta\omega \quad \Delta\kappa \quad \Delta X_S \quad \Delta Y_S \quad \Delta Z_S]^T$ 为像片外方位元素未知数增量向量;$c = [a_1 \quad a_2 \quad a_3 \quad \cdots]^T$ 为自检校参数向量;$r = [\Delta u \quad \Delta v \quad \Delta w]^T$ 为机载 GPS 天线相位中心与航摄仪投影中心间偏心分量未知数增量向量;$d = [a_X \quad a_Y \quad a_Z \quad b_X \quad b_Y \quad b_Z]^T$ 为漂移误差改正参数向量;A、B、C 为自检校光束法区域网平差方程式中相应于 t、x、c 未知数的系数矩阵;$\overline{A}$、R、D 为 GPS 摄站坐标误差方程式对应于 t、r、d 未知数的系数矩阵;E、E_X、E_C 为单位矩阵;L_X、L_C、L_S、L_G 为误差方程式的常数矩阵;P_C、P_S、P_G 为相应观测值的权矩阵。

根据最小二乘平差原理,由式(5.62)可得到法方程式的矩阵形式为

$$
\begin{bmatrix}
B^TB + P_C & B^TA & B^TC & \cdot & \cdot \\
A^TB & A^TA + \overline{A}^TP_GA & A^TC & \overline{A}^TP_GR & \overline{A}^TP_GD \\
C^TB & C^TA & C^TC + P_S & \cdot & \cdot \\
\cdot & R^TP_G\overline{A} & \cdot & R^TP_GR & R^TP_GD \\
\cdot & D^TP_G\overline{A} & \cdot & D^TP_GR & D^TP_GD
\end{bmatrix}
\begin{bmatrix}
x \\ t \\ c \\ r \\ d
\end{bmatrix}
$$

$$
=
\begin{bmatrix}
B^TL_X + P_CL_C \\
A^TL_X + \overline{A}^TP_GL_G \\
C^TL_X + P_SL_S \\
R^TP_GL_G \\
D^TP_GL_G
\end{bmatrix}
\tag{5.63}
$$

式(5.63)为 GPS 辅助光束法区域网平差法方程的一般形式,与常规自检校光束法区域网平差相比,主要是增加了两组未知数 r 和 d,其系数矩阵增加了 5 个非零子矩阵,即镶边带状矩阵的边宽加大了,但法方程式系数矩阵的良好稀疏带状结构并没有破坏,因此,仍然可以用传统的循环分块方法求解未知数向量 t、c、r 和 d。

5.7.3　GPS 辅助空中三角测量的评价与展望

GPS 辅助空中三角测量历经了 20 多年的研究和实践探索,其理论和方法已基本成熟,现已步入实用阶段。综观各项研究成果,可以得出如下结论和建议:

(1)用基于 GPS 载波相位测量差分定位技术来确定航空遥感中传感器的三维坐标是可行的,将其用于摄影测量定位可满足各种比例尺地形图航测成图方法对加密成果的精度要求。

(2)GPS 辅助光束法区域网平差可大大减少地面控制点,GPS 摄站坐标作为空中控制能

够很好地抑制区域网中的误差传播,由于其在区域网中的分布密集而均匀,使得区域网平差的精度和可靠性非常好。但是,为了进行 GPS 摄站坐标的变换和改正各种系统误差,平差时引入少量地面控制点是必需的。

(3)与经典的光束法区域网平差作业模式相比,GPS 辅助光束法区域网平差可大大减少野外控制工作量。采用 GPS 辅助空中三角测量方法,从航空摄影到完成摄影测量加密的时间较传统方法大大缩短,进而可缩短航测成图周期。

(4)在使用 GPS 辅助空中三角测量技术时,区域的四周应布设 4 个平高地面控制点,这些点最好简单布标,且于 GPS 航空摄影时进行测定。此外,还应于区域两端加摄两条垂直构架航线或在区域两端垂直于航线方向布设两排高程地面控制点。

(5)GPS 辅助空中三角测量是一种全新的技术,它还涉及诸如 GPS 航摄系统的偏移处理、地球曲率的影响和大地测量坐标系的转换、地面控制点的布设、系统误差的补偿和粗差的检测等许多技术细节,限于篇幅这里不再赘述,感兴趣的读者可以参考相关文献。

总之,GPS 辅助空中三角测量是一种经济、快速的高精度摄影测量加密方法,将其应用于测绘生产必将变革现行航空摄影测量的作业模式。

5.8 POS 系统辅助空中三角测量

定位定姿系统(position and orientation system,POS)是集差分全球定位系统(Differential GPS,DGPS)技术和惯性导航系统(inertial navigation system,INS)技术于一体,可以获取移动物体的空间位置和三轴姿态信息的测量系统,主要由 GPS 信号接收机和惯性测量装置(inertial measurement unit,IMU)两部分,也称 GPS/IMU 集成系统。本节首先简单介绍两种较为典型的 POS 系统,然后介绍 POS 与航空摄影测量系统的集成方法与工作原理,并分析 POS 系统的主要误差来源,最后介绍 POS 系统数据处理及误差控制方法。

5.8.1 典型 POS 系统简介

1. POS AV 系统

POS AV 系统是加拿大 Applanix 公司开发的基于 DGPS/IMU 的定位定向系统,如图 5.17 所示,它主要由惯性测量装置、GPS 接收机、计算机系统和数据后处理软件四部分组成。

(1)惯性测量装置(IMU)。

惯性测量装置由三个加速度计、三个陀螺仪、数字化电路和一个执行信号调节及温度补偿功能的中央处理器组成。经过补偿的加速度计和陀螺仪数据就作为速度和角度的增率通

图 5.17 POS AV 系统组成

过一系列界面传送到计算机系统 PCS,传送速率一般为 200～1 000 Hz,然后 PCS 在通过捷联惯性导航方式组合这些加速度和角度速率,以获取 IMU 相对于地球的位置、速度和方向。

(2)GPS 接收机。

GPS 系统由一系列 GPS 导航卫星和 GPS 接收机组成,并采用载波相位差分的 GPS 动态定位技术解求 GPS 天线相位中心位置。在多数应用中,POS AV 系统采用内嵌式低噪双频

GPS 接收机来为数据处理软件提供波段和距离信息。

（3）计算机系统（PCS）。

计算机系统包含 GPS 接收机、大规模存储系统和完成实时组合导航的计算机，实时组合导航计算的结果作为飞行管理系统的输入信息。

（4）数据后处理软件（POSPac）。

数据后处理软件通过处理 POS AV 系统在飞行中获得的 IMU 和 GPS 原始数据以及 GPS 基准站数据得到最优的组合导航解。当 POS 系统用于摄影测量时，还需要利用 POSPac 软件中的 POSEO 模块解算每张影像在曝光瞬间的外方位元素。

此外，还有一套安装在实时计算机系统和后处理软件 POSPac 中的组合导航软件。该软件对 GPS 观测量和 IMU 的导航数据进行姿态与位置的混合答解，既保留了 IMU 导航数据的动态精度，同时也能够拥有 GPS 的绝对精度。

2．AERO control 系统

AERO control 系统是德国 IGI 公司开发的高精度机载定位定向系统，主要由惯性测量装置 IMU-IId、GPS 接收机和计算机装置三个部分组成。

（1）惯性测量装置 IMU-IId。

IMU 由三个加速度计、三个陀螺仪和信号预处理器组成，能够进行高精度的转角和加速度的测量。

（2）GPS 接收机。

（3）计算机装置。

采集未经任何处理的 IMU 和 GPS 数据并将它们保存在 PC 卡上用于后处理，协同 GPS、IMU 以及所用的航空传感器的时间同步，完成组合导航计算。另外，IGI 还提供了导航与飞行管理系统 CCNS4 和后处理软件 AERO office。

CCNS4 用于航空飞行任务的导航、定位和管理。CCNS4 控制管理 AERO control，通过 CCNS4 的一个菜单条目，可以开始和停止 AERO control 系统记录数据。同时 CCNS4 能够监控数据的记录，监测 GPS 接收机运行情况和实时组合导航计算的结果。CCNS4 和 AERO control 既可以作为两个独立系统分别运行，也可以作为一个整体来运行。

后处理软件 AERO office 提供了处理和评定所采集数据所需的功能，除了提供 DGPS/IMU 的组合卡尔曼滤波功能外，还提供用于将外定向参数转化到本地绘图坐标系的工具。

5.8.2　POS 与航空摄影系统的集成方法

将 POS 系统和航摄仪集成在一起，通过 GPS 载波相位差分定位获取航摄仪的位置参数，通过惯性测量单元 IMU 测定航摄仪的位置和姿态参数，经 IMU、DGPS 数据的联合后处理，可直接获得每张像片的 6 个外方位元素，从而大大减少外业控制点数量，甚至无须地面控制点，为航空摄影测量提供了一个快速、便捷的技术手段。在崇山峻岭、戈壁荒漠等难以通行地区，在国界沼泽滩涂等作业员无法到达地区，采用 POS 系统和航空摄影系统集成进行空间直接对地定位（direct georeferencing），快速高效地编绘基础地理图件将是非常行之有效的方法。目前，机载 POS 系统直接对地定位技术已逐步应用于生产实践。

直接对地定位系统由惯性测量装置、航摄仪、机载 GPS 接收机和地面基准站 GPS 接收机

四部分构成,其中前三者必须稳固安装在飞机
上,保证在航空摄影过程中三者之间的相对位置
不变,如图 5.18 所示。为了保证获取航摄仪曝
光瞬间的空间位置和姿态信息,航摄仪应该提供
或加装曝光传感器及脉冲输出装置。

　　IMU 固定在摄影机上,并尽量保持 IMU 的
基准坐标系与摄影坐标系平行。机载 GPS 接收
机必须是能在高速飞行条件下工作的动态 GPS
信号接收机,数据更新频率要优于 1 次/秒。其
天线应安装在飞机顶部外表中轴线附近,尽量靠
近飞机重心和摄影中心的位置上,并尽可能精确
地测量天线相位中心和摄影中心的偏移值。除
安装在飞机上的设备外,还应在测区内或周边地
区设定至少一个基准站,并安装静态 GPS 接收

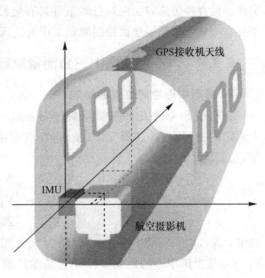

图 5.18　POS 和航空摄影测量系统的集成

机,要求地面 GPS 接收机的数据更新频率不低
于机载接收机的更新频率,以便以 GPS 动态定位方式来同步观测 GPS 卫星信号。

　　目前 ADS40/80 数字航摄仪标配有 POS 装置,德国 Z/I 公司生产的 DMC、奥地利 Vexcel
的 UltraCamD(UCD)/UCX 和中国的 SWDC 等数码航摄仪可选择 POS 系统配置。

5.8.3　POS 系统在航空摄影测量中的应用

1. 利用 POS 数据进行直接传感器定向

　　在已知 GPS 天线相位中心、IMU 及航摄仪三者之间空间关系的前提下,可直接对 POS 系
统获取的 GPS 天线相位中心的空间坐标(X,Y,Z)及 IMU 系统获取的侧滚角、俯仰角、航偏角
进行数据处理,获取航空影像曝光瞬间的摄站中心及三维空间坐标(X_S,Y_S,Z_S)及其航摄仪三
个姿态角(φ,ω,κ),从而实现无地面控制条件下航空摄影的直接定向。直接定向不需要进行
空中三角测量,不需要地面控制点,与传统的空中三角测量和 GPS 辅助空中三角测量相比,不
仅大大降低了作业成本,还极大提高了摄影测量的效率。但直接定向缺少了多余观测,计算过
程中出现的任何问题,如采用了错误的 GPS 基准站坐标,都将直接影响最终的结果。此外,由
于对几何模型考虑的比较简单,导致即使区域网结构十分完美且检校场及 GPS/IMU 数据联
合处理准确无误,直接定向所能达到的精度仍然难以满足大比例尺测图的需要。

2. 利用 POS 数据进行集成传感器定向

　　当 GPS、IMU 与航摄仪三者之间的空间关系未知时,需要有适当数量的地面控制点,通过
将 DGPS/IMU 系统获取的三维空间坐标与 3 个姿态数据直接作为空中三角测量的附加观测
值参与区域网平差,从而高精度获取每张航片的 6 个外方位元素,实现大幅度减少地面控制点
的数量。在集成传感器定向的过程中,虽然不可避免要进行空中三角测量和加密点测量,但是
也随之带来了更好的容错能力和更精确的定向结果。集成传感器定向不需要进行预先的系统
校正,因为校正参数能够在空中三角测量的过程中结算出来。

　　比较上述两种方法可以发现,由于集成传感器是将 DGPS 和 IMU 数据直接纳入区域网,用
地面控制点进行联合平差,因此理论上集成传感器定向较直接传感器定向具有可靠的精度和稳

定性。但直接传感器定向对自然条件具有更好的适应性,对自然灾害频发、国界和争议区、自然条件恶劣等难以开展地面控制测量工作的地区,采用直接传感器定向无疑是一种好的选择。

5.8.4　POS 辅助空中三角测量原理

1. 摄影中心空间位置的确定

在机载 POS 系统和航摄仪集成安装时,GPS 天线相位中心 A 和航摄仪投影中心 S 有一个固定的空间距离,如图 5.16 所示,在航空摄影过程中,点 A 和点 S 的相对位置关系保持不变,它们满足

$$\begin{bmatrix} X_A \\ Y_A \\ Z_A \end{bmatrix} = \begin{bmatrix} X_S \\ Y_S \\ Z_S \end{bmatrix} + \boldsymbol{R}_{\varphi\omega\kappa} \cdot \begin{bmatrix} u \\ v \\ w \end{bmatrix} \tag{5.64}$$

式中,(X_A,Y_A,Z_A) 和 (u,v,w) 分别为天线相位中心在地面坐标系和像空系中的坐标,(X_S,Y_S,Z_S) 是投影中心的地面坐标,$\boldsymbol{R}_{\varphi\omega\kappa}$ 是像片的旋转矩阵 $\boldsymbol{R}$。

2. 航摄仪姿态参数的确定

从式(5.64)可以看出,机载 GPS 天线相位中心的空间位置与航摄像片的 3 个姿态角 φ、ω、κ 有关,即利用机载 GPS 观测值解算投影中心的空间位置需要航摄仪的姿态参数。惯性测量装置(IMU)中的三轴陀螺和三轴加速度计可用于获取航摄仪姿态和位置信息,而且数据输出频率远高于 GPS 接收机。虽然 IMU 的测角精度主要取决于其性能,但长时间持续的位置测量会产生累积误差,使 IMU 测量的位置精度不高。如将高频低精度的 IMU 数据和低频高精度的 GPS 观测数据进行联合处理,则可以实现二者的相互补偿,从而大大提高 POS 系统的测量精度。

IMU 获取的是惯导系统的侧滚角 φ、俯仰角 ω 和旋偏角 κ。由于系统集成时 IMU 三轴陀螺坐标系和航摄仪像空间坐标系之间总存在角度偏差 $(\Delta\varphi,\Delta\omega,\Delta\kappa)$,这等价于 IMU 坐标系相对于像空系又进行了 $\Delta\varphi$、$\Delta\omega$、$\Delta\kappa$ 的三轴向旋转,此时像空系和地面坐标系的旋转矩阵变为

$$\boldsymbol{R} = \boldsymbol{R}_{\mathrm{I}}^{\mathrm{G}}(\varphi,\omega,\kappa) \cdot \Delta\boldsymbol{R}_{\mathrm{P}}^{\mathrm{I}}(\Delta\varphi,\Delta\omega,\Delta\kappa) \tag{5.65}$$

式中,$\boldsymbol{R}_{\mathrm{I}}^{\mathrm{G}}(\varphi,\omega,\kappa)$ 为 IMU 坐标系到地面坐标系之间的旋转矩阵,$\Delta\boldsymbol{R}_{\mathrm{P}}^{\mathrm{I}}(\Delta\varphi,\Delta\omega,\Delta\kappa)$ 为像空间坐标系到 IMU 坐标系之间的旋转矩阵,φ、ω、κ 为 IMU 获取的姿态参数,$\Delta\varphi$、$\Delta\omega$、$\Delta\kappa$ 为 IMU 坐标系与像空间辅助坐标系之间的角度偏差。

当采用 POS 直接定向方法时,$\Delta\varphi$、$\Delta\omega$、$\Delta\kappa$ 可用在实验场对航空摄影系统检校时所获得的结果,φ、ω、κ 和 X_A、Y_A、Z_A 则直接采用 POS 的输出数据,从而用式(5.65)和式(5.64)计算出像片的 6 个外方位元素。

当采用集成定向方法时,可将 POS 的输出结果和测出的天线相位中心偏移量作为观测值,将 $\Delta\varphi$、$\Delta\omega$、$\Delta\kappa$ 作为未知值,按类似于 GPS 辅助空中三角测量方法,解求像片的外方位元素,只是此时的误差方程中多了 $\Delta\varphi$、$\Delta\omega$、$\Delta\kappa$ 这三个待求值。

5.8.5　POS 系统对地定位的主要误差源

利用 POS 系统进行传感器对地定位时,其精度主要取决于传感器位置精度、时间同步误差、IMU 初始校正精度和系统检校精度等因素。

1. 传感器位置

如何将传感器最佳地安装在航空载体上是一项重要的工作。在这方面,传感器底座的质量尤为重要,较差的底座很可能改变整个系统的性能,而且其引起的误差将很难改正。在具备良好性能的传感器底座的条件下,传感器的放置通常要符合下述两个条件:

(1)使检校误差对传感器间偏移改正的影响最小。

(2)传感器之间不能有任何微小移动。

对于第一个条件,缩短传感器之间的距离就可以减小空间偏移改正的误差。这一点对于直接地理参考中定位元素的影响尤为明显。另外,传感器间的微小移动将对姿态测定产生影响。对于空间偏移改正和传感器间的微小移动来说,后者更难以克服。

2. 时间同步

尽管 GPS 与 IMU 组合使用可以提高二者的性能,高精度 GPS 信息作为外部量测输入,在运动过程中频繁地修正 IMU,以控制其误差随时间的累积;而短时间内高精度的 IMU 信息,可以很好地解决 GPS 动态环境中的信号失锁和周跳问题,同时还可以辅助 GPS 接收机增强其干扰能力,提高捕获和跟踪卫星信号的能力。但是,通常我们很难实现实时的 DGPS/IMU 组合导航系统,其根本问题在于很难做到同步地使用 GPS 和 IMU 数据。IMU、GPS 以及影像数据流之间的时间同步性要求随着精度要求及载体动态性的提高而提高,如果不能恰当地处理这个问题,它将成为一个严重的误差源,因为它直接影响载体的运行轨迹,从而影响影像的外方位元素的确定。

3. 初始校正

初始校正处理用来确定惯性系统从本体系转换到地面水平系的旋转矩阵。这项工作是在测量之前完成的,通常分为粗校正和精校正两个阶段。粗校正是使用传感器的原始输出数据,只考虑地球旋转及重力场假设模型来近似估计姿态参数;而精校正是考虑到低精度的惯性系统是不能够在静态环境中校正的,引入飞机运动来获取更高的对准精度。如果飞机的运动能够引起足够大的水平加速度,那么未对准误差的不确定性将可以通过速度误差观测出来,并且能够根据 DGPS 的速度更新利用卡尔曼滤波估计出其大小。

4. 系统检校

由于直接传感器定向不利用地面控制点,而仅仅是通过投影中心外推获得地面点坐标的,因此系统校正是进行传感器定向必不可少的一项工作,其精确程度将极大地影响所获得的地面点坐标的精度。系统校正一般分为单传感器的校正和传感器之间的校正两个部分,单传感器校正包括内定向参赛、IMU 常量漂移、倾斜和比例因子、GPS 天线多通道校正等;传感器间的校正包括确定航摄仪与导航传感器之间的相对位置和旋转参数,由数据传输和内在的硬件延误引起的各传感器间时间不同步等。

在利用 POS 系统提供的外方位元素直接进行传感器定向前必须进行检校,以确定和改正这些误差。检校的正确与否将直接影响后续的数据处理,因此在实际应用中对检校的要求是相当严格的,任何微小错误都可能导致其所确定的目标点位存在很大的误差。

直接传感器定向首先应布设理想的检校场,进行严格的系统检校,保证测定的定向参数具有很高的精度。集成传感器定向无须布设检校场,但需要根据测图精度要求,在全区布设一定数量的地面控制点,进行像点坐标量测和空三解算,才能获得摄影瞬间像片的六个外方位元素。

5.9　粗差探测与可靠性理论

5.9.1　粗差的概念

任何观测数据中都包含有偶然误差和系统误差。偶然误差可用最小二乘原理在解算过程中合理匹配其影响；对于系统误差，必须在平差解算之前对观测值逐一改正，或把系统误差作为附加参数纳入平差解算系统，从而有效地进行补偿。

但在测量的观测数据中，还存在第三种误差，即粗差（blunder）。粗差是由多种因素引起的误差，如读数误差、记录误差等，它具有偶然性，但在数值上比偶然误差大得多。

解析摄影测量中的粗差主要表现在两个方面，一是像点坐标的粗差，二是控制点坐标的粗差。对于这些粗差中的大粗差和中等粗差（大于 $20\sigma_0$，σ_0 代表单位权中误差），通常用预处理的办法来剔除，而对那些在预处理中无法察觉的小粗差（$4\sigma_0 \sim 20\sigma_0$），必须通过严格的统计方法来检测。粗差检测理论就是针对这种小粗差提出来的。

5.9.2　粗差检测理论

粗差检测理论研究的主要问题是：如何发现粗差（粗差检测方法）？能检测出多大的粗差（内可靠性）？不能被检测出的粗差对平差结果有多大影响（外可靠性）？

荷兰大地测量学家 Baarda 教授提出的用于检测小粗差的理论——数据探测法（Data snooping）是粗差检测的经典理论，其核心是根据平差结果，用观测值的改正数构造标准正态分布统计量 w_i，然后根据显著性水平探测其是否含有粗差。w_i 可表示为

$$w_i = \frac{v_i}{\sigma_{v_i}} = \frac{dy}{dx} \propto N(0,1) \tag{5.66}$$

式中，v_i 是第 i 个观测值的改正数，由误差方程式 $V = A\hat{X} - L$ 求出；σ_{v_i} 为改正数 v_i 的中误差，由下式计算

$$\left.\begin{array}{l} \sigma_{v_i} = \sigma_0 \sqrt{q_{v_i v_i}} \\ q_{v_i v_i} = q_{ii} - A_i (A^T P A)^{-1} A_i^T \end{array}\right\} \tag{5.67}$$

式中，σ_0 为单位权中误差，q_{ii} 表示观测值权倒数矩阵主对角线的第 i 个元素，A_i 为误差方程式系数矩阵的第 i 行，$(A^T P A)$ 为法方程系数矩阵。

用 w_i 作为统计量判断粗差时，Baarda 选用的显著性水平 $\alpha = 0.001$，则由正态分布表可查得

$$w_i = \frac{|v_i|}{\sigma_{v_i v_i}} = 3.3 \tag{5.68}$$

即以 $w_i \propto N(0,1)$ 作为零假设 H_0，若 $|v_i| < 3.3\sigma_{ii}$，则接受零假设，也就是检验结果为在该显著水平下不存在粗差；反之，若 $|v_i| > 3.3\sigma_{ii}$，则拒绝零假设，判断其有粗差存在。

除数据探测法之外，选权迭代法是另一种常见的粗差检测方法。其基本思想是开始平差时仍然按照常规的最小二乘法进行，然后每次平差之后，根据残差和其他有关参数，按所选择的权函数计算每个观测值在下一步迭代计算中的权值，纳入平差计算。如果权函数选择得当，且当粗差可定位时，则含粗差的观测值的权越来越小，直至趋于零。迭代终止时，相应的残差

将直接指出粗差的数值,而平差结果不受粗差的影响。

对权函数的选用,一般应使用两种不同的函数。在迭代的开始,权函数要陡一些,而在其后的迭代则要求平缓的权函数。在光束法区域网平差中推荐的权函数为

$$
\left.
\begin{array}{ll}
f(v) = \exp\left(-0.05\left(\dfrac{|v|\sqrt{p_0}}{m_0}\right)^{4.4}\right) & \text{对前三次} \\[4mm]
f(v) = \exp\left(-0.05\left(\dfrac{|v|\sqrt{p_0}}{m_0}\right)^{3.0}\right) & \text{第三次以后}
\end{array}
\right\}
\tag{5.69}
$$

式中,p_0 为权因子,m_0 为观测值的标准偏差。

5.9.3　可靠性理论

可靠性是用于评定测量质量的另一种指标,分为内可靠性和外可靠性。

内可靠性表示可检测观测值中粗差的能力,通常用可检测出粗差的最小值或可检测出粗差的下限值来衡量,下限值越小,内可靠性越好。

外可靠性的讨论是建立在统计检验基础之上的。若用 ∇_{0li} 表示可检测出粗差的下限值,则由统计检验原理导出其表达式为

$$
\nabla_{0li} = \frac{\sigma_0}{\sqrt{r_i}} \cdot \frac{\sigma_0}{\sqrt{p_0}} = \delta_{0li} \cdot \sigma_{li}
\tag{5.70}
$$

式中,δ_{0li} 为内可靠性度量,它反映了可能发现的最小粗差 ∇_{0li} 为该观测值理论均方差 δ_{0li} 的倍数;$r_i = q_{v_i v_i} P_i$ 称为局部多余量;σ_0 为一个选定值。

显然,δ_{0li} 越小,则检测粗差的灵敏度越高。由式(5.70)可知,要使 δ_{0li} 越小,则 r_i 必须大,亦即要求越多的多余观测值。

由于能检测出的粗差有一定的限度,低于这个限值的粗差不能被检测出来,并影响平差结果,因而有必要研究这种影响的大小,这就是所谓的外可靠性问题。外可靠性是研究不能检测出的粗差 $\nabla_{li}(\leqslant \nabla_{0li})$ 对未知数函数 $f(\hat{x})$ 的影响 $\nabla_{li} f$。

设 $f(\hat{x})$ 为平差结果 $\hat{x}$ 的线性函数,则得到

$$
\frac{\nabla_{li} f}{\sigma_f} \leqslant \frac{\nabla_{0li} f}{\sigma_f} \leqslant \bar{\delta}_{0li} = \delta_0 \sqrt{\frac{u_i}{r_i}}
\tag{5.71}
$$

式中,$\bar{\delta}_{0li}$ 称为外可靠性度量,表示未发觉的粗差 ∇_{li} 对函数 f 的影响,为其均方差 σ_f 的最大倍数,用于检验平差系统的敏感性。

由式(5.71)可知,当 r_i 越大时,$\bar{\delta}_{0li}$ 越小;当 $r_i \gg u_i$ 时,$\bar{\delta}_{0li}$ 最小,即外可靠性最好。

综合以上讨论,无论是内可靠性还是外可靠性,都要求多余观测值越多越好,因此多余观测值是粗差检测的关键。

习题与思考题

1. 什么是解析空中三角测量? 其目的和意义是什么?

2. 解析空中三角测量中的像点类型有哪些? 各有什么用途? 哪些点一定参与平差运算? 哪些点一定不参与平差运算?

3. 简述进行解析空中三角测量所需的信息有哪些?

4. 什么是转点? 转点的方法有哪些,各有何特点? 目前主要使用的转点方法是什么?

5. 量测的像点坐标包含哪些系统误差？各有何特点？如何对其改正？

6. 地球曲率改正的真正原因是什么？

7. 在航空摄影测量中，精度要求不高的情况下也可不进行地球曲率改正和大气折射改正，为什么？

8. 以框图的形式描述连续像对单航带解析空中三角测量的基本思想及作业过程。

9. 构建单航带模型的关键技术是什么？

10. 按照连续像对相对定向法构建航带模型，各立体模型间有何关系？相对方位元素相对于哪个坐标系？

11. 简述航带法区域网平差的基本思想及主要流程。

12. 航带法区域网平差中如何建立松散区域网？

13. 在航带法区域网平差中，是否所有点都参与平差？有哪些点参与平差？

14. 简述独立模型法区域网平差的基本思想。

15. 独立模型法区域网平差的平差单元、平差条件、数学模型、平差目的分别是什么？

16. 如图 5.19 所示区域按照独立模型法进行区域网平差，参与平差的点有多少？能列立多少个误差方程式？未知数的个数有多少？

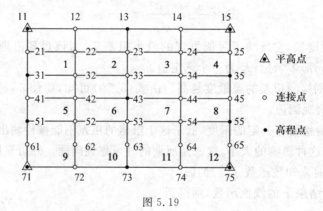

图 5.19

17. 光束法区域网平差的基本单元、平差条件、理论模型各是什么？为什么说它是最严密的解析空中三角测量方法？

18. 在光束法平差前为什么要进行区域网概算？概算的方法有哪些？各有什么优缺点？

19. 简述光束法区域网平差的基本流程。

20. 请列立光束法区域网平差中控制点和加密点的误差方程式？有何区别？

21. 如图 5.20 所示由四幅影像组成的一个最简单的光束法区域网平差例子，如不考虑控制点误差，则计算观测值和未知数的个数，并绘制出误差方程式系数阵的结构图。

22. 试对比三种区域网平差的优缺点。

23. 试说明自检校光束法区域网平差的主要目的。

24. 补偿系统误差的方法有哪些？

25. 光束法区域网平差可以引入哪些非摄影测量观测值？

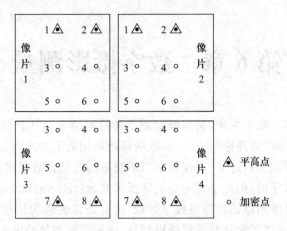

图 5.20

26. 简述 GPS 辅助空中三角测量的基本原理。
27. 简述 POS 直接对地定位的基本原理与方法。
28. 什么是粗差？它与系统误差、偶然误差的区别是什么？
29. 简述粗差检测原理。
30. 研究可靠性的意义何在？
31. 什么是内可靠性？什么是外可靠性？

第6章 数字摄影测量

数字摄影测量是基于数字影像,利用摄影测量的基本原理和计算机技术、数字影像处理、影像匹配、影像识别等多学科理论与方法,提取所摄景物用数字方式表达的几何与属性信息的摄影测量分支学科。按照这一定义,不仅数字摄影测量的产品是数字的,且其中间结果记录和所用原始影像也都是数字的,因此也称为全数字摄影测量(full digital photogrammetry)。

由于数字摄影测量所用原始影像是数字影像,因此影像的辐射信息(像点灰度或光谱)将得到充分利用,这是数字摄影测量与模拟摄影测量、解析摄影测量的根本区别所在。有了影像的辐射信息,则可引入数字影像处理、模式识别、人工智能、机器学习等学科的理论与算法,利用计算机实现像片特征点提取、特征点精确定位、影像匹配、同名像点坐标高精度量测、空三转点、相对定向、空中三角测量、DEM生成、正射影像图制作等一系列工序或过程的自动化,大大提高摄影测量的作业效率,极大降低作业人员的劳动强度。但目前影像自动解译技术仍处于研究阶段,还不够成熟,因此地物属性的确定仍需人工来完成。随着影像识别技术的发展与完善,新型摄影测量装备的不断涌现,以及几何信息、其他先验信息与辐射信息的有效融合,摄影测量中人工干预的成分将会越来越少,甚至可望实现摄影测量的全自动化。

6.1 数字影像及其获取

数字影像是数字摄影测量处理的原始资料,因此,如何获取数字影像是数字摄影测量的最基础工作。本节主要介绍数字影像的特点、数字影像的获取方法、影像重采样理论以及金字塔影像。

6.1.1 模拟影像和数字影像

1. 模拟影像

模拟影像是以感光材料为载体所显现的影像,可以用一个连续函数 $f(x,y)$ 表示,x、y 代表像点的位置,$f(x,y)$ 则反映像点对应地物的反射特性。根据摄影传感器的成像特点,$f(x,y)$ 不仅与地物反射光谱特性有关,还与感光材料类型、摄影时所用滤光片及摄影处理条件等因素有关。

在胶片片基上涂上感光乳剂(卤化银)就形成了感光材料。摄影时,卤化银在接收光照后能发生光化学反应,从而使卤和银分离,析出微小的银颗粒,形成肉眼看不见的潜像。析出银颗粒的多少与其接收的光能量成正比。摄影后,再对潜像进行显影和定影处理就形成了一幅固定影像。

从模拟影像的记录介质和成像过程可以看出,模拟影像具有以下几个特点:

(1)模拟影像是连续影像,可以连续反映地物的空间分布和反射特性,其上的每个影像点都是纯粹数学意义上的几何点。

(2)由于感光胶片光谱响应的限制,模拟影像能表达的光谱范围十分有限,只局限在 $0.9~\mu m$ 以下的紫外、可见光和近红外区。

（3）模拟影像只能用于目视分析和手工量测，为适合计算机自动处理，必须用数字化设备将其转换成数字影像。

2．数字影像

数字影像是一个离散的数字矩阵或阵列，矩阵中的每个元素代表一个像元（或像素），其行和列号代表像元的位置，其值的大小则代表对应地物辐射电磁波的强弱。数字影像可用一个离散函数 $g(i,j)$ 来表示，其中，i、j 是正整数，分别表示像元的行、列号，$g(i,j)$ 也是正整数，称为像元的灰度值，其具体形式为

$$g = \begin{bmatrix} g_{0,0} & g_{0,1} & \cdots & g_{0,n-1} \\ g_{1,0} & g_{1,1} & \cdots & g_{1,n-1} \\ \vdots & \vdots & \vdots & \vdots \\ g_{m-1,0} & g_{m-1,1} & \cdots & g_{m-1,n-1} \end{bmatrix} \qquad (6.1)$$

式中，m、n 分别表示数字影像的行、列数。

一般的数字影像上像点是没有大小的，但在摄影测量中为了得到精确的像点坐标，必须知道像素的尺寸。若 Δx 与 Δy 是模拟影像上的采样间隔（或数码相机的像素尺寸），则第 (i,j) 个像元的点位坐标 (x,y) 为

$$x = x_0 + i\Delta x$$
$$y = y_0 + j\Delta y$$

式中，(x_0,y_0) 是数字影像的起始点坐标。数字影像的起始点一般选在影像的左上角，也可以选在左下角或影像中心。

数字影像主要记录在磁带、磁盘、光盘等介质上，可以方便地存储和传输。它是以光电转换器件为探测元件，将接收的地物辐射电磁波能量变为模拟的电压或电流信号，再经过模数转换，量化为灰度值。光电探测元件的光谱响应范围很宽，能探测从紫外到远红外的所有波段；输出的动态范围大，有利于量化出更多的灰度级，获取反差适中的影像；信噪比高，使数字影像的视觉质量远远优于模拟影像。

与模拟影像相比，数字影像有以下特点：

（1）数字影像不是一个连续函数，是对地物电磁波辐射特性和地物空间分布的离散化采样。

（2）由于采用光电探测器件，数字影像光谱表达范围很宽，可反映地物从紫外、可见光到远红外所有波段的反射和发射特性。

（3）数字影像不但能用于目视分析和手工量测，而且也特别适合计算机分析和处理。

6.1.2　模拟影像数字化

获取数字影像有两个基本途径，一是用数字化设备将模拟影像转化为数字影像，二是利用各种数字传感器在摄影时直接获得。数字传感器已在第 2 章作过详细介绍，因此本节只介绍如何将模拟影像转化为数字影像。

1．影像数字化的概念

将模拟影像转化为数字影像的过程称为模拟影像的数字化。如图 6.1 所示，由于模拟影像在二维空间的分布是连续的，对应灰度是连续的模拟量，因此在数字化时，首先应将连续的影像平面按一定的间隔离散为若干个小方格并取其平均灰度，每个小方格即代表一个像元。

像这样将影像按平面坐标离散取值的过程称为采样,相邻像元间的平面距离称为采样间隔。然后通过模/数转换,将模拟灰度量根据其灰度范围转换为离散的整数值,这个过程称为量化。

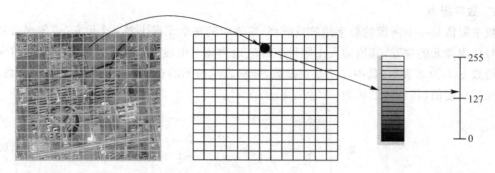

图 6.1 影像数字化的一般过程

2. 采样间隔的确定

在影像数字化时,如何选取合适的采样间隔是一个非常重要的问题。如果选用的采样间隔过小,虽然影像信息没有损失,但采样后的数据量过大,且有冗余信息;如果采样间隔过大,会使影像信息损失严重,采样后的数字影像就不能代表原影像。所以采样间隔不能过大,也不能过小,应在保证原影像信息没有损失的条件下选择最大的采样间隔。

假设连续影像函数 $f(x,y)$ 在 x、y 方向的最高空间频率分别为 u_c 和 v_c,那么在采样间隔 Δx 和 Δy 满足

$$\Delta x \leqslant \frac{1}{2u_c} \qquad 且 \qquad \Delta y \leqslant \frac{1}{2v_c} \tag{6.2}$$

此时,采样后的影像没有信息损失,能完全恢复原影像,这就是采样定理。根据采样定理,并考虑到使采样后的数据量最小,在数字化时最为合适的采样间隔应为

$$\Delta x = \frac{1}{2u_c} \qquad \Delta y = \frac{1}{2v_c} \tag{6.3}$$

对于实际影像,影像分辨率就是其最高空间频率。影像分辨率在数值上等于影像上每毫米能分辨的最大线对数,并且这个值是可以估算或测定的。如果模拟影像的影像分辨率为 R,则对其数字化时,采样间隔 d 应为

$$d = \frac{1}{2R} \tag{6.4}$$

这里,之所以采样间隔不区分 x、y 方向,而用一个值 d 来代替,是因为影像分辨率没有方向性。

3. 量化等级和方式

为了便于计算机处理,量化等级 G 应为 2 的整数幂,即 $G=2^n$,这里 n 是正整数,且正好等于一个像元所占用内存的 bit 数。因此,常用 bit 数的多少来表示影像的量化等级。目前常见的数字影像有 6 bits、8 bits、10 bits 和 12 bits,表示影像被量化了 64 级、256 级、1 024 级和 4 096级,相应的灰度范围为 0~63、0~255、0~1 023 和 0~4 095。影像灰度的量化级越多,影像细节越丰富,视觉效果越柔和,影像质量就越高,但数据量也会急剧上升。所以,在实际工作中应根据影像灰度的动态范围,合理选择量化等级。

选择量化等级后,就要确定每个灰度值(或灰度级)所对应的灰度范围。通常有两种方式

来确定灰度级与灰度范围的对应关系：一种是在整个灰度范围内均匀划分灰度级，即每个灰度值对应的灰度间隔相等，这种量化方式称为均匀量化；另一种是按某种函数关系来划分灰度范围，使每个灰度级对应的灰度间隔不再相等，这种方式称为非均匀量化。非均匀量化的精度较好，但需要预知影像的先验参数，如灰度的概率分布函数，实际应用比较困难。

6.1.3　影像重采样理论

当对数字影像进行几何处理，如影像的旋转、核线排列或数字纠正时，新影像的像点位置将不再位于原始函数 $g(x,y)$ 的矩阵（采样）点上，欲得到这些新像点的灰度值就需进行灰度内插，此时称为重采样（resampling），意即在原采样的基础上再一次采样。在数字影像的摄影测量处理中总会遇到一种或多种这样的几何变换，因此重采样技术对数字摄影测量是很重要的。

1. 双线性插值法

如图 6.2(a)所示，双线性插值是利用待求点 P 周围的四个原始格网点值，按线性规律内插出 P 点的灰度值。计算可沿 x 方向和 y 方向分别进行，即先沿 y 方向分别对点 a、b 的灰度值重采样，再利用该两点沿 x 方向得到 P 点的重采样值。但在实际计算中，这两步都是合二为一的。对于规则格网来说，格网间隔可认为是 1，则 P 点相对于四个格网点偏移总是不大于 1 的值，只要确定每个格网对 P 点"贡献"的权，则可用加权求和得到该点的灰度。

设格网点 (i,j) 的灰度值为 $I(i,j)$，其权为 $W(i,j)$，则 P 点的灰度值为

$$I(P) = \sum_{i=1}^{2} \sum_{j=1}^{2} I(i,j)W(i,j) \tag{6.5}$$

双线性插值法可用一个三角形函数作为卷积核来计算各点权值，其在 x 方向的图形和坐标原点位置如图 6.2(b)所示，其表达式为

$$W(x) = 1 - (x), \quad 0 \leqslant |x| \leqslant 1 \tag{6.6}$$

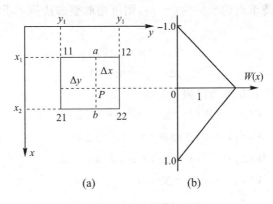

(a)　　　　　　(b)

图 6.2　双线性插值法内插

若 P 的坐标为 (x,y)，则其相对于格网点 11 的偏移量为

$$\Delta x = x - \mathrm{int}(x)$$

$$\Delta y = y - \mathrm{int}(y)$$

式中，int 表示取整。

按式(6.6)有

$$W(x_1)=1-\Delta x, W(x_2)=\Delta x, W(y_1)=1-\Delta y, W(y_2)=\Delta y \qquad (6.7)$$

则各点的权为

$$W(i,j)=W(x_i)W(y_j) \qquad (6.8)$$

将式(6.7)代入式(6.8),再代入式(6.5)可得双线性插值法的计算公式为

$$\begin{aligned}
I(P)&=W(1,1)I(1,1)+W(1,2)I(1,2)+W(2,1)I(2,1)+W(2,2)I(2,2)\\
&=(1-\Delta x)(1-\Delta y)I(1,1)+(1-\Delta x)\Delta yI(1,2)+\\
&\quad \Delta x(1-\Delta y)I(2,1)+\Delta x\Delta yI(2,2)
\end{aligned} \qquad (6.9)$$

2. 双三次卷积法

双三次卷积法是利用待求点周围的 16 个原始像点灰度值,用一个三次函数作为卷积核求取各点的"权",按加权求和方法完成待求点的灰度重采样,如图 6.3(a)所示。设图 6.3(a)中各格网点的灰度值为 $I(i,j)$,各点的权为 $W(i,j)$,则待求点 P 的灰度为

$$I(P)=\sum_{i=1}^{4}\sum_{j=1}^{4}I(i,j)W(i,j) \qquad (6.10)$$

权 $W(i,j)$ 可采用 Rifman 提出的卷积核来计算,该卷积核是一个三次样条函数,其 x 方向的形状和位置如图 6.3(b)所示,具体表达式为

$$\left. \begin{aligned}
W_1(x)&=1-2x^2+|x|^3, & 0\leqslant|x|\leqslant1\\
W_2(x)&=4-8|x|+5x^3-|x|^3, & 1\leqslant|x|\leqslant2\\
W_3(x)&=0, & 2\leqslant|x|
\end{aligned} \right\} \qquad (6.11)$$

式中,x 是待求点相对于格网点的坐标偏移量。Rifman 卷积核的 y 方向与 x 方向有相同的形式,用 y 代替式(6.11)中的 x 则可求出 y 方向的权。若格网点在 x、y 方向的权分别为 $W(x_i)$ 和 $W(y_j)$,则第 i、j 个格网点的权为

$$W(i,j)=W(x_i)W(y_j) \qquad (6.12)$$

假设格网间隔为 1,待求点的坐标为 (x,y),则可用取整方法简单求出其相对于 22 点的偏移量,即

$$\left. \begin{aligned}
\Delta x&=x-\text{int}(x)\\
\Delta y&=y-\text{int}(y)
\end{aligned} \right\} \qquad (6.13)$$

代入式(6.11)可得各点在 x 方向的权为

$$\left. \begin{aligned}
W(x_1)&=W(1+\Delta x)=-\Delta x+2\Delta x^2-\Delta x^3\\
W(x_2)&=W(\Delta x)=1-2\Delta x^2+\Delta x^3\\
W(x_3)&=W(1-\Delta x)=\Delta x+\Delta x^2-\Delta x^3\\
W(x_4)&=W(2-\Delta x)=-\Delta x+\Delta x^3
\end{aligned} \right\} \qquad (6.14)$$

同样可得 y 方向的权为

$$\left. \begin{aligned}
W(y_1)&=W(1+\Delta y)=-\Delta y+2\Delta y^2-\Delta y^3\\
W(y_2)&=W(\Delta y)=1-2\Delta y^2+\Delta y^3\\
W(y_3)&=W(1-\Delta y)=\Delta y+\Delta y^2-\Delta y^3\\
W(y_4)&=W(2-\Delta y)=-\Delta y^2+\Delta y^3
\end{aligned} \right\} \qquad (6.15)$$

将式(6.14)、式(6.15)代入式(6.12),再代入式(6.11)则可最终完成待求点的重采样。

利用三次样条函数重采样的中误差约为双线性内插法的 1/3,但计算工作量增大。

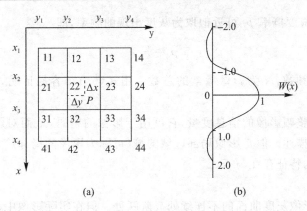

图 6.3　双三次卷积法

3. 最邻近像元法

直接取与 $P(x,y)$ 点位置最近像元 N 的灰度值为该点的灰度作为采样值,即

$$I(P) = I(N)$$

式中,N 为最近点,其影像坐标值为

$$\left.\begin{array}{l} x_N = \mathrm{int}(x + 0.5) \\ y_N = \mathrm{int}(y + 0.5) \end{array}\right\} \tag{6.16}$$

以上三种重采样方法以最邻近像元法最简单,计算速度快且不破坏原始影像的灰度信息,但其几何精度较差,最大可达 ± 0.5 像元。前两种方法几何精度较好,但计算时间较长,特别是双三次卷积法效率较低,在一般情况下用双线性插值法较宜。

6.2　数字影像特征提取与定位

对于一幅数字影像,我们最感兴趣的是那些非常明显的目标,而一个目标是由其边界、拐点、突出点等特征构成的,因此提取这些特征是目标识别的前提。在数字影像上,利用各种算法(算子)提取影像特征的过程称为数字影像的特征提取。它是影像分析和数字摄影测量后续处理的基础。由于特征可分为点状特征、线状特征与面状特征,因而特征提取算子又可分为点特征提取算子与线特征提取算子。面状特征是由其边界包围的一个封闭区域,理论上可通过提取其边缘线来获取,但在实际工作中主要是利用影像分割算法来实现面状特征提取。

6.2.1　影像信息量与特征

1. 影像信息量

信息论认为信息是事件的不确定性,一个随机事件的不确定性越大,则其包含的信息量也就越大。在数值上信息量的大小通常用熵来度量。熵有 Shannon-Wiener 熵、条件熵、交叉熵、Renyi 熵等多种定义,在此只介绍常用的 Shannon-Wiener 熵。

对一个具有 n 个灰度值 g_1、g_2、$\cdots$、g_n 的数字影像,灰度 g_i 出现的概率为 p_i,则该数字影像的 Shannon-Wiener 熵定义为

$$H[P] = H[p_1, p_2, \cdots, p_n] = -k \sum_{i=1}^{n} p_i \log p_i \tag{6.17}$$

式中，k 是一个常数，灰度概率 p_i 可近似取为灰度出现的频率，即

$$p_i = \frac{f_i}{N}$$

式中，f_i 为灰度 g_i 的频数，N 为影像像素的总数。用式(6.17)容易证明，灰度均匀分布的影像其熵最大。

一幅影像的熵是整幅影像的信息度量，它可用于影像的编码，从而对影像进行压缩，但不能对影像的特征进行描述。但是影像局部区域的熵（可称为影像的局部熵）是该局部区域信息的量度，可反映影像的特征存在与否。

2. 影像特征

理论上，特征是影像灰度曲面的不连续处或阶跃处。但在实际影像中，由于点扩散函数的作用，特征表现为在一个微小邻域中灰度的急剧变化或灰度分布的均匀性，也就是在局部区域中具有较大的信息量。因此，可以以每一像元为中心，取一个 $n \times n$ 像素的窗口，用式(6.17)计算窗口的局部熵，若局部熵大于给定的阈值，则认为该像素是一个特征。

理想特征点的灰度分布是一个脉冲函数，线特征则是一个阶跃函数，如图 6.4(a)所示。但实际影像是理想灰度函数与点扩散函数的卷积，此时点特征与边缘特征的灰度曲线变成了如图 6.4(b)所示的形状，其灰度的分布均表现为从小到大或从大到小的明显变化，因而除了用局部信息量来检测特征之外，还可以利用各种梯度或差分算子提取特征，即对各个像素及其邻域进行一定的梯度或差分运算，选择其极值点（极大或极小）或超过给定阈值的点作为特征点。

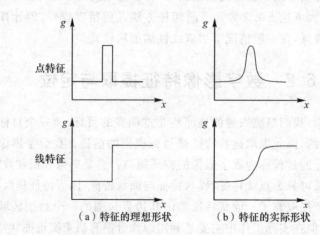

（a）特征的理想形状　　　　（b）特征的实际形状

图 6.4　特征的灰度分布

6.2.2　点特征提取算子

点特征主要指影像上明显的突出点，如角点、圆点等。能够提取影像上点特征的算子称为点特征提取算子，也称为兴趣算子或有利算子（interest operator），即运用某种算法从影像中提取我们所感兴趣的或有利于某种应用的点。目前已提出了一系列算法各异、特色不同的兴趣算子，较为知名的有 Moravec 算子、Harris 算子、Forstner 算子及 SIFT 算子等。

1. Moravec 算子

Moravec 于 1977 年提出利用灰度方差提取点特征的算子，是世界上最早提出的兴趣算子，其计算步骤为：

(1)计算各像元的兴趣值 IV(interest value)。在以像素(c,r)为中心的 $w \times w$ 的影像窗口中(如 5×5 的窗口),计算水平、垂直、45°和 135°四个方向相邻像素灰度差的平方和,如图 6.5 所示,即

$$
\left.
\begin{aligned}
V_1 &= \sum_{i=-k}^{k-1} (g_{c+i,r} - g_{c+i+1,r})^2 \\
V_2 &= \sum_{i=-k}^{k-1} (g_{c+i,r+i} - g_{c+i+1,r+i+1})^2 \\
V_3 &= \sum_{i=-k}^{k-1} (g_{c,r+i} - g_{c,r+i+1})^2 \\
V_4 &= \sum_{i=-k}^{k-1} (g_{c+i,r-i} - g_{c+i+1,r-i-1})^2
\end{aligned}
\right\}
\tag{6.18}
$$

式中,$k = \text{int}(w/2)$,并取其中最小者作为该像素的兴趣值,即像素(c,r)的兴趣值为

$$
IV_{c,r} = \min\{V_1, V_2, V_3, V_4\}
\tag{6.19}
$$

(2)选取候选特征点。给定一经验阈值,将兴趣值大于该阈值的点(即兴趣值计算窗口的中心点)作为候选特征点。阈值的选择应以候选点中包括所需要的特征点,而又不含过多的非特征点为原则。

(3)选取候选点中的极值点作为特征点。在一定大小的区域内(可不同于兴趣值计算窗口,如 5×5、7×7、9×9 或更大),将候选点中兴趣值不是最大者均去掉,仅留下一个兴趣值最大者,该像素即为一个特征点。该过程称为抑制局部非最大。

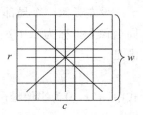

图 6.5　Moravec 算子

综上所述,Moravec 算子是在四个主要方向上选择具有最小-最大灰度方差的点作为特征点。该算子用简单的差分求取影像在四个方向的灰度变化,对影像噪声较为敏感。

2. Harris 算子

Harris 算子是 Chris Hams 和 Mike Stephens 在 Moravec 算子基础上发展出的一种利用自相关矩阵提取角点或边缘点的特征提取算法。该算法所定义的自相关矩阵为

$$
\boldsymbol{M} = \begin{bmatrix} g_x & g_x g_y \\ g_x g_y & g_y \end{bmatrix}
\tag{6.20}
$$

式中,g_x 是灰度 g 在 x 方向的梯度,g_y 是 y 方向的梯度。矩阵 $\boldsymbol{M}$ 的特征值是自相关函数的一阶曲率,两个特征值的大小可用于判断特征点的类型。如果两个特征值都较大,那么该点是角点特征;若两个特征值相差较大,则为边缘上的特征点。

Harris 算子的特征响应函数定义为

$$
R = \det\boldsymbol{M} - k \cdot (\text{tr}\boldsymbol{M})^2
\tag{6.21}
$$

式中,det 是矩阵的行列式,tr 是矩阵的迹,k 是一个常数,一般 k 取 0.04～0.06。

Harris 算子的特征提取步骤为:

(1)首先确定一个 $n \times n$ 大小的影像窗口,对窗口内的每一个像素点进行一阶差分运算,求得在 x、y 方向的梯度 g_x 和 g_y。

(2)对梯度值进行高斯滤波,即

$$
\left.
\begin{aligned}
\bar{g}_x &= G \otimes g_x \\
\bar{g}_y &= G \otimes g_y
\end{aligned}
\right\}
\tag{6.22}
$$

式中,G 为高斯函数,且 σ 一般取 $0.3\sim0.9$。

(3)根据式(6.20)计算矩阵 M,然后按式(6.21)计算响应值,也称兴趣值。

(4)选取兴趣值的局部极值点,在一定窗口内取最大值。局部极值点的数目往往很多,也可以根据特征点数提取的数目要求,对所有的极值点排序,根据要求选出兴趣值最大的若干个点作为最后的结果。

Harris 角点用兴趣值作为衡量特征的显著性,可以控制特征点提取的输出。在一块区域内,可以按照兴趣值大小输出所需要的特征点数目。有些情况下,需要特征点分布均匀,则可以通过取一定格网内最大值实现均匀特征点的输出。

3. Forstner 算子

Forstner 算子是能保证影像匹配精度为最高的一种特征提取算法,因此在摄影测量中被广泛应用。影像匹配可以认为是寻找同名像点左右视差 p_x 和上下视差 p_y 的过程,若 p_x、p_y 的精度高,则影像匹配的精度高,反之则匹配精度低。

设左影像一个局部窗口内任一像点的坐标为 (x,y),其灰度为 $g_1(x,y)$,且在右影像的同名像点坐标为 $(x+p_x,y+p_y)$,灰度为 $g_2(x+p_x,y+p_y)$,则有理由认为它们的灰度值应满足

$$g_1(x,y)=g_2(x+p_x,y+p_y)+n(x,y) \tag{6.23}$$

式中,$n(x,y)$ 为影像噪声。对式(6.23)右侧按泰勒级数展开有

$$g_1(x,y)=g_2(x,y)+g_x(x,y)p_x+g_y(x,y)p_y+n(x,y) \tag{6.24}$$

式中,g_x、g_y 分别是 x、y 方向的一阶导数。将其改写为误差方程形式,则有

$$v=g_x(x,y)p_x+g_y(x,y)p_y-\Delta g(x,y) \tag{6.25}$$

式中,$\Delta g(x,y)=g_1(x,y)-g_2(x,y)$。对窗口内所有像点都按式(6.25)列出误差方程,并用矩阵形式表示为

$$V=AX-L \tag{6.26}$$

式中,$A=\begin{bmatrix} g_x(x_1,y_1) & g_y(x_1,y_1) \\ g_x(x_2,y_2) & g_y(x_2,y_2) \\ \vdots & \vdots \\ g_x(x_N,y_N) & g_y(x_N,y_N) \end{bmatrix}$,$X=\begin{bmatrix} p_x \\ p_y \end{bmatrix}$,$L=\begin{bmatrix} \Delta g(x_1,y_1) \\ \Delta g(x_2,y_2) \\ \vdots \\ \Delta g(x_N,y_N) \end{bmatrix}$,$N$ 为窗口内的像素数。

对式(6.26)进行法化求解,可得到 X 的最小二乘估计为

$$X=\begin{bmatrix} p_x & p_y \end{bmatrix}^{\mathrm{T}}=(A^{\mathrm{T}}A)^{-1}A^{\mathrm{T}}L=N^{-1}A^{\mathrm{T}}L \tag{6.27}$$

且 X 的精度可由其协方差矩阵确定,即

$$m_X^2=\sigma_0^2 N^{-1}=\sigma_0^2 Q \tag{6.28}$$

式中,σ_0 为单位权中误差,N 为法方程系数矩阵,$Q=N^{-1}$ 为协方差矩阵。

X 的精度分布可由其误差椭圆来描述,且其误差椭圆由协方差矩阵唯一确定。误差椭圆主要由误差椭圆的大小和圆度两个参数来描述。误差椭圆的大小定义为协方差矩阵的迹 $\mathrm{tr}Q$,显然要获得高的测量精度,应使 $\mathrm{tr}Q$ 尽量小。为方便评价测量精度,将 $\mathrm{tr}Q$ 的倒数定义为误差椭圆的权 w,即

$$w=\frac{1}{\mathrm{tr}Q} \tag{6.29}$$

容易证明

$$w = \frac{1}{\mathrm{tr}\boldsymbol{Q}} = \frac{\det\boldsymbol{N}}{\mathrm{tr}\boldsymbol{N}} \tag{6.30}$$

式中,tr 表示迹运算,det 表示行列式运算。

误差椭圆的圆度可由下面的 q 值来度量

$$q = 1 - \frac{(a^2 - b^2)^2}{(a^2 + b^2)^2} = \frac{4\det\boldsymbol{N}}{(\mathrm{tr}\boldsymbol{N})^2} \tag{6.31}$$

式中,a、b 为椭圆的长、短半轴。q 是一个 $0\sim1$ 的值,q 越大说明误差椭圆越接近于圆。

从上面的分析可以看出,在影像匹配中

$$\boldsymbol{Q} = \boldsymbol{N}^{-1} = \begin{bmatrix} \sum g_x^2 & \sum g_x g_y \\ \sum g_x g_y & \sum g_y^2 \end{bmatrix}^{-1} \tag{6.32}$$

实际上是匹配窗口内的灰度协方差矩阵,因此在提取特征点时若先计算出窗口内的灰度协方差矩阵,然后选择误差椭圆权最大且接近圆的影像窗口的中心点作为特征点,则这样的特征点一定有最佳的影像匹配精度,这就是 Forstner 点特征提取算子的基本思想。只不过在实际算法中,Forstner 用 Robert's 梯度代替了式(6.32)中的 x、y 方向的梯度。

Forstner 算子的具体步骤为:

(1)计算窗口内各像素的 Robert's 梯度,如图 6.6 所示,具体公式为

$$\left.\begin{aligned} g_u = \frac{\partial g}{\partial u} = g_{i+1,j+1} - g_{i,j} \\ g_v = \frac{\partial g}{\partial v} = g_{i,j+1} - g_{i+1,j} \end{aligned}\right\} \tag{6.33}$$

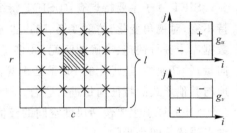

(2)计算窗口内的灰度协方差矩阵,即

$$\boldsymbol{Q} = \boldsymbol{N}^{-1} = \begin{bmatrix} \sum g_u^2 & \sum g_u g_v \\ \sum g_u g_v & \sum g_v^2 \end{bmatrix}^{-1} \tag{6.34}$$

图 6.6　Robert's 梯度

式中

$$\sum g_u^2 = \sum_{i=c-k}^{c+k-1} \sum_{j=r-k}^{r+k-1} (g_{i+1,j+1} - g_{i,j})^2$$

$$\sum g_v^2 = \sum_{i=c-k}^{c+k-1} \sum_{j=r-k}^{r+k-1} (g_{i,j+1} - g_{i+1,j})^2$$

$$\sum g_u g_v = \sum_{i=c-k}^{c+k-1} \sum_{j=r-k}^{r+k-1} (g_{i+1,j+1} - g_{i,j})(g_{i,j+1} - g_{i+1,j})$$

式中,(c,r) 为窗口中心点在整张影像上的序号,$k = \mathrm{int}(l/2)$,l 是窗口的长和宽。

(3)计算兴趣值 q 与 w,即

$$q = 1 - \frac{(a^2 - b^2)^2}{(a^2 + b^2)^2} = \frac{4\det\boldsymbol{N}}{(\mathrm{tr}\boldsymbol{N})^2} \tag{6.35}$$

$$w = \frac{1}{\mathrm{tr}\boldsymbol{Q}} = \frac{\det\boldsymbol{N}}{\mathrm{tr}\boldsymbol{N}} \tag{6.36}$$

若 $q=0$,表明特征点可能位于边缘上;若 $q=1$,表明为一圆点;若 $0<q<1$,则说明该点为角点。因此,Forstner 算子能准确给出特征点的类别。

(4)确定候选点。如果兴趣值大于给定的阈值,则该像元为候选特征点。阈值可参考下面

的经验值

$$
\left.
\begin{aligned}
T_q &= 0.5 \sim 0.75 \\
T_w &= \begin{cases} f\,\overline{w}, & 0.5 \leqslant f \leqslant 1.5 \\ cw_c, & c=5 \end{cases}
\end{aligned}
\right\}
\tag{6.37}
$$

式中,$\overline{w}$ 为权平均值,w_c 为权的中值。当 $q > T_q$ 且 $w > T_w$ 时,该像元为候选点。

(5)选取极值点。以权值 w 为依据,选择极值点,即在一个适当窗口中选择 w 最大的候选点为特征点,而去掉其余的点。由于 Forstner 算子较复杂,可首先用一简单的差分算子提取初选点,然后采用 Forstner 算子在 3×3 窗口计算兴趣值,并选择候选点,最后提取极值点为特征点。

上述 Moravec 算子较简单,Forstner 算子较复杂,但它能给出特征点的类型且精度也较高,Harris 算子的精度和复杂度都介于二者之间,是性价比较高的特征提取算子。

4. SIFT 算子

SIFT 算子是计算机视觉领域非常著名的特征算子,由 D. G. Lowe 于 1999 年提出。2004 年 D. G. Lowe 对该算子做了全面的总结,并正式提出了一种基于尺度空间的、对影像缩放、旋转甚至仿射变换保持不变性的影像局部特征描述算子(scale invariant feature transform,SIFT),即尺度不变特征变换。

SIFT 算子主要特点有:①SIFT 特征是影像的局部特征,其对旋转、尺度缩放、亮度变化保持不变,对视角变化、仿射变换、噪声也不太敏感;②独特性好,信息量丰富,适用于在海量特征数据库中进行快速、准确的匹配;③多量性,即使少数的几个物体也可以产生大量 SIFT 特征向量;④高速性,经优化的 SIFT 匹配算法甚至可以达到实时的要求;⑤可扩展性,可以很方便地与其他形式的特征向量进行联合。

SIFT 算子主要包括尺度空间的极值探测、关键点的精确定位、确定关键点的主方向及关键点描述等四个步骤。

1)尺度空间的极值探测

(1)尺度空间。

尺度空间的基本思想是在视觉信息(影像信息)处理模型中引入一个被称为尺度的参数,通过连续变化尺度参数获得不同尺度下的视觉处理信息,然后综合这些信息以深入挖掘影像的本质特征。

影像的尺度空间是通过对影像进行尺度变换而得到的不同尺度影像的集合,可由原始影像与不同尺度空间因子的高斯函数卷积得到。设 $G(x,y,\sigma)$ 是尺度为 σ 的二维高斯函数,则一幅二维影像的尺度空间为

$$
L(x,y,\sigma) = G(x,y,\sigma) \times I(x,y)
\tag{6.38}
$$

式中,I 为原始影像信息;(x,y) 代表影像的像素位置;L 代表影像的尺度空间;σ 为尺度空间因子,其值越小则表征影像被平滑得越少,相应的尺度也就越小。可见大尺度对应于影像的概貌特征,小尺度对应于影像的细节特征。用式(6.38)得到的影像尺度空间也称为高斯金字塔影像。

(2)DOG 算子。

为了有效提取稳定的关键点,Lowe 提出了利用高斯差分函数 DOG(difference of gaussian)对原始影像进行卷积,即

$$
\begin{aligned}
D(x,y,\sigma) &= [G(x,y,k\sigma) - G(x,y,\sigma)] \cdot I(x,y) \\
&= L(x,y,k\sigma) - L(x,y,\sigma)
\end{aligned}
\tag{6.39}
$$

式中，$G(x,y,k\sigma)-G(x,y,\sigma)$即是 DOG 算子，用其与影像进行卷积的实质是在尺度空间中求得尺度为 $k\sigma$ 影像与尺度为 σ 影像的差分。

有很多理由选择 DOG 算子来进行特征点提取。首先，DOG 算子的计算效率高，它只需利用不同的尺度空间因子对影像进行高斯卷积生成平滑影像 L，然后将相邻的影像相减即可生成高斯差分影像 D。其次，高斯差分函数 $D(x,y,\sigma)$ 是比例尺归一化的高斯-拉普拉斯函数（LOG 算子 $\sigma^2\nabla^2G$）的近似。当 $\sigma^2\nabla^2G$ 为最小和最大时，影像上能够产生大量、稳定的特征点，并且特征点的数量和稳定性比其他的特征提取算子（如 Harris 算子）要多得多、稳定得多。

高斯差分函数与高斯-拉普拉斯函数之间的近似关系可以表示为

$$\sigma^2\nabla^2G=\frac{\partial G}{\partial\sigma}\approx\frac{G(x,y,k\sigma)-G(x,y,\sigma)}{k\sigma-\sigma} \tag{6.40}$$

$$G(x,y,k\sigma)-G(x,y,\sigma)\approx(k-1)\sigma^2\nabla^2G \tag{6.41}$$

由此可见，DOG 算子与 $\sigma^2\nabla^2G$ 只差一个因子$(k-1)$，由于$(k-1)$是一常数，因此不影响尺度空间内的极值探测。式(6.41)是一个近似关系式，存在一定的近似误差。Lowe 通过实验发现，这种近似误差不影响极值探测的稳定性，并且不会改变极值的位置。

(3)高斯差分尺度空间的生成。

生成高斯差分尺度空间的过程如图 6.7 所示。假设将高斯差分尺度空间分为 n 层，每层尺度空间含有 S 个有效子层（能进行极值探测的层），基准尺度空间因子为 σ，则尺度空间的生成步骤如下：

①在第一层尺度空间中，利用 $\sigma\cdot2^{k/S}$ 卷积核分别对原始影像进行高斯卷积，生成 $S+3$ 张高斯金字塔影像，如图 6.7(a)所示，其中 k 为高斯金字塔影像的索引号，且取值为 0、1、2、$\cdots$、$S+2$。这样生成的高斯金字塔影像的尺度因子是按等比排列的，且公比为 $2^{1/S}$。

②将第一层尺度空间中的相邻高斯金字塔影像相减，生成 $S+2$ 张高斯差分金字塔影像，如图 6.7(b)所示。

③将原始影像降采样 2 倍，并按步骤①和②，生成第二层尺度空间。

④将上一层高斯金字塔影像的第一张降采样 2 倍，然后按步骤①和②生成下一层尺度空间，直至所有尺度空间的建立。

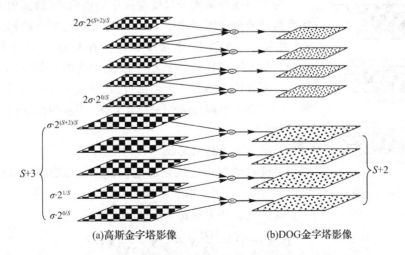

图 6.7　高斯差分金字塔影像生成过程

用实际影像生成的高斯金字塔影像和高斯差分金字塔影像如图 6.8 和图 6.9 所示。

图 6.8　高斯金字塔影像

图 6.9　DOG 金字塔影像

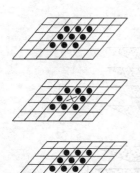

（4）局部极值探测。

为了寻找高斯差分尺度空间中的极值点（最大值或最小值），在高斯差分金字塔影像中，每个采样点与它所在的同一层的周围 8 个相邻点和相邻上、下层中相应位置上的 9×2 个相邻点进行比较。如果该采样点的值小于或大于它的全部相邻点（26 个相邻点），那么该点即为一个局部极值点（关键点），如图 6.10 所示。图中"×"表示当前探测的采样点，"·"表示与当前探测点相邻的 26 个比较点。

2）关键点的精确定位

关键点的精确定位是通过拟合三维二次函数以精确确定关键点的位置（达到子像素精度）。

在关键点处用泰勒级数展开式得到

图 6.10　极值探测

$$
\left.
\begin{array}{l}
\boldsymbol{D}(\boldsymbol{X}) = \boldsymbol{D} + \dfrac{\partial \boldsymbol{D}^{\mathrm{T}}}{\partial \boldsymbol{X}} \boldsymbol{X} + \dfrac{1}{2} \boldsymbol{X}^{\mathrm{T}} \dfrac{\partial^2 \boldsymbol{D}}{\partial \boldsymbol{X}^2} \boldsymbol{X} \\
\boldsymbol{D} \geqslant D_0
\end{array}
\right\}
\tag{6.42}
$$

式中,$\boldsymbol{X}=[x\ y\ \sigma]^{\mathrm{T}}$ 为关键点的偏移量,$\boldsymbol{D}$ 是 $\boldsymbol{D}(x,y,\sigma)$ 在关键点处的值。为求 $\boldsymbol{D}(\boldsymbol{X})$ 的极值,令

$$\frac{\partial \boldsymbol{D}(\boldsymbol{X})}{\partial \boldsymbol{X}}=0$$

可以得到 $\boldsymbol{D}(\boldsymbol{X})$ 为极值时的 $\boldsymbol{X}$ 值 $\hat{\boldsymbol{X}}$,即

$$\hat{X}=\frac{\partial^2 \boldsymbol{D}^{-1}}{\partial \boldsymbol{X}^2}\frac{\partial \boldsymbol{D}}{\partial \boldsymbol{X}} \tag{6.43}$$

关键点坐标加上 $\hat{X}$ 即为关键点的精确位置。如果 $\hat{X}$ 在任一方向上大于 0.5,就意味着该关键点与另一采样点非常接近,这时就用插值来代替该关键点的位置。

为了增强匹配的稳定性,需要删除低对比度的点。将式(6.43)代入式(6.42)得

$$\boldsymbol{D}(\hat{X})=\boldsymbol{D}+\frac{1}{2}\frac{\partial \boldsymbol{D}^{\mathrm{T}}}{\partial \boldsymbol{X}}\hat{X} \qquad \boldsymbol{D}\geqslant \boldsymbol{D}_0 \tag{6.44}$$

$\boldsymbol{D}(\hat{X})-\boldsymbol{D}$ 可用来衡量特征点的对比度,如果 $|\boldsymbol{D}\hat{X}-\boldsymbol{D}|<\theta$,则 $\hat{X}$ 处为不稳定的特征点,应删除,θ 的经验值为 0.03。

同时因为 DOG 算子会产生较强的边缘响应,所以应去除低对比度的边缘响应点,以增强匹配的稳定性,提高抗噪声能力。

一个定义不好的高斯差分算子的极值在横跨边缘的地方有较大的主曲率,而在垂直边缘的方向有较小的主曲率。主曲率通过一个 2×2 的 Hessian 矩阵 $\boldsymbol{H}$ 求出

$$\boldsymbol{H}=\begin{bmatrix} D_{xx} & D_{xy} \\ D_{xy} & D_{yy} \end{bmatrix} \tag{6.45}$$

式中,导数通过相邻采样点的差值计算。导数的主曲率和 $\boldsymbol{H}$ 的特征值成正比,令 α 为最大特征值,β 为最小特征值,则

$$\mathrm{tr}\boldsymbol{H}=D_{xx}+D_{yy}=\alpha+\beta$$
$$\det\boldsymbol{H}=D_{xx}D_{yy}-(D_{xy})^2=\alpha\beta$$

令 γ 为最大特征值与最小特征值的比值,则

$$\alpha=\gamma\beta$$
$$\frac{\mathrm{tr}\boldsymbol{H}^2}{\det\boldsymbol{H}}=\frac{(\alpha+\beta)^2}{\alpha\beta}=\frac{(\gamma\beta+\beta)^2}{\gamma\beta^2}=\frac{(\gamma+1)^2}{\gamma}$$

式中,$(\gamma+1)^2/\gamma$ 的值在两个特征值相等时最小,并随着 γ 的增大而增大。因此,为了检测主曲率是否在某阈值 γ 下,只需检测

$$\frac{\mathrm{tr}\boldsymbol{H}^2}{\det\boldsymbol{H}}<\frac{(\gamma+1)^2}{\gamma} \tag{6.46}$$

式中,γ 的经验值为 10。

3)确定关键点的主方向

利用关键点的局部影像特征(梯度)为每一个关键点确定主方向。影像梯度的大小为

$$m(x,y)=\sqrt{(L(x+1,y)-L(x-1,y))^2+(L(x,y+1)-L(x,y-1))^2} \tag{6.47}$$

梯度方向为

$$\theta(x,y)=\arctan\frac{L(x+1,y)-L(x-1,y)}{L(x,y+1)-L(x,y-1)} \tag{6.48}$$

式中,$m(x,y)$和$\theta(x,y)$分别为高斯金字塔影像(x,y)处梯度的大小和方向,L所用的尺度为每个关键点所在的尺度。

在以关键点为中心的邻域窗口内(16×16像素窗口),利用高斯函数对窗口内各像素的梯度大小进行加权,越靠近关键点的像素,其梯度方向信息贡献越大,用直方图统计窗口内的梯度方向。梯度直方图每10°一个柱,在360°范围内共有36个柱,柱所代表的方向为像素点梯度方向,柱长短代表了梯度幅值。直方图的主峰值(最大峰值)代表了关键点处邻域梯度的主方向,即关键点的主方向,如图6.11所示。

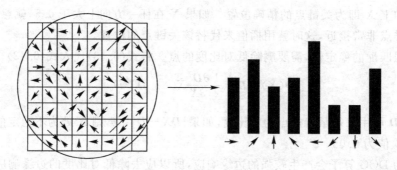

图6.11　关键点的主方向

4)关键点的描述

首先,将坐标轴旋转到关键点的主方向。只有以主方向为零点方向来描述关键点才能使其具有旋转不变性。然后,以关键点为中心取8×8的窗口,如图6.12(a)所示黑点为当前关键点的位置,每个小格代表关键点邻域所在尺度空间的一个像素,箭头方向代表该像素的梯度方向,箭头长度代表梯度大小,圆圈代表高斯加权的范围。分别在每4×4的小块上计算8个方向的梯度方向直方图,绘制每个梯度方向的累加值,即可形成一个种子点,如图6.12(b)所示。图6.12(b)中一个关键点由2×2共4个种子点组成,每个种子点有8个方向梯度信息,这就组成了能唯一描述该关键点的一个32维特征向量。这种邻域方向性信息联合的思想增强了算法抗噪声的能力,同时对于含有定位误差的特征匹配也提供了较好的容错性。

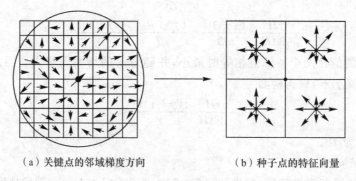

(a)关键点的邻域梯度方向　　　　　(b)种子点的特征向量

图6.12　关键点描述

为了增强稳健性,对每个关键点可使用4×4共16个种子点来描述,这样对于每个关键点就可以产生128维的向量,即SIFT特征向量。此时的SIFT特征向量已经去除了尺度变化、旋转等几何变形因素的影响。

为了去除光照变化的影响,需要对 SIFT 特征向量进行归一化处理。对于影像灰度值整体漂移,由于影像各点的梯度是邻域像素相减得到,所以也能去除。设得到的特征向量为 $\boldsymbol{H}=\begin{bmatrix}h_1 & h_2 & \cdots & h_{128}\end{bmatrix}^{\mathrm{T}}$,归一化后的特征向量为 $\boldsymbol{L}=\begin{bmatrix}l_1 & l_2 & \cdots & l_{128}\end{bmatrix}^{\mathrm{T}}$,则

$$l_i = h_i / \sqrt{\sum_{j=1}^{128} h_j} \quad (j=1,2,\cdots,128) \tag{6.49}$$

6.2.3　线特征提取算子

线特征是指影像的"边缘"与"线"。"边缘"可定义为影像局部特征不相同的那些区域间的分界线;而"线"则可以认为是具有很小宽度的,其中间区域具有相同的影像特征的边缘对,也就是距离很小的一对边缘构成一条线。因此线特征提取算子通常也称边缘提取算子。在实际影像中,边缘的剖面灰度曲线通常是一条刀刃曲线,如图 6.13(a)所示;其一阶导数在边缘处出现极大值,如图 6.13(b)所示;二阶导数则为零,如图 6.13(c)所示。因此对影像局部区域进行一阶导数(差分)或二阶导数(差分)运算,然后检测极值点或过零点即可提取边缘,这就是边缘检测的基本原理。由此可见,一阶和二阶导数计算是遥感影像边缘检测的理论基础。

一般来说,边缘检测主要包括四个步骤:

(1)影像平滑滤波。边缘检测算法是通过对影像进行一阶或二阶差分运算来实现的,该过程对影像噪声非常敏感,特别是二阶差分更是如此。因此在进行差分运算前应先对影像进行滤波去噪,方能得到较为理想的边缘检测结果。

(2)影像增强。影像增强算子能使邻域灰度变化较显著的点更加凸显。

(3)差分运算。根据影像的特点,选择合适的差分算子对影像进行差分运算。

(4)边缘跟踪。对特定的应用场合,局部的极值点或零点并不全是边缘点,要采用合适的判断依据确定哪些是边缘点,哪些不是,最常用的判断方法是阈值法。最后利用跟踪算法得到整条边界。

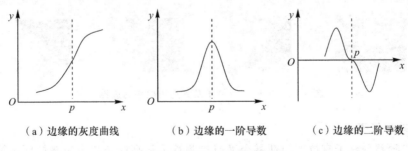

(a)边缘的灰度曲线　　　　(b)边缘的一阶导数　　　　(c)边缘的二阶导数

图 6.13　边缘灰度曲线的导数

1. 一阶差分算子

对一个灰度函数 $g(x,y)$,其梯度定义为一个向量

$$\boldsymbol{G}[g(x,y)]=\begin{bmatrix}\dfrac{\partial g}{\partial x} & \dfrac{\partial g}{\partial y}\end{bmatrix}^{\mathrm{T}}=\begin{bmatrix}g_x & g_y\end{bmatrix}^{\mathrm{T}} \tag{6.50}$$

式中,g_x、g_y 为 $g(x,y)$在 x、y 方向的偏导数。梯度的模代表函数变化率的大小,其定义为

$$\boldsymbol{G}(x,y)=\mathrm{mag}[\boldsymbol{G}]=(g_x^2+g_y^2)^{\frac{1}{2}} \tag{6.51}$$

梯度 $\boldsymbol{G}[g(x,y)]$的方向是函数 $g(x,y)$在(x,y)处最大增加率的方向,可用一个单位向量来表

示，即

$$\boldsymbol{n}=\left[\frac{g_x}{\sqrt{g_x^2+g_y^2}} \quad \frac{g_y}{\sqrt{g_x^2+g_y^2}}\right]^{\mathrm{T}} \tag{6.52}$$

在数字影像中，导数的计算通常由差分予以近似，则影像在(i,j)处的梯度算子为

$$G_{i,j}\left[(g_{i,j}-g_{i+1,j})^2+(g_{i,j}-g_{i,j+1})^2\right]^{\frac{1}{2}} \tag{6.53}$$

对于已给定阈值T，当$G_{i,j}>T$时，则认为像素(i,j)是边缘上的点。

Robert 梯度是一个二维函数在$\pi/4$和$3\pi/4$两个方向的偏导数所组成的向量，其定义为

$$\boldsymbol{G}_r[g(x,y)]=[g_u \quad g_v]^{\mathrm{T}} \tag{6.54}$$

其模为

$$G_r(x,y)=(g_u^2+g_v^2)^{\frac{1}{2}} \tag{6.55}$$

用差分近似表示导数，则有

$$G_{i,j}=\left[(g_{i+1,j+1}-g_{i,j})^2+(g_{i,j+1}+g_{i+1,j+1})^2\right]^{\frac{1}{2}} \tag{6.56}$$

梯度算子不仅能提取边界，而且能确定边界的方向，这个特性在绘制影像纹理的方向图时被常常使用。但梯度算子计算较为复杂，当只关心某个方向的边界时，一般可用更为简单的一阶方向差分算子。

方向差分算子是一个在影像上移动的模板，当其移动到某个像点时，模板各元素和对应像素进行相乘累加运算，从而获得该点的边界响应值，然后用阈值判断该点是否为边缘点。因为方向差分模板主要用于计算像点的边界响应，在边缘上该值应尽量大，所以在设计模板时不仅要考虑感兴趣的方向，而且还要考虑边缘两侧的灰度分布。部分方向差分算子及其适用的边界如图 6.14 所示。

$$\begin{bmatrix}1 & 1 & 1\\ 1 & -2 & 1\\ -1 & -1 & -1\end{bmatrix} \quad \begin{bmatrix}1 & 1 & 1\\ -1 & -2 & 1\\ -1 & -1 & 1\end{bmatrix} \quad \begin{bmatrix}-1 & 1 & 1\\ -1 & -2 & 1\\ -1 & 1 & 1\end{bmatrix} \quad \begin{bmatrix}-1 & -1 & 1\\ -1 & -2 & 1\\ 1 & 1 & 1\end{bmatrix}$$

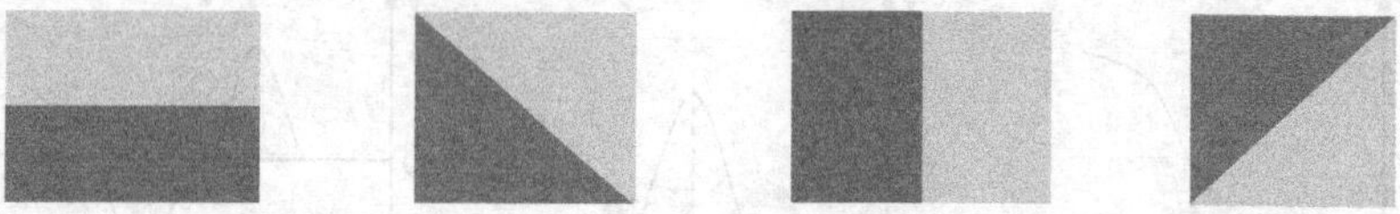

图 6.14　方向差分算子及其适用检测的边界

2. 二阶差分算子

常用的二阶差分算子有拉普拉斯零交叉点检测算子和高斯函数与拉普拉斯运算相结合的高斯-拉普拉斯算子(LOG 算子)。

(1)拉普拉斯算子。

拉普拉斯(Laplace)算子定义为

$$\nabla^2 g=\frac{\partial^2 g}{\partial x^2}+\frac{\partial^2 g}{\partial y^2} \tag{6.57}$$

若$g(x,y)$的傅里叶变换为$G(u,v)$，则$\nabla^2 g$的傅里叶变换为

$$-(2\pi)^2(u^2+v^2)G(u,v) \tag{6.58}$$

当频率(u,v)很小时，式(6.58)输出的频谱幅值也很小，甚至为零，因此拉普拉斯算子实际上

是高通滤波器。对于数字影像,拉普拉斯算子定义为

$$\nabla^2 g_{ij} = (g_{i+1,j} - g_{i,j}) - (g_{i,j} - g_{i-1,j}) + (g_{i,j+1} - g_{i,j}) - (g_{i,j} - g_{i,j-1})$$
$$= g_{i+1,j} + g_{i-1,j} + g_{i,j+1} + g_{i,j-1} - 4g_{i,j} \tag{6.59}$$

通常将上式乘以 -1,则拉普拉斯运算即成为原灰度函数与矩阵的卷积,即

$$\begin{bmatrix} 0 & -1 & 0 \\ -1 & 4 & -1 \\ 0 & -1 & 0 \end{bmatrix}$$

该矩阵即称为拉普拉斯算子或拉普拉斯模板。卷积后,取其符号变化的点,即通过零的点为边缘点,因此通常也称其为零交叉(zero-crossing)点。

可以证明,拉普拉斯算子是各向同性的导数算子,具有旋转不变性。

(2)高斯-拉普拉斯算子(LOG 算子)。

由于各种差分算子对噪声很敏感,因而在进行差分运算前应先进行低通滤波。理论推导说明最优的低通滤波器近似于高斯函数。在提取边缘时,利用高斯函数先进行低通滤波,然后再利用拉普拉斯算子进行高通滤波并提取零交叉点,能获得更优的边缘提取效果。

高斯滤波函数的形式为

$$f(x,y) = \exp\left(-\frac{x^2 + y^2}{2\sigma^2}\right) \tag{6.60}$$

则对影像 $g(x,y)$ 进行低通滤波的结果为两者的卷积,即

$$f(x,y) \times g(x,y)$$

对低通滤波后的影像进行拉普拉斯运算有

$$G(x,y) = \nabla^2[f(x,y) \times g(x,y)]$$

不难证明

$$G(x,y) = [\nabla^2 f(x,y)] \times g(x,y) \tag{6.61}$$

且

$$\nabla^2 f(x,y) = \frac{x^2 + y^2 - 2\sigma^2}{\sigma^2} \exp\left(-\frac{x^2 + y^2}{2\sigma^4}\right) \tag{6.62}$$

式(6.62)是将高斯函数和拉普拉斯函数相结合组成的一个卷积核,实质是高斯函数的拉普拉斯变换,能同时完成高斯低通滤波和拉普拉斯运算,因此称该卷积核为高斯-拉普拉斯算子(Laplace of Gaussian,LOG),简称 LOG 算子。用 LOG 算子对原灰度函数进行卷积运算后提取的零交叉点即为边缘点。在数字影像的边缘检测中,是利用式(6.62)计算出的 9×9 或 13×13 的矩阵模板作为 LOG 算子,完成零交叉点的响应运算。

3. Hough 变换

Hough 变换是 1962 年由 Hough 提出来的,用于检测影像中直线、圆、抛物线、椭圆等形状能够用一定函数关系描述的曲线,并在影像分析、模式识别等很多领域中得到了成功的应用。其基本原理是将影像空间中的曲线(包括直线)变换到参数空间中,通过检测参数空间中的极值点,确定出该曲线的描述参数,从而提取影像中的规则曲线。下面仅以提取直线为例,说明 Hough 变换的原理与基本过程。

在提取直线时,Hough 变换采用的直线模型为

$$\rho = x\cos\theta + y\sin\theta \tag{6.63}$$

式中,ρ 是从原点引到直线的垂线长度,θ 是垂线与 x 轴正向的夹角,如图 6.15 所示。

式(6.63)清晰描述了影像空间和参数空间的变换关系,即参数空间的任一点 (θ,ρ) 在影像空间中唯一确定了一条直线,如图 6.15 所示;影像空间中的任一点 (x,y) 则在参数空间中确定了一条曲线,如图 6.16 所示,且该曲线上的任一点都对应着过 (x,y) 的一条直线;影像空间一条直线上的 n 个点在参数空间内确定了 n 条曲线,且每条曲线上都必有一点 (θ_0,ρ_0) 对应着影像空间中的该直线,即这 n 条曲线必然相交于一点 (θ_0,ρ_0),交点坐标 (θ_0,ρ_0) 就是该直线的参数,如图 6.17 所示。这样,检测影像中直线的问题就转换为检测参数空间中的曲线交点问题。

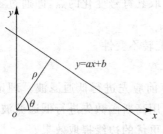

图 6.15 直线与参数的关系

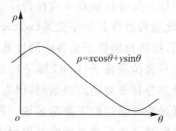

图 6.16 参数空间与影像坐标的关系

曲线交点(公共点)是参数空间中出现次数最多的点,因此只要在参数空间中检测每个点的重数,则重数最大的点就是交点,其坐标即是影像空间中的直线参数。由于存在噪声及特征点的位置误差,一条直线在参数空间中所映射的所有曲线并不一定严格交于一点,而是聚集在一个小区域内,在某个小区域出现重数峰值,如图 6.18 所示。因此可行的做法是:将参数空间划分为若干小方格,把各条曲线按方格间隔进行离散表示,最后检测各方格落入的点数,重数最大的方格的中心坐标即为直线的参数,如图 6.19 所示。

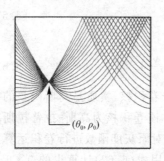

图 6.17 交于一点的曲线簇

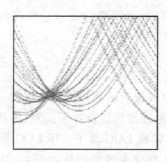

图 6.18 交点聚集一团

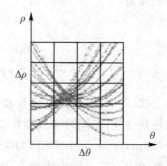

图 6.19 曲线簇用格网离散化

用 Hough 变换检测直线的主要步骤为:

第一步,对数字影像进行预处理,提取线特征点并计算其梯度方向角。

第二步,将 (θ,ρ) 参数平面细分为小格网,如图 6.19 所示,并设置一个二维累计矩阵 $\boldsymbol{H}(\theta_i,\rho_j)$。

第三步,边缘细化,即在边缘点的梯度方向上保留极值点,剔除那些非极值点。

第四步,对每一边缘点,以其梯度方向 φ 为中心,设置一小区间 $[\varphi-\theta_0,\varphi+\theta_0]$,其中 θ_0 为经验值,一般可取 $5°\sim10°$,在此小区间上以 $\Delta\theta(0.1°、0.5°$ 等)为步长,按式(6.63)计算对应的 ρ 值,并给累计矩阵的相应元素加 1。

第五步,对累计矩阵进行阈值检测,将重数大于阈值的点作为备选点。

第六步,取累计矩阵中的极大值点所在的单元为所检测直线的参数取值范围,可以用该单元的中心坐标或其他更准确的估计值作为所检测直线的参数。

4. 特征分割法

在一维影像的情况下,将特征定义为一个"影像段",它由三个特征点组成:一个灰度梯度最大点 Z,两个"突出点"(梯度很小)S_1、S_2,如图 6.20 所示。对一条核线影像,利用特征提取算子依次提取上述三个特征点,将核线影像分割为若干个不一定连接的"影像段",每一个影像段即为核线上的一个特征,如图 6.21 所示。

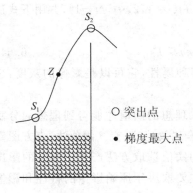

图 6.20　影像段

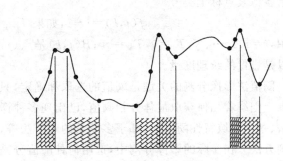

图 6.21　核线上的影像段

在提取特征时,所用算子不仅应顺次地提取出一个特征上三个特征点的像素序号(点位),而且还应保留两个突出点 S_1、S_2 的灰度差 $\Delta g = g(S_2) - g(S_1)$。将三个特征点的像素号与 Δg 作为描述此特征的四个参数——特征参数。$\Delta g > 0$ 的特征为正特征,$\Delta g < 0$ 的特征为负特征。

6.2.4　影像分割

1. 影像分割的基本概念

影像分割是在数字影像上获取面状特征的主要方法。它将影像分割成若干个子区域,每个子区域都具有一定的均匀性质,对应于某一物体或物体的某一部分。

设 x 为一幅影像中所有的像素点集合,即

$$x : \{(j,k) | j = 1, 2, \cdots, N; k = 1, 2, \cdots, M\}$$

令 y 表示 x 的一个非空子集,为描述点集 y 所表示的子区域的均匀性质,引进均匀测度度量 $P(y)$。$P(y)$ 是一个二值逻辑函数(或称谓词),取值 true 或 false。究竟取何值,取决于 y 中各点的灰度、纹理等属性变量的分布。下面是两个最简单的例子:

(1)若 y 中任意两点灰度之差不超过某一给定值,则 $P(y) = $ true,反之 $P(y) = $ false。

(2)若 y 中各点梯度之动态范围不超过某一给定值,则 $P(y) = $ true,反之 $P(y) = $ false。

均匀测度度量 $P(y)$ 具有这样一个性质:设 z 为 y 的非空子集,若 $P(y) = $ true,必有 $P(z) = $ true。有了均匀测度度量 $P(y)$,则可以给出影像分割的准确定义为:影像分割是在给定的均匀测度度量 P 之下,将表示影像的二维像素的集合 x 分成若干个非空子集 $\{x_1, x_2, \cdots, x_n\}$,并满足 ① $\bigcup_{i=1} x_i = x, x_i \neq \varnothing$;② x_i 是联通的或直接联通的;③对于各子区域 x_i,有 $P(x_i) = $ true,但对其

中任意两个或两个以上相邻的子区域的并集,其均匀测度度量 $P(x_i)$=false。

上面三个条件中,条件①隐含着各子区域互不重叠,也就是说任意两子区域之交为 0,以公式表示为 $x_i\bigcup x_j=\varnothing, i\neq j$。条件③给出了分割运算可以终止的标准。

影像分割的方法有很多,但按分割原理主要可分为阈值法、区域生长法、聚类分析法、数学形态学法等。下面仅对阈值法和区域生长法作一简单介绍,聚类分析方法和数字形态学法可参阅相关文献。

2.阈值法

该方法使用预先取好的阈值逐点对各像素进行分类。假设要把影像分成 N 类子区域(注意区域的个数是大于或等于 N 的),为此设定 $N-1$ 个阈值 $T_i(i=1,2,\cdots,N-1)$,并用下式逐点给各像素点标上类号

$$f(j,k)=i-1,\text{如果 } T_{i-1}<B(j,k)\leqslant T_i \qquad (6.64)$$

式中,$i=1、2、\cdots、N$;$T_0=0,T_N=\infty$;$B(j,k)$ 是点 (j,k) 的某种属性,它可以是影像的灰度,也可以是影像的纹理度量。

阈值法影像分割的关键是阈值的选取和确定,只有选取理想的阈值才能得到理想的分割结果。围绕着如何获取最佳分割阈值,已出现多种算法,如全局阈值法、交互阈值法、直方图阈值法、基于邻域特性阈值法、基于多变量的阈值法等,不同的阈值选取方法产生了相应的影像分割方法。在实际的影像分割中,选用何种阈值分割方法主要取决于原始影像的特性和影像分割的目的。

通常,影像分割前应统计影像的直方图,如果直方图呈现明显的双峰或多峰,则可选峰值间的谷底作为分割阈值,这是最简单且较为理想的阈值提取方法。在很多情况下,由于噪声、干扰的存在以及各部分的重叠,使得在某一区域内出现灰度起伏,直方图中不存在明显的峰值。这时,可以对影像作平均处理,降低各物体区域内的灰度起伏,从而使直方图的峰值明显,便于寻找阈值点。

另一种较常用的阈值选取方法是自适应阈值法或称为最佳阈值法。该方法是一边分割,一边调整阈值,再用新阈值重新分割,直至得到最佳的分割阈值。

3.区域生长法

区域生长法直接遵循影像分割定义,从某一像素出发,逐步增加像素数(即区域生长),对由这些像素组成的区域使用某种均匀测度度量测试其均匀性,若为真,则继续扩大区域,直到均匀测度为假。显然,区域生长法的关键是采用哪种均匀性测度和像素搜索策略。下面仅以分-合算法为例说明如何解决区域生长法中的这两个问题。

分-合算法是区域生长影像分割中的著名算法,已在实际的影像分割中得到广泛应用。它使用区域的平均灰度作为均匀性测度的度量,用四分树数据结构完成像素的搜索与定位。

对任一影像区域 R,设其像素数为 N,则该区域的灰度均值为

$$m=\frac{1}{N}\sum_{i=1}^{N}f(x_i) \qquad (6.65)$$

则,区域 R 的均匀测度度量可定义为

$$\max\{|f(x_i)-m|\}<T \qquad (6.66)$$

式中,T 为一阈值。式(6.66)可用语言表述为:在区域 R 中,各像素灰度值与均值的差不超过某阈值 T,则其均匀测度量为真,否则为假。

分-合影像分割算法的具体步骤为：

第一步，由原始影像构造其四分树数据结构，如图 6.22(a)所示。

第二步，在各相应块中，计算相应的均匀测度度量，对于均匀测度度量为假的那些块，一分为四，重新编码。重复此分裂算法直至所有各块均匀测度度量为真。

第三步，测试同属于一个父节点的四块，若它们之和的均匀测度度量为真，则合并该四块为一块。重复此操作，直至不存在可合并的且属于同一父节点的四块为止，如图 6.22(b)所示。

第四步，使用区域相邻数据结构，对相邻的大小不一或大小一样但不能合并为一个父节点的区域进行均匀测度度量，合并均匀测度度量为真的一对区域。反复重复这一合并运算直至不再存在可合并的区域，如图 6.22(c)所示。

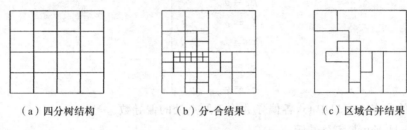

　　(a)四分树结构　　　　　　(b)分-合结果　　　　　(c)区域合并结果

图 6.22　分-合影像分割算法

6.2.5　特征点定位算子

前面介绍的特征提取算子大多以整像素为单元进行特征提取，因此特征点的位置只能是像素中心的坐标，特征点的位置精度也只能达到像素级，这是由数字影像对连续地表的离散化所带来的必然结果。本书第 4 章已讲过，摄影测量对地物的定位精度主要取决于像点坐标的量测精度。对于一般的摄影测量，像素级的像点坐标精度就能满足成图的需要；但对于像地籍测量、工业测量、变形监测等高精度摄影测量，像素级精度是远远不能满足需求的，必须使像点坐标的量测精度达到"子像素"级。这就需要在灰度"平坦"的像素区域内找出特征点的实际位置，而不是简单地定位于像素中心。定位算子就是为了解决这一问题而提出的。

目前，摄影测量工作者已发展了基于小面元、Wong-Trinder、Forstner、高精度角点等多种特征点定位算子。根据处理对象它们可分为圆状特征点定位算子(如 Wong-Trinder 定位算子)与角点定位算子(如 Forstner 定位算子)；根据理论依据可分为基于连续空间的定位算子(如基于小面元的定位算子)、基于灰度加权平均的定位算子(如 Wong-Trinder、Forstner 定位算子)以及基于传感器点扩散函数的定位算子(如高精度角点定位算子)。这些定位算子都能达到"子像素"级的定位精度，特别是高精度角点定位算子和 Wong-Trinder 定位算子，定位精度高达 0.02 个和 0.01 个像素。这不仅实现了摄影测量在高精度测绘领域的应用，有力地推动了数字摄影测量的发展，而且也是摄影测量工作者对"数字影像处理"所作的独特贡献。

1. 基于小面元模型的定位算子

影像的任意局部表面总可以近似用简单的曲面(如二次曲面)予以描述，即一个小块影像(小面元)的灰度分布可表示为

$$g(x,y)=k_0+k_1x+k_2y+k_3x^2+k_4xy+k_5y^2 \tag{6.67}$$

式中，$k_i(i=0,1,\cdots,5)$是曲面方程的系数。在一个窗口内，将坐标原点移至窗口中心，则可利用窗口中各像素的坐标和灰度值进行最小二乘拟合，求出式(6.67)中各个系数，从而得到小面元的曲面方程。

更简单的做法是将 $g(x,y)$ 按泰勒级数展开，并保留二次项可得

$$g(x,y)=g(x_0,y_0)+g_xx+g_yy+g_{xx}x^2+g_{xy}xy+g_{yy}y^2 \tag{6.68}$$

式中，$g_x=\dfrac{\partial g}{\partial x}$，$g_y=\dfrac{\partial g}{\partial y}$，$g_{xx}=\dfrac{\partial^2 g}{\partial x^2}$，$g_{xy}=\dfrac{\partial^2 g}{\partial x \partial y}$，$g_{yy}=\dfrac{\partial^2 g}{\partial y^2}$。

将式(6.67)与式(6.68)比较后可知

$$\left.\begin{aligned} k_0&=g(x_0,y_0)\\ k_1&=g_x\\ k_2&=g_y\\ k_3&=g_{xx}\\ k_4&=g_{xy}\\ k_5&=g_{yy} \end{aligned}\right\} \tag{6.69}$$

这里，坐标系的原点在窗口中心，各偏导数均为原点处的偏导数。

1)Zuniga-Haralick 定位算子

该算子认为边缘上梯度角变化最剧烈的点为角点，因此首先在窗口内提取边缘，然后计算边缘点的梯度角变化率（角点强度），最后以角点强度为度量确定角点的位置。该算子的具体过程为：

求解每个 $n\times n$ 窗口内的灰度曲面函数

$$g(x,y)=k_0+k_1x+k_2y+k_3x^2+k_4xy+k_5y^2$$

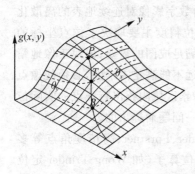

图 6.23　基于小面元的定位算子

利用零交叉边缘检测器提取边缘，即图 6.23 中的 $\theta_yT\theta_x$ 曲线。

计算边缘点的梯度角变化率 $R(x,y)$，其计算公式为

$$R(x,y)=\frac{g_{xx}g_y^2-2g_xg_yg_{xy}+g_{yy}g_x^2}{(g_x^2+g_y^2)^{\frac{3}{2}}} \tag{6.70}$$

显然，原点处的角点强度为

$$R(0,0)=\frac{k_1^2k_5-k_1k_2k_4+k_2^2k_3}{(k_1^2+k_2^2)^{\frac{3}{2}}} \tag{6.71}$$

当 $R(x,y)$ 大于给定的阈值，则认为该点为角点。

2)Kitchen-Rosenfeld 定位算子

Kitchen 和 Rosenfeld 使用的角点强度为

$$k=\frac{g_{xx}g_y^2+g_{yy}g_x^2-2g_{xy}g_xg_y}{g_x^2+g_y^2} \tag{6.72}$$

将式(6.70)和式(6.72)比较，可得

$$k=R(g_x^2+g_y^2)^{\frac{1}{2}}$$

即 Kitchen-Rosenfeld 定位算子与 Zuniga-Haralick 定位算子的角点强度表达式的差异只在于一个梯度模因子 $(g_x^2+g_y^2)^{\frac{1}{2}}$。

3）Dreschler-Nagel 定位算子

Dreschler-Nagel 利用式（6.68）对窗口内灰度函数 $g(x,y)$ 进行拟合，求得中心像元 (x_0,y_0) 处的偏导数，则中心像元处的二阶偏导数矩阵，即 Hessian 矩阵为

$$\begin{bmatrix} g_{xx} & g_{xy} \\ g_{xy} & g_{yy} \end{bmatrix} \tag{6.73}$$

这个矩阵表示灰度函数 $g(x,y)$ 在中心像元 (x_0,y_0) 处的曲面曲率。设 λ_1 与 λ_2 为矩阵的两个特征值，且 $\lambda_1 > \lambda_2$，则该对称矩阵可通过一个线性变换化为对角型

$$\begin{bmatrix} \lambda_1 & 0 \\ 0 & \lambda_2 \end{bmatrix} \tag{6.74}$$

因为通过线性变换时矩阵的迹和行列式的值不变，于是得到

$$\left.\begin{array}{r} g_{xx} + g_{yy} = \lambda_1 + \lambda_2 \\ g_{xx}g_{yy} - g_{xy}^2 = \lambda_1\lambda_2 \end{array}\right\} \tag{6.75}$$

解式（6.75）可得 λ_1 与 λ_2 的表达式为

$$\lambda_{1,2} = \frac{g_{xx} + g_{yy} \pm \sqrt{(g_{xx} - g_{yy})^2 + 4g_{xy}^2}}{2} \tag{6.76}$$

Dreschler-Nagel 定义 λ_1 与 λ_2 之积称为高斯曲率 H（取值既可为正也可为负），即

$$H = \lambda_1 \cdot \lambda_2 = g_{xx}g_{yy} - g_{xy}^2 \tag{6.77}$$

该定义和数学上的定义仅差一个比例因子 $\dfrac{1}{(1 + g_x^2 + g_y^2)^2}$。

Dreschler-Nagel 算子的定位步骤为：①按式（6.77）计算搜索窗口内的各像素高斯曲率；②搜索窗口内正与负高斯曲率极值点对 P（正高斯曲率极值点）与 B（负高斯曲率极值点）；③在通过 P 和 B 的曲线上选择主曲率零交叉点 T，如图 6.23 所示，T 即 P 与 B 之间具有最大坡度的点，即所定位的角点。

可以证明 Zuniga-Haralick 定位算子中，使用零交叉边缘检测器检测的边缘，即图 6.23 中的 $\theta_y T\theta_x$ 曲线，具有最大角点强度的边缘点就是 Dreshler-Nagel 定位算子的转变点 T。因此，Dreschler-Nagel 定位算子、Zuniga-Haralick 定位算子及 Kitchen-Rosenfeld 定位算子本质上都是一致的，它们只是在表达方式和处理步骤上有所不同。

2. Wong-Trinder 圆点定位算子

Wong 和 Wei-Hsin 利用二值影像重心对圆点进行定位。首先，利用阈值 $T = $（最小灰度值＋平均灰度值）/2 将窗口中影像二值化为 $g_{ij}(i=0,1,\cdots,n-1;j=0,1,\cdots,m-1)$，从而将目标影像与背景影像区分开来，且目标影像取值为 1，背景影像取值为 0；然后，计算目标重心坐标 (x,y) 与圆度 γ，重心坐标为

$$\left.\begin{array}{l} x = \dfrac{m_{10}}{m_{00}} \\[2mm] y = \dfrac{m_{01}}{m_{00}} \end{array}\right\} \tag{6.78}$$

式中，$m_{pq} = \displaystyle\sum_{i=0}^{n-1}\sum_{j=0}^{m-1} i^p j^q g_{ij}\,(p,q=0,1,2,\cdots)$ 为 $p+q$ 阶原点矩。圆度为

$$\gamma = M'_x / M'_y \tag{6.79}$$

式中

$$M'_x = \frac{M_{20} + M_{02}}{2} + \sqrt{\left(\frac{M_{20} - M_{02}}{2}\right)^2 + M_{11}^2}$$
$$M'_y = \frac{M_{20} + M_{02}}{2} - \sqrt{\left(\frac{M_{20} - M_{02}}{2}\right)^2 + M_{11}^2} \qquad (6.80)$$

式中，$m_{pq} = \sum\limits_{i=0}^{n-1} \sum\limits_{j=0}^{m-1} (i-x)^p (j-y)^q g_{ij}$ $(p,q = 0,1,2,\cdots)$ 为 $p+q$ 阶中心矩。

当 γ 小于阈值时或大于上限时，目标不是圆；否则圆心坐标为(x,y)。

Trinder 发现，该算子受二值化影响，误差可达 0.5 像素，因此他利用原始灰度 W_{ij} 为权计算圆心坐标，即

$$x = \frac{1}{M} \sum\limits_{i=0}^{n-1} \sum\limits_{j=0}^{m-1} i g_{ij} W_{ij}$$
$$y = \frac{1}{M} \sum\limits_{i=0}^{n-1} \sum\limits_{j=0}^{m-1} j g_{ij} W_{ij} \qquad (6.81)$$

式中

$$M = \sum\limits_{i=0}^{n-1} \sum\limits_{j=0}^{m-1} g_{ij} W_{ij}$$

改进的算子在理想情况下定位精度可达 0.01 像素，但是这种算法只能对圆点定位。

3. Mikhail 定位算子

接收设 $g(x,y)$ 为实际影像，系统的点扩散函数为 $p(x,y)$，系统接收的输入为 $f(x,y)$，则

$$g(x,y) = f(x,y) \times p(x,y) \qquad (6.82)$$

式中，"$\times$" 符号表示卷积运算。若影像中的明显目标可用一组参数 $\boldsymbol{X}$ 描述，则输入影像为 $f(x,y;\boldsymbol{X})$，而输出的实际影像为

$$g(x,y) = f(x,y;\boldsymbol{X}) \times p(x,y) \qquad (6.83)$$

若点扩散函数 p 为已知，即可利用最小二乘法求解参数向量 $\boldsymbol{X}$。

对于一维理想边缘，可由最大灰度、最小灰度和边界位置三个参数描述，设点扩散函数为高斯函数，则

$$g(x) = f(x;g_1,g_2,x_0) \times p(x) \qquad (6.84)$$

由最小二乘法可解 g_1、g_2、x_0，从而可确定边缘的位置与形状。对于一个十字丝影像，可用 7 个参数描述，在理想情况下，定位精度可达 $0.03 \sim 0.05$ 像素。但是 Mikhail 算子的缺点在于系统的点扩散函数常常是不知道的，而确定系统的点扩散函数则需要花费很多工作量。

4. Forstner 角点定位算子

Forstner 定位算子是摄影测量中著名的定位算子，其特点是速度快、精度较高。对角点定位分为最佳窗口选择和在最佳窗口内加权重心化两步进行。最佳窗口由 Forstner 特征提取算子确定，且坐标原点设在窗口中心；而最佳窗口内加权重心化公式则是通过用最小二乘原理估计特征点坐标而导出。

角点一般是两条边缘的交点，也可以认为是多条边缘的交点。该算子假设在局部窗口内的所有点都有可能通过一条边线，则交点（特征点）的最佳估计应该是到这些可能边线距离的加权平方和最小的点。设特征点到坐标原点的距离为 l_i^0，坐标原点到第 i 条边线的距离为 l_i，由于特征点相对于原点的位置偏移是个小量，可认为特征点到第 i 条边线的距离为 $v_i = l_i^0 -$

l_i，因此获得特征点坐标最佳估计应满足的条件为

$$\sum w_i v_i^2 = \sum w_i (l_i^0 - l_i)^2 = \min \tag{6.85}$$

式中，w_i 为权。

设窗口内第 i 点 (x_i, y_i) 处的梯度模为 $|\nabla g|_i$，梯度方向角为 θ_i，则可用该点的梯度方向角计算特征点到原点的距离，即

$$l_i^0 = x_0 \cos \theta_i + y_0 \sin \theta_i \tag{6.86}$$

式中，(x_0, y_0) 为特征点的最佳估计坐标。过 (x_i, y_i) 的边线到原点的距离为

$$l_i = x_i \cos \theta_i + y_i \sin \theta_i \tag{6.87}$$

两式相减则有

$$v_i = x_0 \cos \theta_i + y_0 \sin \theta_i - (x_i \cos \theta_i + y_i \sin \theta) \tag{6.88}$$

式(6.88)可看作是以 l_i 为观测值，以 $\cos \theta_i$、$\sin \theta_i$ 为未知数系数的一个误差方程，且 Forstner 将 (x_i, y_i) 处的梯度模平方作为观测值的权，即

$$w_i = |\nabla g|_i^2 = g_x^2 + g_y^2 \tag{6.89}$$

对窗口内所有点按式(6.88)列出误差方程，按式(6.89)赋权，则根据最小二乘原理法化后可得

$$\begin{bmatrix} \sum_{i=1}^{n} g_{x_i}^2 & \sum_{i=1}^{n} g_{x_i} g_{y_i} \\ \sum_{i=1}^{n} g_{x_i} g_{y_i} & \sum_{i=1}^{n} g_{y_i}^2 \end{bmatrix} \begin{bmatrix} x_0 \\ y_0 \end{bmatrix} = \begin{bmatrix} \sum_{i=1}^{n} (g_{x_i}^2 x_i + g_{x_i} g_{y_i} y_i) \\ \sum_{i=1}^{n} (g_{x_i} g_{y_i} x_i + g_{y_i}^2 y_i) \end{bmatrix} \tag{6.90}$$

式中，n 为窗口内的像素数。令

$$\boldsymbol{W}_i = \begin{bmatrix} g_{x_i}^2 & g_{x_i} g_{y_i} \\ g_{x_i} g_{y_i} & g_{y_i}^2 \end{bmatrix}, \boldsymbol{p}_0 = \begin{bmatrix} x_0 \\ y_0 \end{bmatrix}, \boldsymbol{p}_i = \begin{bmatrix} x_i \\ y_i \end{bmatrix}$$

则式(6.90)可改写为

$$\left(\sum_{i=1}^{n} \boldsymbol{W}_i \right) \boldsymbol{p}_0 = \sum_{i=1}^{n} (\boldsymbol{W}_i \boldsymbol{p}_i) \tag{6.91}$$

由此可求出特征点坐标为

$$\begin{aligned} \boldsymbol{p}_0 &= \left(\sum_{i=1}^{n} \boldsymbol{W}_i \right)^{-1} \sum_{i=1}^{n} (\boldsymbol{W}_i \boldsymbol{p}_i) \\ &= \sum_{i=1}^{n} \left[\frac{\boldsymbol{W}_i}{\sum^{n} \boldsymbol{W}_i} \right] \boldsymbol{p}_i \end{aligned} \tag{6.92}$$

式(6.92)说明 Forstner 角点定位算子实际上是求窗口内像元的加权重心。

该定位算子有很多优点，但定位精度仍然不理想，当窗口为 5×5 像素时，对理想条件下的角点定位精度为 0.6 像元。

5. 高精度角点与直线定位算子

从微观上看，任何角点总是由两条直线构成，通过精确地提取组成角的两条直线，解算其交点就可得到角点坐标。

一个理想的一维边缘的影像为一刀刃曲线，其表达式为

$$g(x) = \int_{-\infty}^{x} S(x) \mathrm{d}x \tag{6.93}$$

式中,$S(x)$是系统的线扩散函数。由此求得影像的梯度为

$$\nabla g(x) = \frac{\mathrm{d}}{\mathrm{d}x}g(x) = \frac{\mathrm{d}}{\mathrm{d}x}\int_{-\infty}^{x} S(x)\mathrm{d}x = S(x) \tag{6.94}$$

考虑幅度的差异,可得出结论:一个理想边缘经一成像系统输出,其影像梯度与系统的线扩散函数成正比。

理想的线扩散函数服从高斯分布,即

$$S(x,y) = \frac{1}{2\pi\sigma}\exp\left[-\frac{1}{2\sigma^2}(x\cos\theta + y\sin\theta - \rho)^2\right] \tag{6.95}$$

因而影像梯度可表示为

$$\nabla g(x,y) = a \cdot \exp[-k(x\cos\theta + y\sin\theta - \rho)^2] \tag{6.96}$$

式中,a、k、θ、ρ,为待求参数。将式(6.96)线性化后,得误差方程为

$$v(x,y) = c_0\mathrm{d}a + c_1\mathrm{d}k + c_2\mathrm{d}\rho + c_3\mathrm{d}\theta + c_4 \tag{6.97}$$

式中

$$c_0 = \exp[-k_0(x\cos\theta_0 + y\sin\theta_0 - \rho_0)^2]$$
$$c_1 = -a_0 c_0 (x\cos\theta_0 + y\sin\theta_0 - \rho_0)^2$$
$$c_2 = 2a_0 k_0 c_0 (x\cos\theta_0 + y\sin\theta_0 - \rho_0)$$
$$c_3 = c_2 (x\cos\theta_0 + y\sin\theta_0)$$
$$c_4 = a_0 \exp[-k(x\cos\theta_0 + y\sin\theta_0 - \rho_0)^2] - \nabla g(x,y)$$

分别为误差方程系数和常数项,a_0、k_0、ρ_0 与 θ_0 为待求参数的初值,$\nabla g(x,y)$是边缘附近点的实测梯度。

该平差模型以理想梯度与影像实际梯度的标量差为常数项,所以观测值就是梯度的模。对边缘窗口内的所有点列误差方程式,并法化、迭代求解可精确地解求直线参数 ρ、θ。

首先利用 Hough 变换确定直线参数初值 ρ_0、θ_0。由于 a 是理想梯度函数的幅值,即是梯度的最大值,因而可令

$$a_0 = \max\{\nabla g(x,y)\} \tag{6.98}$$

最后可得

$$k_0 = -\frac{\ln \nabla g(x_0,y_0) - \ln a_0}{(x_0\cos\theta_0 + y_0\sin\theta_0 - \rho_0)^2} \tag{6.99}$$

式中,(x_0,y_0)为直线附近任一点的坐标。

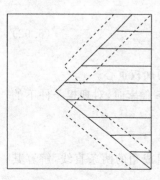

图 6.24　精确定位窗口

为了尽可能包含较多的直线信息且尽可能少地包含非直线信息,在取得近似值后,精确定位窗口在粗定位矩形窗口中确定,并使其沿直线方向尽量长且在垂直直线方向不要太宽,以减小不必要的信息对直线定位精度的影响。此外,角点附近的点由于受到两条直线的相互影响,对定位不利,应当排除,因此精确定位窗口应如图 6.24 所示。当组成角点的两条直线

$$\left.\begin{array}{l} \rho_1 = x\cos\theta_1 + y\sin\theta_1 \\ \rho_2 = x\cos\theta_2 + y\sin\theta_2 \end{array}\right\} \tag{6.100}$$

被确定后,它们的交点就是角点坐标(x_c,y_c),即

$$
\left.\begin{array}{l}
x_c = \dfrac{\rho_1 \sin\theta_2 - \rho_2 \sin\theta_1}{\sin(\theta_2 - \theta_1)} \\[3mm]
y_c = \dfrac{\rho_2 \cos\theta_1 - \rho_1 \cos\theta_2}{\sin(\theta_2 - \theta_1)}
\end{array}\right\}
\tag{6.101}
$$

通过对模拟角点影像的定位精度统计计算，表明该方法的理论定位精度为 0.02 像素。

6.3　数字影像匹配

6.3.1　影像匹配概述

广义上讲，匹配是在不同数据集合间建立目标对应关系的理论和技术，这些数据集可以是影像，也可以是地图、目标模型或按一定规则描述的序列结构（如 DNA）。如果是在不同的影像间建立目标的对应关系则称为影像匹配。以此类推，可给出数字影像匹配的定义为：在两幅或多幅数字影像间自动建立目标对应关系的理论和技术。

影像匹配又称影像相关，这是由于最初的影像匹配是利用相关技术来完成的。按相关系统所输入和输出的信号形式，影像相关可分为电子相关、光学相关和数字相关。电子相关是采用硬件电路构成的相关器来完成相关运算，最大优点是能实时检测目标，缺点是每一种目标都要设计相应的相关电路，灵活性不够。光学相关是用两个 Fourier 变换透镜组成的 $4f$ 光路作为相关器来实现相关运算的，由于光运算是真正的并行运算，因此在影像相关中其速度最快，但缺点是每种目标都要制作相应的滤波器，且滤波器的更换较麻烦。数字相关是用计算机对数字影像进行相关运算，优点是灵活方便，缺点是运算速度较慢、难以实现实时相关。为了扬长避短，可将数字相关和电子相关或光学相关相结合组成混合相关系统，既可以实现快速相关运算，又能灵活处理不同类型的目标。随着可编程且并行处理的高速数字信号处理器（digital signal eleration processor，DSP）的出现，数字化电子相关器已成为研究热点之一，为解决海量数据影像匹配的效率问题提供了一种可行的技术途径。

摄影测量中的多个处理环节和影像匹配是息息相关的。影像内定向中，影像匹配用于确定框标模板和局部影像的对应关系；相对定向中，用特征提取和影像匹配自动确定定向点对；绝对定向中，利用影像匹配寻找地面控制点在影像上的位置；数字空中三角测量中，影像匹配用于确定一张像片和其周围多张像片的像点对应关系，从而完成自动转点；数字高程模型（digital elevation model，DEM）生产中，影像匹配可确定地面点在左右影像的同名点坐标，从而自动生成格网 DEM；三维建模中，利用基于物方的多视影像匹配可自动建立物体表面的密集点云。因此，影像匹配是数字摄影测量的核心理论技术之一，它和特征提取、特征定位一起构建了现代自动化摄影测量的理论基础，现在及未来都是摄影测量研究的一个热点问题。

本书主要讨论数字影像匹配的有关问题，包括数字影像匹配的基本概念、数字影像匹配的搜索策略、基于灰度的影像匹配、基于特征的影像匹配、具体匹配算法及数字影像匹配精度的评估方法等。下面首先介绍在数字影像匹配中具有共性的几个概念术语和问题。

1. 共轭实体

共轭实体是指目标空间中预以匹配的特征影像单元，也可以说是在建立影像间对应关系过程中所关注的目标对象。无论是像点、线段、影像面还是居民地、工厂等集团目标,只要在影像匹配中被作为匹配对象,都可称其为共轭实体。因此,共轭实体是比共轭点、共轭线更为一般的术语,更能体现数字影像匹配的多样性和复杂性。

2. 匹配实体

匹配实体是用于描述共轭实体特征的参数集,影像匹配就是通过对这些参数的比对来确定影像间共轭实体的对应关系。这些参数包括数字影像的灰度值及其邻域的灰度分布、描述特定对象的特征向量、数字影像上特征之间的关系参数等。不同类型的共轭实体具有不同的匹配实体。例如,像点的匹配实体是像点及其周围的灰度分布;SIFT 特征点的匹配实体是一个 128 维的特征向量;核线影像段的匹配实体是两个突出点和拐点的位置及突出点间的灰度差;线段的匹配实体则是其方向、长度、梯度、曲率等描述线特征的一组特征向量等。

在数字影像匹配中,匹配方法主要根据匹配实体来划定。若以影像局部的灰度及分布作为匹配实体进行影像匹配,则称为基于灰度的影像匹配(gray-based matching 或 area-based matching);若以影像特征的描述子为匹配实体,则称为基于特征的影像匹配(feature-based matching);若以影像上特征或符号之间的关系为匹配实体,则称为关系匹配(relational matching)或符号匹配(symbolic matching)。

3. 相似性测度

相似性测度是对匹配实体之间的相似性程度进行评价的一种定量度量指标,一般可通过代价函数来计算。代价函数是匹配实体空间上的一个数值函数,根据代价函数在不同匹配实体间计算的数值大小来判定同名共轭实体。基于灰度的影像匹配所采用的代价函数主要有距离函数和角度函数,如差平方和测度与差绝对值和测度都是计算匹配实体间的距离,距离最小者为同名共轭实体;又如相关系数测度是一个角度函数,它以匹配实体向量间的夹角余弦为计算值,最大者为同名共轭实体。

6.3.2　数字影像匹配的搜索策略

数字影像匹配是在相邻影像上搜索同名共轭实体的过程,不同的搜索策略不仅决定了计算相似性测度的次数,从而影响影像匹配效率,还对匹配的稳健性和准确性有明显的影响,因此在影像匹配前应根据相关条件选择合适的搜索策略。常用的搜索方法有二维搜索、一维搜索和金字塔影像多级搜索,相应的影像匹配则称为二维匹配、一维匹配和金字塔影像多级匹配。

1. 二维搜索与二维匹配

一般情况下,影像匹配是用二维匹配方法进行的。二维匹配时在左影像上先确定一个待定点,称为目标点,以此待定点为中心选取 $m \times n$(一般取 $m = n$)个像素的灰度阵列作为目标区(目标窗口)。为了在右影像上搜索同名点,必须估计出该同名点可能存在的范围,建立 $k \times l(k > m, l > n)$ 个像素的灰度区域作为搜索区,匹配的过程就是逐像素在搜索区中取出 $m \times n$ 个像素灰度阵列,称为搜索窗口。计算每个搜索窗口与目标区的相似性测度,如相关系数

$$\rho_{ij}\left(i = i_0 - \frac{l}{2} + \frac{n}{2}, \cdots, i_0 + \frac{l}{2} - \frac{n}{2}; j = j_0 - \frac{k}{2} + \frac{m}{2}, \cdots, j_0 + \frac{k}{2} - \frac{m}{2}\right) \tag{6.102}$$

(i_0, j_0) 为搜索区中心像素,如图 6.25 所示。当 ρ 取得最大值时,该搜索窗口的中心像素被认为是同名点。即,若有

$$\rho_{c,r}=\max\left\{\rho_{ij}\left|\begin{array}{l}i=i_0-\dfrac{1}{2}+\dfrac{n}{2},\cdots,i_0+\dfrac{1}{2}-\dfrac{n}{2}\\[2mm]j=j_0-\dfrac{k}{2}+\dfrac{m}{2},\cdots,j_0+\dfrac{k}{2}-\dfrac{m}{2}\end{array}\right.\right\}\qquad(6.103)$$

则 (c,r) 为同名点。

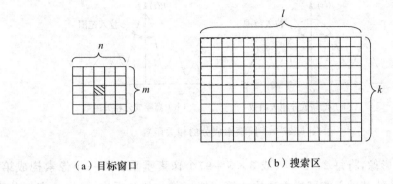

図 6.25　二维搜索

2. 一维搜索与一维匹配

一维匹配是只在核线影像上进行一维搜索。理论上目标区与搜索区均可以是一维窗口，但是，由于两影像窗口的相似性测度一般是统计量，为了保证相关结果的可靠性，应有较多的样本进行估计，所以目标窗口中的像素不应太少。另一方面，若目标区过长，由于一般情况下灰度信号的重心与几何重心并不重合，相关函数的高峰值总是与最强信号一致，加之影像之几何变形，这就会产生相关误差。因此，一维相关目标区的选取一般应与二维相关时相同，取一个以待定点为中心，$m\times n$（通常可取 $m=n$）个像素的窗口。此时搜索区为 $m\times l(l>n)$ 个像素的灰度区域，搜索与计算相似性测度只在一个方向进行，若

$$\rho_i=\max\left\{\rho_i\left|i=i_0-\dfrac{1}{2}+\dfrac{n}{2},\cdots,i_0+\dfrac{1}{2}-\dfrac{n}{2}\right.\right\}$$

则 (c,j_0) 为同名点，如图 6.26 所示，其中 (i_0,j_0) 为搜索区中心。

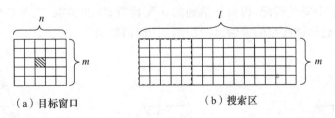

图 6.26　一维搜索

一维搜索由于有核线条件作为约束，不仅搜索次数要比二维搜索少得多，而且匹配的可靠性也高于二维搜索。

3. 金字塔影像多级匹配

如图 6.27(a) 所示，当信号中高频成分较少时，相关函数曲线较平缓，精度较低，但拉入范围较大；如图 6.27(b) 所示当高频成分较多时，相关函数曲线较陡，精度较高，但拉入范围较小。当信号中存在高频窄带随机噪声或信号中存在较强的高频信号时，相关函数将出现多峰

值,导致错误匹配或匹配失败。因此,为保证匹配结果既可靠又有高的精度,目前广泛采用从粗到精的匹配策略,即金字塔影像多级匹配,也称为金字塔影像分频道相关。该方法在具有金字塔影像的基础上,先对低频影像进行粗相关,将其结果作为预测值,逐渐加入较高的频率成分,在逐渐变小的搜索区中进行相关,直至搜索到原始影像,从而得到最高的相关精度。

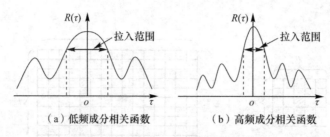

图 6.27　不同频率成分的相关函数

对于一幅二维影像,将每 $2 \times 2 = 4$(或 $3 \times 3 = 9$)个像素重采样为一个像素构成第二级影像,再在第二级影像的基础上按同样方法构成第三级影像。如此下去,可得到多幅分辨率(像素数)成倍降低的影像。若将这些影像叠置起来就像金字塔一样,因此称之为金字塔影像或分层结构影像,如图 6.28 所示。按 2×2 平均得到的金字塔影像,每级(层)影像的像素个数均是下一层的 1/4,如图 6.28(a)所示;而按 3×3 平均的金字塔影像,每层的像素个数均为下一层的 1/9,如图 6.28(b)所示。

当以影像匹配为目的建立金字塔影像时,金字塔影像的层数可按下式进行估计,即

$$I = \frac{\ln \dfrac{2\Delta p_{\max}}{3\Delta x}}{\ln J} \tag{6.104}$$

式中,I 为金字塔影像的层数;$\Delta p_{\max}$ 是立体像对的最大左右视差较;Δx 是原始影像的采样间隔;J 为降采样的倍数,一般取 2 或 3,在二维影像中分别对应 4 像素平均和 9 像素平均采样。

当建立金字塔影像之后,即可采用多级匹配策略进行从粗到精的影像匹配。首先从最上层影像进行匹配,找到粗匹配点;然后以粗匹配点位置和邻层像素对应关系预测在下一层的搜索区域,并在下一层中完成匹配,得到较精确的匹配位置;以此类推,直至最底层,从而得到精确的匹配结果。多级影像匹配的搜索过程如图 6.28(c)所示。

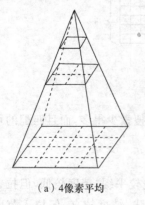
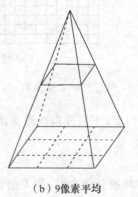
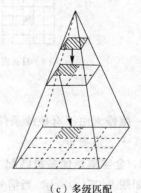

（a）4 像素平均　　　　　　（b）9 像素平均　　　　　　（c）多级匹配

图 6.28　金字塔影像及多级匹配

在多级匹配中,由于每一层的搜索区域都被限制在非常有限的范围,因此这种匹配策略在达到高精度匹配的同时,有效地减小了搜索空间,提高了影像匹配的效率。理论和实践都证明,当采用 3×3 像素平均采样时,多级匹配的搜索次数最少,匹配效率最高,且匹配精度与 2×2 像素平均采样时一致。

6.3.3　基于灰度的影像匹配

以灰度及邻域灰度分布为匹配实体,通过计算匹配实体间的相似性测度来建立影像间像点对应关系的匹配方法称为基于灰度的影像匹配。它是发展最早、理论最完善,也是最常用的数字影像匹配方法。如目前被广泛应用的相关系数影像匹配、最小二乘影像匹配、垂直线轨迹影像匹配、多视影像匹配等均属基于灰度的影像匹配。

1. 相关函数测度

$g(x,y)$ 与 $g'(x',y')$ 的相关函数定义为

$$R(p,q) = \iint\limits_{(x,y) \in D} g(x,y)g'(x+p,y+p)\mathrm{d}x\mathrm{d}y \qquad (6.105)$$

若 $R(p_0,q_0) > R(p,q)(p \neq p_0, q \neq q_0)$,则 p_0、q_0 为匹配窗口相对于目标窗口的位移量,对于一维相关应有 $q \equiv 0$。

对离散的数字影像,相关函数的估计公式为

$$R(c,r) = \sum_{i=1}^{m} \sum_{j=1}^{n} g_{i,j} \cdot g'_{i+r,j+c} \qquad (6.106)$$

若 $R(c_0,r_0) = R(c,r)(r \neq r_0, c \neq c_0)$,则 c_0、r_0 为匹配窗口相对于目标窗口位移的行、列参数,对于一维相关有 $r \equiv 0$。

相关函数的估计值即矢量 X 与 Y 的数积,即

$$R(XY) = \sum_{i=1}^{N} x_i y_i = |X||Y| \cos\theta \qquad (6.107)$$

式中,$|X|$ 与 $|Y|$ 为向量的模,θ 为两向量的夹角。因目标向量 X 是已知向量,故相关函数最大(即矢量 X 与 Y 的数积最大)等价于矢量 Y 在 X 上的投影最大,即

$$(X \cdot Y) = \max \text{ 等价于 } |Y| \cos\theta = \max \qquad (6.108)$$

2. 协方差函数测度

协方差函数是中心化的相关函数,设 $g(x,y)$ 与 $g'(x',y')$ 是两个随机函数,则其协方差函数定义为

$$C(p,q) = \iint\limits_{(x,y) \in D} \{g(x,y) - E[g(x,y)]\}\{g'(x+p,y+p) - E[g'(x+p,y+p)]\}\mathrm{d}x\mathrm{d}y$$

$$(6.109)$$

其中,$E[\cdot]$ 为随机变量的数学期望。

若 $C(p_0,q_0) > C(p,q)(p \neq p_0, q \neq q_0)$,则 p_0、q_0 为匹配窗口相对于目标窗口的位移量,对于一维相关应有 $q \equiv 0$。

离散数据对协方差函数的估计为

$$
\left.
\begin{aligned}
C(c,r) &= \sum_{i=1}^{m} \sum_{j=1}^{n} (g_{i,j} - \overline{g})(g'_{i+r,j+c} - \overline{g}'_{r,c}) \\
\overline{g} &= \frac{1}{mn} \sum_{i=1}^{m} \sum_{j=1}^{n} g_{i,j} \\
\overline{g}'_{r,c} &= \frac{1}{mn} \sum_{i=1}^{m} \sum_{j=1}^{n} g'_{i+r,j+c}
\end{aligned}
\right\}
\tag{6.110}
$$

若 $C(c_0,r_0) > C(c,r)(r \neq r_0, c \neq c_0)$，则 c_0、r_0 为匹配窗口相对于目标窗口位移的行、列参数，对于一维相关有 $r \equiv 0$。

协方差函数减去了信号的均值，这等于去掉其直流分量，因而当两影像的灰度平均相差一个常量时，协方差测度不变。即协方差测度可去除两张像片光照条件不同所产生的影响。

3. 相关系数测度

相关系数是标准化的协方差函数，协方差函数除以两信号的方差即得相关系数。连续函数 $g(x,y)$ 与 $g'(x',y')$ 的相关系数为

$$
\rho(p,q) = \frac{C(p,q)}{\sqrt{C_{gg} C_{g'g'}(p,q)}}
\tag{6.111}
$$

式中，$C(p,q)$ 为协方差函数，C_{gg}、$C_{g'g'}$ 分别是 $g(x,y)$ 和 $g'(x',y')$ 的方差，即有

$$
C_{gg} = \iint\limits_{(x,y) \in D} \{g(x,y) - E[g(x,y)]\}^2 \mathrm{d}x\mathrm{d}y
$$

$$
C_{g'g'} = \iint\limits_{(x+p,y+q) \in D'} \{g'(x+p,y+p) - E[g'(x+p,y+p)]\}^2 \mathrm{d}x\mathrm{d}y
$$

若 $\rho(p_0,q_0) > \rho(p,q)(p \neq p_0, q \neq q_0)$，则 p_0、q_0 为匹配窗口相对于目标窗口的位移量，对于一维相关应有 $q \equiv 0$。

离散灰度数据对相关系数的估计为

$$
\left.
\begin{aligned}
\rho(c,r) &= \frac{\sum_{i=1}^{m} \sum_{j=1}^{n} (g_{i,j} - \overline{g})(g'_{i+r,j+c} - \overline{g}'_{r,c})}{\sqrt{\sum_{i=1}^{m} \sum_{j=1}^{n} (g_{i,j} - \overline{g})^2 \sum_{i=1}^{m} \sum_{j=1}^{n} (g'_{i+r,j+c} - \overline{g}'_{r,c})^2}} \\
\overline{g} &= \frac{1}{mn} \sum_{i=1}^{m} \sum_{j=1}^{n} g_{i,j} \\
\overline{g}'_{r,c} &= \frac{1}{mn} \sum_{i=1}^{m} \sum_{j=1}^{n} g'_{i+r,j+c}
\end{aligned}
\right\}
\tag{6.112}
$$

若 $\rho(c_0,r_0) > \rho(c,r)(r \neq r_0, c \neq c_0)$，则 c_0、r_0 为匹配窗口相对于目标窗口位移的行、列参数，对于一维相关有 $r \equiv 0$。

相关系数的估计值最大，等价于矢量 $\boldsymbol{X}'$ 与 $\boldsymbol{Y}'$ 的夹角最小，因为

$$
\rho = \frac{\boldsymbol{X}' \cdot \boldsymbol{Y}'}{|\boldsymbol{X}'||\boldsymbol{Y}'|} = \frac{|\boldsymbol{X}'||\boldsymbol{Y}'|\cos\theta}{|\boldsymbol{X}'||\boldsymbol{Y}'|} = \cos\theta
\tag{6.113}
$$

式中，θ 是矢量 $\boldsymbol{X}'$ 与 $\boldsymbol{Y}'$ 的夹角。

由于相关系数是标准化协方差函数，因而当目标影像的灰度与搜索影像的灰度之间存在线性畸变时，相关系数测度不变，即相关系数是灰度线性变换的不变量。

4．差平方和测度

连续函数 $g(x,y)$ 与 $g'(x',y')$ 的差平方和为

$$S^2(p,q) = \iint\limits_{(x,y)\in D'} [g(x,y) - g'(x+p,y+q)]^2 \mathrm{d}x\mathrm{d}y \qquad (6.114)$$

若 $S^2(p_0,q_0) > S^2(p,q)(p\neq p_0,q\neq q_0)$，则 p_0、q_0 为匹配窗口相对于目标窗口的位移量，对于一维相关应有 $q\equiv 0$。

离散灰度数据的计算公式为

$$S^2(c,r) = \sum_{i=1}^{m} \sum_{j=1}^{n} (g_{i,j} - g'_{i+r,j+c})^2 \qquad (6.115)$$

若 $S^2(c_0,r_0) < S^2(c,r)(c\neq c_0,r\neq r_0)$，则 c_0、r_0 为匹配窗口相对于目标窗口位移的行、列参数，对于一维相关有 $r\equiv 0$。

差平方和是 N 维空间上点 Y 与点 X 之间距离的平方，故差平方和最小等价于 N 维空间点 Y 与点 X 之欧氏距离最小。

5．差绝对值和测度

连续函数 $g(x,y)$ 与 $g'(x',y')$ 的差绝对值和为

$$S(p,q) = \iint\limits_{(x,y)\in D'} [g(x,y) - g'(x+p,y+p)]\mathrm{d}x\mathrm{d}y \qquad (6.116)$$

若 $S(p_0,q_0) < S(p,q)(p\neq p_0,q\neq q_0)$，则 p_0、q_0 为匹配窗口相对于目标窗口的位移量，对于一维相关应有 $q\equiv 0$。

离散灰度数据差绝对值和的计算公式为

$$S(c,r) = \sum_{i=1}^{m} \sum_{j=1}^{n} |g_{i,j} - g'_{i+r,j+c}| \qquad (6.117)$$

若 $S(c_0,r_0) < S(c,r)(c\neq c_0,r\neq r_0)$，则 c_0、r_0 为匹配窗口相对于目标窗口位移的行、列参数，对于一维相关有 $r\equiv 0$。

6.3.4　相关系数影像匹配

相关系数影像匹配是以相关系数作为相似性测度的一种基于灰度的影像匹配。它通过计算目标窗口和搜索窗口的相关系数，以相关系数最大的搜索窗口为匹配窗口，从而确定目标点的同名像点。在众多的匹配算法中相关系数匹配是最简单、速度最快，也是最成熟、最实用的一种算法，在常规摄影测量的地形匹配中具有良好表现。这种算法的缺点是无法处理遮挡、地形断裂及几何变形较大的地形地物。

选择相关系数作为相似性测度是因为相关系数测度与其他相似性测度相比有两个明显优势。其一，相关系数是影像灰度线性变换的不变量，无论是单幅影像或两幅影像同时产生灰度线性畸变，它们的相关系数都不会发生变化。其二，相关系数极大等价于左右窗口之间灰度线性拟合的残差极小，相当于将搜索窗口灰度拟合为目标窗口灰度的线性函数时，残差平方和为最小条件下的匹配。

1．相关系数影像匹配的主要过程

(1)在左影像上选择一个像点作为目标点，以目标点为中心取 $m\times n$（通常 $m=n$）个像素组成一个窗口，称为目标窗口。

（2）在相邻影像上根据航摄参数和地形起伏情况预测同名像点可能存在的区域,该区域称为搜索区。

（3）在搜索区内逐像素开设与目标窗口大小相同的窗口,称为搜索窗口,并计算每个搜索窗口与目标窗口的相关系数。

（4）寻找相关系数的最大值,以取得极值的搜索窗口为匹配窗口,其中心像素为目标点的同名像点(匹配点)。

（5）剔除错误匹配点。用一些约束条件(如阈值等)设计匹配点的风险函数,并将风险超过阈值的匹配点作为错误匹配而剔除。

（6）匹配结果的质量评价。质量评价一般分为准确性评价和精度评价,准确性是评价错误匹配的概率或其他指标,精度评价则是评定匹配点的几何精度。

从以上过程可以看出,相关系数影像匹配存在以下几个问题:①所用的窗口为矩形窗口,受影像旋转的影响较大;②只以窗口中心为匹配点,是典型的中心型窗口,加大了匹配失败的风险;③对窗口内的灰度等权对待,没有考虑远近不同对中心点贡献不同的原则;④没有考虑几何畸变,匹配精度不高。因此,相关系数影像匹配常常作为更高精度影像匹配(如最小二乘匹配、松弛法匹配)的初始(粗)匹配。

2. 整像素匹配的理论精度

相关系数影像匹配是一种整像素的匹配算法。它以相关系数最大对应的搜索窗口中心点为目标点的匹配点,以匹配点的中心作为目标点的同名点。由于左右影像采样时的差别,同名像素的中心点一般并不是真正的同名点。如果同名像素的匹配结果是正确的,则同名点应该在同名像素之内,且可能位于该像素的任何一点。若将同名点的位置作为一个随机事件,则同名点落入同名像素内任一点的概率是相等的,即其概率在像素内服从均匀分布。下面以一维相关为例,推导整像素匹配的理论精度。

如图 6.29 所示,设像素大小为 Δ,则同名点位置 x 在区间 $\left[-\dfrac{\Delta}{2}, +\dfrac{\Delta}{2}\right]$ 内为均匀分布,显然其概率为

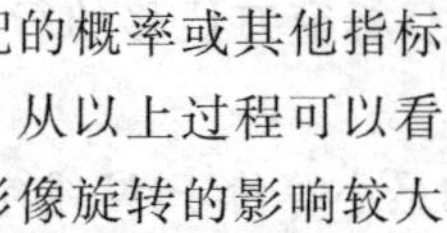

图 6.29 同名点位置分布

$$p(x) = \begin{cases} \dfrac{1}{\Delta}, & |x| \leqslant \dfrac{\Delta}{2} \\ 0, & \text{其他} \end{cases} \tag{6.118}$$

其均值为 0,即 $E(x) = 0$。按照方差计算公式有

$$\sigma_x^2 = \int_{-\frac{\Delta}{2}}^{+\frac{\Delta}{2}} [x - E(x)]^2 p(x) \mathrm{d}x = \int_{-\frac{\Delta}{2}}^{+\frac{\Delta}{2}} x^2 p(x) \mathrm{d}x \tag{6.119}$$

对式(6.119)积分后可得

$$\sigma_x^2 = \frac{\Delta^2}{12} \tag{6.120}$$

因此

$$\sigma_x = 0.29\Delta \tag{6.121}$$

即整像素匹配的理论精度为 0.29 像素,或约为 1/3 像素。

3. 相关系数拟合提高匹配精度

在基于灰度的影像匹配中,每个像素都会产生一个对应的相关系数,这样可以利用邻域内的若干个相关系数拟合一个抛物面或抛物线,将其极值点所处位置作为同名点坐标,以提高影

像匹配的几何精度。下面以一维匹配为例，说明提高匹配精度的原理。

在一维匹配时，假设要改善第 i 点的匹配精度，可取该点及其相邻点 $i-1$、$i-2$、$i+1$、$i+2$ 这 5 个相关系数拟合一个二次抛物线，如图 6.30 所示。二次抛物线的一般表达式为

$$f(S)=A+B \cdot S+C \cdot S^2 \tag{6.122}$$

式中，A、B、C 是方程的系数，S 是以 i 像素中心为原点的坐标量。对式(6.122)求一阶导数，并令其为零，则有

$$\frac{\mathrm{d}f(S)}{\mathrm{d}S}=B+2CS=0 \tag{6.123}$$

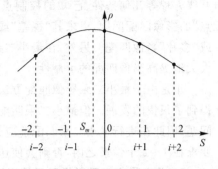

图 6.30　相关系数拟合抛物线

由此可得抛物线极值点对应的 S_m 为

$$S_m=-\frac{B}{2C} \tag{6.124}$$

则拟合后 i 像素的同名点坐标从整像素精确到了亚像素，即

$$i'=i+S_m=i-\frac{B}{2C} \tag{6.125}$$

式中，i、i' 分别为拟合前后的同名点"序号"。

用相邻 5 个相关系数拟合抛物线时，式(6.122)中的各个系数可用最小二乘方法进行求解。

当取相邻 3 个相关系数进行抛物线拟合时，按式(6.122)可得方程组

$$\left.\begin{array}{l}\rho_{i-1}=A-B+C\\\rho_i=A\\\rho_{i+1}=A+B+C\end{array}\right\} \tag{6.126}$$

式中，ρ_{i-1}、ρ_i、ρ_{i+1} 为相关系数。由此可得

$$\left.\begin{array}{l}A=\rho_i\\B=(\rho_{i+1}-\rho_{i-1})/2\\C=(\rho_{i+1}-2\rho_i+\rho_{i-1})/2\end{array}\right\} \tag{6.127}$$

代入式(6.125)得

$$i'=i-\frac{\rho_{i+1}-\rho_{i-1}}{2(\rho_{i+1}-2\rho_i+\rho_{i-1})} \tag{6.128}$$

当信噪比较高时，由相关系数抛物线拟合可使相关精度达到 0.15～0.2 个像素。但相关精度与信噪比近似成反比例关系，因此当信噪比较小时，采用相关系数抛物线拟合，也不能提高相关精度。

6.3.5　最小二乘影像匹配

最小二乘影像匹配是一种基于灰度的影像匹配。它在搜索窗口中引入代表左右影像局部区域灰度和几何畸变参数(同时考虑灰度畸变和几何畸变)，以窗口内灰度差平方和最小为条件，用最小二乘原理迭代求解各畸变参数，从而得到同名点的最佳匹配位置。

该方法由德国阿克曼(Ackermann)教授在 20 世纪 80 年代提出。由于其充分利用了影像窗口内的信息进行平差计算，使影像匹配可以达到 1/10 甚至 1/100 像素的精度，因此常被称

为"高精度影像匹配"。在最小二乘影像匹配中可以非常灵活地引用各种已知参数和条件(如共线方程等几何条件、已知的控制点坐标等),从而可以进行整体平差。它不仅可以解决"单点"的影像匹配问题,以求其"视差"或直接解求其空间坐标,还可以同时进行"多点"影像匹配或"多片"影像匹配。另外,在最小二乘影像匹配系统中,可以很方便地引入"粗差检测",从而大大地提高影像匹配的可靠性。

正是由于最小二乘影像匹配方法具有灵活、可靠和高精度的特点,因此受到了广泛重视,得到了很快的发展。但最小二乘匹配也存在匹配效率低、收敛速度慢、对匹配初值要求较高等问题,因此在进行最小二乘匹配前应先用相关系数匹配方法进行粗匹配,且粗匹配的精度一般要求在 $1\sim2$ 个像素之内,否则会使迭代时间过长或根本难以收敛。

1. 单点最小二乘影像匹配的理论模型

在既没有灰度畸变也没有几何畸变的理想情况下,我们有理由认为左右影像同名像点的灰度是相等的,即

$$g_1(x,y)=g_2(x,y) \tag{6.129}$$

式中,$g_1(x,y)$、$g_2(x,y)$ 分别是左右同名像点的灰度。

但由于照明条件变化、被摄物体辐射面的方向差异、大气衰减、摄影处理条件差异以及影像数字化过程中所产生的误差等原因,使得影像灰度总存在或大或小的畸变,这时式(6.129)就不再成立。由于影像匹配总是在窗口内(影像局部)进行灰度比较,可以认为在很小的影像区域内灰度只产生线性拉伸。假设右影像相对于左影像灰度的线性畸变参数为 h_0 和 h_1,其中 h_0 为加性参数,h_1 为乘性参数,则经线性拉伸后右影像的灰度为

$$g_2'(x,y)=h_0+h_1g_2(x,y) \tag{6.130}$$

如果给出的灰度畸变参数是正确的,则经线性变换后左右影像的灰度将会相等,即有

$$g_1(x,y)=h_0+h_1g_2(x,y) \tag{6.131}$$

在实际情况下,两影像之间不仅存在灰度畸变,而且由于地形起伏、摄影方位不同等因素,还存在着较为严重的几何变形,使得地面上同一目标区域在左右影像上形成不同形状的影像。例如,在图6.31中,地面同一个四边形 $ABCD$ 在左像片的影像 $a_1b_1c_1d_1$ 是一规则矩形,而在右像片的影像 $a_2b_2c_2d_2$ 则是一个不规则的四边形。由此可以看出,在左影像上的一个规则矩形目标窗口,其在右像片上的对应影像已不再是一个规则矩形,而是一个不规则的多边形窗口。在此种情况下,若仍将右影像的搜索窗口(实际上是粗匹配窗口)定义为规则矩形,则目标窗口和搜索窗口的对应格网点一定不是同名像点,显然其灰度相等这一数学关系也就不会成立,两个窗口的相关系数也不可能得到最大值。为此,可引入相对几何畸变参数,通过对搜索窗口进行几何变形改正,使搜索窗口的每个格网点和目标窗口对应的格网点成为同名像点,从而使其灰度相等这一关系成立,如图6.32所示。由于搜索窗口是个很小的影像区域,因此在对其进行几何畸变改正时一般只需考虑一次畸变,这时的几何变形改正可采用仿射变形公式,即

$$\left.\begin{array}{l}x_2=a_0+a_1x+a_2y\\y_2=b_0+b_1x+b_2y\end{array}\right\} \tag{6.132}$$

式中,a_0、a_1、a_2、b_0、b_1、b_2 是畸变改正参数,(x,y) 为改正前矩形窗口的格网点坐标,(x_2,y_2) 是变形改正后不规则窗口的格网点坐标。

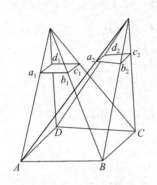

图 6.31　左右影像几何变形

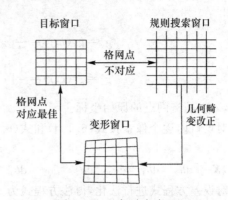

图 6.32　几何畸变改正

当用式(6.132)对搜索窗口进行几何畸变改正后,搜索窗口和目标窗口的格网点将一一对应,这时式(6.131)右侧的(x,y)应该由(x_2,y_2)代替,即

$$g_1(x,y)=h_0+h_1g_2(x_2,y_2)$$

将式(6.132)代入上式,则有

$$g_1(x,y)=h_0+h_1g_2(a_0+a_1x+a_2y,b_0+b_1x+b_2y) \tag{6.133}$$

式中,g_1、g_2 是目标窗口和搜索窗口对应点的灰度值,是已知值或称为观测值,而各灰度畸变参数和几何畸变参数是待求值。该式即为最小二乘影像匹配的数学模型。最小二乘影像匹配就是利用该式对窗口内所有点列误差方程,然后按最小二乘原理求解各畸变参数的最佳估计值,从而计算出同名像点的准确位置。

2.　数学模型的线性化及其解算

式(6.133)是非线性方程,需对其进行线性化处理。按泰勒级数对式(6.133)展开即可得到最小二乘影像匹配的误差方程式为

$$v=c_1\mathrm{d}h_0+c_2\mathrm{d}h_1+c_3\mathrm{d}a_0+c_4\mathrm{d}a_1+c_5\mathrm{d}a_2+c_6\mathrm{d}b_0+c_7\mathrm{d}b_1+c_8\mathrm{d}b_2-\Delta g \tag{6.134}$$

式中,$\mathrm{d}h_0$、$\mathrm{d}h_1$、$\mathrm{d}a_0$、$\cdots$、$\mathrm{d}b_2$ 是各畸变参数的改正值;Δg 是相应像素的灰度差,每次迭代后应重新计算;c_1、c_2、$\cdots$、c_8 为误差方程式的系数,其表达式为

$$\left.\begin{aligned}
c_1&=1\\
c_2&=g_2\\
c_3&=\frac{\partial g_2}{\partial x_2}\cdot\frac{\partial x_2}{\partial a_0}=(\dot g_2)_x=\dot g_x\\
c_4&=\frac{\partial g_2}{\partial x_2}\cdot\frac{\partial x_2}{\partial a_1}=x\dot g_x\\
c_5&=\frac{\partial g_2}{\partial x_2}\cdot\frac{\partial x_2}{\partial a_2}=y\dot g_x\\
c_6&=\frac{\partial g_2}{\partial y_2}\cdot\frac{\partial y_2}{\partial b_0}=\dot g_y\\
c_7&=\frac{\partial g_2}{\partial y_2}\cdot\frac{\partial y_2}{\partial b_1}=x\dot g_y\\
c_8&=\frac{\partial g_2}{\partial y_2}\cdot\frac{\partial y_2}{\partial b_2}=y\dot g_y
\end{aligned}\right\} \tag{6.135}$$

式中,$\dot g_x$、$\dot g_y$ 为搜索窗口内各点对 x、y 的一阶导数,可按每次迭代后的格网灰度值差分得

到,即

$$\dot{g}_y = \dot{g}_j(i,j) = \frac{1}{2}\left[g_2(i,j+1) - g_2(i,j-1)\right]$$

$$\dot{g}_x = \dot{g}_i(i,j) = \frac{1}{2}\left[g_2(i+1,j) - g_2(i-1,j)\right]$$

式中,x、y 是格网点的原始坐标。

对窗口内逐个像素按式(6.134)和式(6.135)列误差方程式,其矩阵形式为

$$V = CX - L \tag{6.136}$$

式中,$X = \begin{bmatrix} dh_0 & dh_1 & da_0 & da_1 & da_2 & db_0 & db_1 & db_2 \end{bmatrix}^T$。

对误差方程式进行法化,得法方程式为

$$(C^T C)X = (C^T L) \tag{6.137}$$

从而可求解出

$$X = (C^T C)^{-1}(C^T L) \tag{6.138}$$

由于所求值 X 是各畸变参数的改正数,因此最小二乘影像匹配的解算必然是一个迭代过程,且必须先给出各畸变参数的初值。

3. 单点最小二乘影像匹配的基本过程

如图 6.33 所示,单点最小二乘影像匹配的具体步骤为:

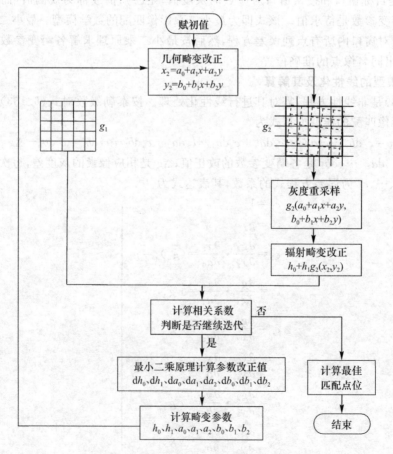

图 6.33　最小二乘匹配的基本过程

第一步，赋初值。各畸变参数的初值为

$$\left. \begin{array}{l} h_0=0,h_1=1 \\ a_0=0,a_1=1,a_2=0 \\ b_0=0,b_1=0,b_2=1 \end{array} \right\} \tag{6.139}$$

第二步，几何变形改正。根据几何变形改正参数 a_0、a_1、a_2、b_0、b_1、b_2 的当前值，对搜索窗口各点进行几何变形纠正，即

$$\left. \begin{array}{l} x_2=a_0+a_1x+a_2y \\ y_2=b_0+b_1x+b_2y \end{array} \right\} \tag{6.140}$$

第三步，影像重采样。由于校正后坐标 x_2、y_2 一般不可能是右方影像阵列中的整数行列号，因此必需进行重采样，从而获得 $g_2(x_2,y_2)$。重采样一般可采用双线性内插方法。

第四步，辐射畸变改正。利用辐射畸变改正参数 h_0、h_1 的当前值，对上述重采样的结果作辐射改正，改正后的像点灰度为 $h_0+h_1g_2(x_2,y_2)$。

第五步，计算左方影像窗口与经过几何、辐射改正后的右方影像窗口的灰度阵列 g_1 与 $h_0+h_1g_2(x_2,y_2)$ 之间的相关系数 ρ，判断是否需要继续迭代。一般来说，若相关系数小于前一次迭代所求得的相关系数，则可认为迭代结束。另外判断迭代结束，也可以根据几何变形参数（特别是移位改正值 da_0、db_0）是否小于某个预定的阈值。若迭代结束，则跳至第九步，否则转入下一步。

第六步，按最小二乘原理，解求各变形参数的改正值 dh_0、dh_1、da_0、$\cdots$。

第七步，计算新的变形参数。由于变形参数的改正值是根据经过几何、辐射改正后的右方影像灰度阵列求得的，因此，变形参数应按下列算法求得，即

$$\left. \begin{array}{l} a_0^i=a_0^{i-1}+da_0^i+a_0^{i-1}da_1^i+b_1^{i-1}da_2^i \\ a_1^i=a_2^{i-1}+a_2^{i-1}da_1^i+b_2^{i-1}da_2^i \\ a_2^i=a_2^{i-1}+a_2^{i-1}da_1^i+b_2^{i-1}da_2^i \\ b_0^i=b_0^{i-1}+db_0^i+a_0^{i-1}db_1^i+b_0^{i-1}db_2^i \\ b_1^i=b_1^{i-1}+a_1^{i-1}db_1^i+b_1^{i-1}db_2^i \\ b_2^i=b_2^{i-1}+a_2^{i-1}db_1^i+b_2^{i-1}db_2^i \end{array} \right\} \tag{6.141}$$

$$\left. \begin{array}{l} h_0^i=h_0^{i-1}+dh_0^i+h_0^{i-1}dh_1^i \\ h_1^i=h_1^{i-1}+h_1^{i-1}dh_1^i \end{array} \right\} \tag{6.142}$$

式中，上标 i 为迭代的次数。

第八步，返回第二步。

第九步，计算最佳匹配的点位。当迭代结束后，一般可以认为搜索窗口中心的几何变换坐标即为目标点的最佳匹配位置，因此可将搜索窗口中心的原始坐标和最终的几何畸变参数代入式（6.132），即可得到最佳匹配点坐标为

$$\left. \begin{array}{l} x_m=\hat{a}_0+\hat{a}_1x_{\text{int}}+\hat{a}_2y_{\text{int}} \\ y_m=\hat{b}_0+\hat{b}_1x_{\text{int}}+\hat{b}_2y_{\text{int}} \end{array} \right\} \tag{6.143}$$

式中，(x_m,y_m) 是最佳匹配点的坐标，$(x_{\text{int}},y_{\text{int}})$ 是粗匹配得到的匹配点坐标，$\hat{a}_i$、$\hat{b}_i(i=0,1,2)$ 是平差后得到的最或然参数值。如果搜索窗口坐标经过了中心化处理，则 $x_{\text{int}}=y_{\text{int}}=0$，此时有

$$\left. \begin{array}{l} x_m=\hat{a}_0 \\ y_m=\hat{b}_0 \end{array} \right\} \tag{6.144}$$

6.3.6　基于物方的影像匹配

影像匹配的目的是提取物体的几何信息,确定其空间位置。但是,由前面所述的影像匹配方法获取左右影像的同名点坐标后,还需利用空间前方交会解算其对应物点的空间三维坐标(X,Y,Z),然后建立数字高程模型。而在建立数字高程模型时还会使用一定的内插方法,使得精度或多或少地降低。因此,能够直接确定物体表面点空间三维坐标的基于物方的影像匹配方法得到了研究,这些方法也被称为地面元影像匹配。

1. 垂直线轨迹法影像匹配

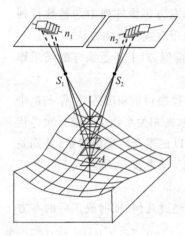

图 6.34　垂直线轨迹

由像片解析知识可知,物方的一条铅垂线在像片上的投影是过像底点的一条直线,而其在立体像对上的投影则是过左右像底点的一对同名直线。假设 A 是铅垂线上的任一点,当 A 沿铅垂线移动时,其同名像点 a_1 与 a_2 必然在该铅垂线的影像(过左右像底点的一对同名直线)上分别移动,如图 6.34 所示。对真实地面的立体像对而言,只有当 A 恰好移动到地表时,a_1 与 a_2 才是真正的同名像点,此时以 a_1、a_2 为中心的左右影像窗口的相关系数一定是最大的,因此可以用该条件确定同名像点。像这样,沿着垂直线及其影像轨迹搜索同名点的影像匹配方法即为垂直线轨迹(vertical line locus,VLL)法,这一过程与立体测图时通过升降测标来切准地表十分相似。

垂直线轨迹法影像匹配的步骤为:

(1)给定地面点 A 的平面坐标(X,Y)、近似最低高程 $Z_{\min}$ 和高程搜索步距 ΔZ,其中 ΔZ 可由所要求的高程精度确定。

(2)由地面点平面坐标(X,Y)与可能的高程

$$Z_i = Z_{\min} + i \cdot \Delta Z \quad (i=0,1,2,\cdots)$$

用共线条件方程计算左右像坐标(x'_i, y'_i)与(x''_i, y''_i),即

$$x'_i = -f\frac{a'_1(X-X'_S)+b'_1(Y-Y'_S)+c'_1(Z_i-Z'_S)}{a'_3(X-X'_S)+b'_3(Y-Y'_S)+c'_3(Z_i-Z'_S)}$$

$$y'_i = -f\frac{a'_2(X-X'_S)+b'_2(Y-Y'_S)+c'_2(Z_i-Z'_S)}{a'_3(X-X'_S)+b'_3(Y-Y'_S)+c'_3(Z_i-Z'_S)}$$

$$x''_i = -f\frac{a''_1(X-X''_S)+b''_1(Y-Y''_S)+c''_1(Z_i-Z''_S)}{a''_3(X-X''_S)+b''_3(Y-Y''_S)+c''_3(Z_i-Z''_S)}$$

$$y''_i = -f\frac{a''_2(X-X''_S)+b''_2(Y-Y''_S)+c''_2(Z_i-Z''_S)}{a''_3(X-X''_S)+b''_3(Y-Y''_S)+c''_3(Z_i-Z''_S)}$$

(3)分别以(x'_i, y'_i)与(x''_i, y''_i)为中心在左右影像上取影像窗口,计算其相关系数 ρ_i(也可以利用其他测度)。

(4)将 i 的值增加 1,重复(2)、(3)两步,得到 ρ_0、ρ_1、ρ_2、$\cdots$、ρ_n,取其最大者 ρ_k

$$\rho_k = \max\{\rho_0, \rho_1, \rho_2, \cdots, \rho_n\}$$

其对应的高程为 $Z_k = Z_{\min} + k \cdot \Delta Z$,则认为$(X,Y)$处的高程 $Z = Z_k$。

(5)还可以利用 ρ_k 及其相邻的几个相关系数拟合一条抛物线,以其极值对应的高程作为 A 的高程,以进一步提高精度,或以更小的高程步距在一个小范围内重复以上过程。

从以上过程可以看出，垂直线轨迹法影像匹配可直接生成 DEM，但条件是已知左右像片的内、外方位元素，且已知测区或立体模型范围内的高程最小值。若对高程精度要求较高，则可进一步用 VLL 方式的最小二乘解提高高程的计算精度。

2．基于物方的多视影像匹配

假设摄取了被测目标的 $n+1$ 幅影像 $g_0(x,y)$、$g_1(x,y)$、$\cdots$、$g_n(x,y)$，其中 $g_0(x,y)$ 为目标影像，其余的 n 幅影像为待匹配影像。如果在目标影像 $g_0(x,y)$ 上有一点 p_0，以该点为目标点，如何搜索它在其余 n 幅影像上对应的同名点 p_1、p_2、$\cdots$、p_n，同时确定该点对应的物方点 P 的三维坐标 $P(X,Y,Z)$ 呢？若 P_0 为物方点 P 的初始位置，P_0 在其他影像上的成像分别为 p_1、p_2、$\cdots$、p_n，则通过多视影像匹配直接确定 P 的位置，即为基于物方的多视影像匹配。

在获得待匹配各幅影像的方位元素、目标影像中的点及这些点的物方初始高程的估计 Z_0 后，可以依据如下步骤进行多视影像匹配：

（1）如图 6.35 所示，由目标影像的摄站点坐标 S_0 与目标点 $p_0(x_0,y_0)$ 可确定过目标点的光线 $S_0 p_0$。

（2）根据特征点的初始物方高程 Z_0 和误差 ΔZ，确定高程的范围 $[Z_0-\Delta Z,Z_0+\Delta Z]$，根据要求的高程精度设定高程步距 dZ。

（3）由 $Z_i=Z_0+i\cdot dZ(i=0,\pm1,\pm2,\cdots;Z_i\in[Z-\Delta Z,Z_0+\Delta Z])$ 与点 $p_0(x_0,y_0)$ 根据共线方程计算 (X_i,Y_i)。

（4）将 (X_i,Y_i,Z_i) 分别投影到影像 $(g_1,g_2,\cdots,g_n)$ 上，即由 (X_i,Y_i,Z_i) 计算 $p_{1i}(x_{1i},y_{1i})$、$p_{2i}(x_{2i},y_{2i})$、$\cdots$、$p_{ni}(x_{ni},y_{ni})$。

（5）分别计算 n 幅待匹配影像中以 p_i、p_{2i}、$\cdots$、p_{mi} 为中心的影像窗口与目标影像上以 p_0 为中心的影像窗口的相关系数 ρ_{1i}、ρ_{2i}、$\cdots$、ρ_{ni}，并求得所有待匹配影像中相关系数的和 ρ_{Ei}。

（6）若第 k 个相关系数之和为最大值，认为其对应的 $p_{1k}(x_{1k},y_{1k})$、$p_{2k}(x_{2k},y_{2k})$、$\cdots$、$p_{nk}(x_{nk},y_{nk})$ 为 p_0 点在各幅影像上对应的同名点，其相应的空间坐标值 (X_k,Y_k,Z_k) 即为 P 点的物方坐标。

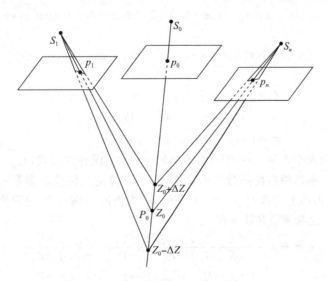

图 6.35　基于物方的多视匹配

6.3.7　带共线条件的最小二乘影像匹配

随着以最小二乘法为基础的高精度数字影像匹配算法的发展,为了进一步提高其可靠性与精度,各种带制约条件的最小二乘影像匹配算法被相继提出,其中,带共线条件的最小二乘匹配就是它们的典型代表。

1. 带有共线条件的多片(视)影像匹配

多片(视)影像配准对于近景数字摄影测量和多视倾斜航摄影像的应用非常重要。如何同时利用两个以上的影像确定物点的空间坐标,这就是带共线条件的多片影像匹配问题。当然,这个算法也可以用于双像匹配。

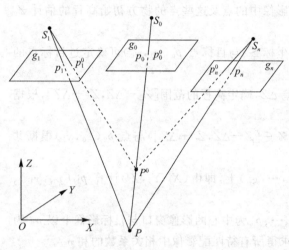

设对同一物体摄取了 $n+1$ 个影像 $g_0(x,y)$、$g_1(x,y)$、$g_2(x,y)$、$\cdots$、$g_n(x,y)$,以 $g_0(x,y)$ 作为目标影像,而其余的 n 个影像作为搜索影像。例如,在 $g_0(x,y)$ 上有一个像点 p_0,以它为目标点,现在的问题是要搜索它在其余 n 个影像上的同名点 p_1、p_2、$\cdots$,并同时(在最小二乘影像匹配过程中)确定对应物点 p 之空间坐标 (X,Y,Z)。如图 6.36 所示,P^0 为该物点的初始位置,它在 g_0 上的成像 p_0^0 与 p_0 重合,它在其他影像上的成像分别为 p_1^0、p_2^0、$\cdots$、p_n^0。现以 p_0^0 和 p_1^0、p_2^0、$\cdots$、p_n^0 为中心,分别建立目标影像窗口与搜索影像窗口,则对目标影像窗口与任何一个搜索窗口内每个像元素,可按

图 6.36　带共线条件的多视匹配

最小二乘影像匹配算法,建立一个误差方程式

$$v_{gi}(x,y)=g_i(a_{0i}+a_{1i}x+a_{2i}y,b_{0i}+b_{1i}x+b_{2i}y)-g_0(x,y)$$

经线性化后,可得

$$v_{gi}(x,y)=\boldsymbol{C}_i\boldsymbol{X}_i-l_i(x,y) \qquad 权:p_g\,(i=1,2,\cdots,n) \qquad (6.145)$$

式中

$$\boldsymbol{C}_i=\begin{bmatrix}\dot{g}_x & x\dot{g}_x & y\dot{g}_x & \dot{g}_y & x\dot{g}_y & y\dot{g}_y\end{bmatrix}_i$$

$$\boldsymbol{X}_i=\begin{bmatrix}\mathrm{d}a_{0i} & \mathrm{d}a_{1i} & \mathrm{d}a_{2i} & \mathrm{d}b_{0i} & \mathrm{d}b_{1i} & \mathrm{d}b_{2i}\end{bmatrix}^\mathrm{T}$$

$$l_i=(x,y)=g_0(x,y)-g_i(x,y)$$

假如目标窗口的大小为 $m\times m$,则总共有 $n\times m\times m$ 个误差方程式,有 $6\times n$ 个未知数。

上述多片最小二乘影像匹配的数学模型中,对于影像的几何变形参数未加任何几何条件限制,但考虑到所有影像上的像点 p_0、p_1、p_2、$\cdots$、p_n 均为同一物点 P 的影像,因此物点 P、像点 p_i 与摄影中心 S_i 应该满足共线方程

$$x_i=-f_i\frac{r_{11i}(X-X_{si})+r_{21i}(Y-Y_{si})+r_{31i}(Z-Z_{si})}{r_{13i}(X-X_{si})+r_{23i}(Y-Y_{si})+r_{33i}(Z-Z_{si})}$$

$$y_i=-f_i\frac{r_{12i}(X-X_{si})+r_{22i}(Y-Y_{si})+r_{32i}(Z-Z_{si})}{r_{13i}(X-X_{si})+r_{23i}(Y-Y_{si})+r_{33i}(Z-Z_{si})}$$

当影像的内外方位元素为已知时,则影像的像点坐标是物点坐标的函数,即可令

$$x_i = \varphi_i(X, Y, Z)$$
$$y_1 = \eta_i(X, Y, Z)$$

将上述共线方程对物点坐标(X, Y, Z)作线性化,有

$$\left.\begin{aligned} \Delta x_i &= \frac{\partial \varphi_i}{\partial X}\mathrm{d}X + \frac{\partial \varphi_i}{\partial Y}\mathrm{d}Y + \frac{\partial y_i}{\partial Z}\mathrm{d}Z + \varphi_i(X_0, Y_0, Z_0) - x_i^0 \\ \Delta y_i &= \frac{\partial \eta_i}{\partial X}\mathrm{d}X + \frac{\partial \eta_i}{\partial Y}\mathrm{d}Y + \frac{\partial \eta_i}{\partial Z} + \mathrm{d}Z + \eta_i(X_0, Y_0, Z_0) - y_i^0 \end{aligned}\right\} \tag{6.146}$$

式中,Δx_i、Δy_i 即为相应影像 $g_i(x, y)$ 上搜索窗口几何变形中的移位量 $\mathrm{d}a_{0i}$、$\mathrm{d}b_{0i}$。因此以共线方程为基础的误差方程为

$$\left.\begin{aligned} v_{x_i} &= -\mathrm{d}a_{0i} + \frac{\partial \varphi_i}{\partial X}\mathrm{d}X + \frac{\partial \varphi_i}{\partial Y}\mathrm{d}Y + \frac{\partial y_i}{\partial Z}\mathrm{d}Z - l_{x_i} \\ v_{y_i} &= -\mathrm{d}b_{0i} + \frac{\partial \eta_i}{\partial X}\mathrm{d}X + \frac{\partial \eta_i}{\partial Y}\mathrm{d}Y + \frac{\partial \eta_i}{\partial Z}\mathrm{d}Z - l_{y_i} \end{aligned}\right\} \quad 权: p_{xy} \tag{6.147}$$

按式(6.147)可列出 $2n$ 个以共线条件为基础的误差方程,但同时也增加了 $\mathrm{d}X$、$\mathrm{d}Y$、$\mathrm{d}Z$ 三个未知数。将最小二乘影像匹配与共线方程两类误差方程式(6.145)和式(6.147)联合进行法化求解,从而实现在解算 n 个影像 $g_1(x, y)$、$g_2(x, y)$、…、$g_n(x, y)$ 与 $g_0(x, y)$ 的最小二乘匹配的同时,解出满足共线方程的物点的空间坐标(X, Y, Z)。

带共线条件的多视影像匹配需要有各未知数的初值,这可以从基于物方的多视影像匹配结果中获取。

2. VLL 方式的最小二乘解

所谓 VLL 方式,就是固定待定物点的 X、Y 坐标,改变 Z 坐标,则物点将沿着过(X, Y)的垂直线的轨迹移动,相应的像点则在过像底点的直线方向上移动。

前面所述的最小二乘匹配,均采用固定某个影像(如双像时的左影像、多片匹配时 $g_0(x, y)$ 所在的影像,因此可认为该影像无畸变。但是,在采用 VLL 方式时,固定的是物点的 X、Y 坐标,因此像点就不能固定,所有像点都要设置偏移量,并作为未知数用最小二乘方法求解。

设有两个影像 $g_1(x, y)$、$g_2(x, y)$,考虑到 VLL 方式的特点,则其最小二乘影像匹配的数学模型为

$$g_1(x + a_{01}, y + b_{01}) = g_2(a_{02} + a_{12}x + a_{22}y, b_{02} + b_{12}x + b_{22}y) \tag{6.148}$$

该模型没有灰度变参数,是因为相关系数对灰度的线性变换不变,对左影像则增加了窗口的平移参数 a_{01} 和 b_{01}。

对式(6.148)线性化后有

$$v(x, y) = \boldsymbol{CX} - l(x, y) \quad 权: p_g \tag{6.149}$$

式中

$$\boldsymbol{C} = \begin{bmatrix} \dot{g}_{1x} & \dot{g}_{1y} & \dot{g}_{2x} & \dot{g}_{2y} & x\dot{g}_{2x} & x\dot{g}_{2y} & x\dot{g}_{2x} & x\dot{g}_{2y} \end{bmatrix}$$
$$\boldsymbol{X} = \begin{bmatrix} \mathrm{d}a_{01} & \mathrm{d}b_{01} & \mathrm{d}a_{02} & \mathrm{d}b_{02} & \mathrm{d}a_{12} & \mathrm{d}a_{22} & \mathrm{d}b_{12} & \mathrm{d}b_{22} \end{bmatrix}^{\mathrm{T}}$$

对共线条件方程求 Z 的偏导数,可得由共线条件所产生的误差方程为

$$
\left.
\begin{aligned}
v_{x_1} &= -\mathrm{d}a_{01} + \frac{\partial x_1}{\partial Z}\mathrm{d}Z - l_{x_1} \\[4pt]
v_{y_1} &= -\mathrm{d}b_{01} + \frac{\partial y_1}{\partial Z}\mathrm{d}Z - l_{y_1} \\[4pt]
v_{x_2} &= -\mathrm{d}a_{02} + \frac{\partial x_2}{\partial Z}\mathrm{d}Z - l_{x_2} \\[4pt]
v_{y_2} &= -\mathrm{d}b_{02} + \frac{\partial y_2}{\partial Z}\mathrm{d}Z - l_{y_2}
\end{aligned}
\right\} \quad \text{权：} p_{xy}
\tag{6.150}
$$

将式(6.149)和式(6.150)所列出的误差方程式组合在一起,按最小二乘迭代求解即可完成 VLL 的最小二乘匹配。该方法的各参数初值可由 VLL 影像匹配提供。

6.3.8　基于特征的影像匹配

以描述特征的一组参数作为匹配实体的影像匹配方法称为基于特征的影像匹配,简称为特征匹配。根据所选取的目标特征,基于特征的匹配可以分为点、线、面的特征匹配。

一般来说,基于特征的影像匹配可分为特征提取、特征描述、匹配准则确立、特征匹配和粗差剔除等过程。在实际的特征匹配中,大多都采用金字塔由粗到精的匹配策略,即必须在特征提取之前建立金字塔影像,因此这个过程也应该是特征匹配的一个步骤。

1. 特征提取

在真正的基于特征的影像匹配中,左右影像都要进行特征提取和特征描述,然后用特征匹配准则完成特征点、线、面的匹配。但在数字摄影测量的相对定向、空三转点等环节中,只在一张影像上进行特征点提取,然后用相关系数匹配在相邻像片上寻找同名像点,这本质上仍然是基于灰度的影像匹配,但由于是对特征点进行匹配,所以也笼统称为特征匹配。

特征提取是采用一定的算法在左右影像或只在左影像上对感兴趣的特征(共轭实体)进行提取的过程。对不同的目的,特征点的提取应有不同。当特征匹配的目的是用于计算影像的相对方位参数,则应主要提取梯度方向与 y 轴接近一致的特征;对一维影像匹配,则应主要提取梯度方向与 x 轴接近一致的特征。特征的方向还可以用于辅助判别匹配结果。

提取的特征点分布可有两种方式。其一是随机分布,即按顺序进行特征提取,但控制特征的密度,在整幅影像中按一定比例选取特征点,并将极值点周围的其他点去掉,这种方法选取的点集中在信息丰富的区域而在信息贫乏区则没有点或点很少。其二是均匀分布,将影像划分成规则矩形格网,每一格网内提取一个(若干个)特征点。当匹配结果用于影像参数解求时(如相对定向)时,应选择较大格网,这要根据所需的点数确定。当用于建立数字地表模型时(如 DEM),则特征提取网格可以就是与 DEM 相应的像片格网。

2. 特征描述

在特征匹配中特征描述是非常重要的环节,其科学性和完备性不仅决定特征匹配的稳健性和可靠性,而且也决定了匹配准则的建立。对点特征的描述可以用其强度、梯度、梯度方向等组成一个参数集,更一般是用点及其与周围点的灰度关系来建立描述子,如 SIFT 特征点用一个 128 维的向量来对其进行描述。对于直线特征可用其长度、方向或用 ρ、θ 参数进行描述。对于一般的边缘,可认为是一条任意曲线,可用所谓 $\Psi - S$ 曲线来表达,即

$$\left.\begin{aligned}\Psi_i &= \sum_{j=1}^{i}(f_{j+1}-f_j)\\ S_i &= i\end{aligned}\right\}\tag{6.151}$$

式中，Ψ_i 与 S_i 就是沿曲线的第 i 个点上的 $\Psi-S$ 表示，f_j 是相应的第 j 个点上数字曲线的链码。面特征可认为是由直线或曲线包围的一个封闭区域，仍可用线特征来表述。

3. 匹配的准则

匹配准则主要是指进行特征比较的相似性测度或判决准则函数，采用哪种匹配准则很大程度上取决于特征描述方法和特征匹配方法。例如，跨接法特征匹配用相关系数作为相似性测度，SIFT 特征匹配用欧氏距离为最小作为判决准则。当用相关系数作为相似性测度时，一般还可以考虑特征的方向，周围已匹配点的结果，如将前一条核线已匹配的点沿边缘线传递到当前核线上同一边缘线上的点。由于特征点的信噪比较大，因此其相关系数也应较大，故可设一较大的阈值。当相关系数高于阈值时，才认为其是匹配点；否则需利用其他条件进一步判别。经验表明，特征的相关系数一般都能达到 0.9 以上。

4. 特征点的匹配策略

(1)二维匹配与一维匹配。

当影像方位参数未知时，必须进行二维影像匹配。此时匹配的主要目的是利用明显点对解求影像的方位参数，以建立立体影像模型，形成核线影像以便进行一维匹配。二维匹配的搜索范围在最上一层影像由先验视差确定，在其后各层，只需要小范围搜索。

当影像方位已知时，可直接进行带核线约束条件的一维匹配，但在上下方向需要各搜索一个像素。也可以沿核线重采样形成核线影像，进行一维影像匹配。

(2)匹配的备选点选择。

匹配的备选点选择方法有：①对右影像进行相应的特征提取，挑选预测区内的特征点作为可能的匹配点；②右影像不进行特征提取，将预测区内的每一点都作为可能的匹配点；③右影像不进行特征提取，但也不将所有的点作为可能的匹配点，而用"爬山法"搜索，动态地确定备选点。

(3)特征点的匹配顺序。

"深度优先"。对最上一层左影像每提取到一个特征点，即对其进行匹配，然后将结果化算到下一层影像进行匹配，直至原始影像。

"广度优先"。这是一种按层处理的方法，即首先对最上一层影像进行特征提取与匹配，将全部点处理完后，将结果化算到下一层进行匹配。重复以上过程直至原始影像。这种处理顺序类似人工智能中的广度优先搜索法。

5. 粗差剔除

可在一个小范围内利用倾斜平面或二次曲面为模型进行视差拟合，将残差大于某一阈值的点作为粗差剔除。平面或曲面的拟合可用常规最小二乘法，还可用最大似然估计法求解参数或用随机一致性算法(random sample consensus，RANSAC)进行错误匹配点对的剔除。当所有错误的匹配点作为粗差被剔除后，即得到与目标模型一致的匹配点对。

6.3.9　SIFT 特征点匹配

当两幅影像的 SIFT 特征向量生成后，采用关键点特征向量的欧氏距离作为两幅影像中关键点的相似性判定度量。在左影像中取出某个关键点,并通过遍历找出其与右影像中欧氏距离最近的前两个关键点。如果最近的距离与次近的距离比值小于某个阈值(经验值 0.8),则接受这一对匹配点。

SIFT 特征是影像的局部特征,其对旋转、尺度缩放、亮度变化均保持不变。但是 SIFT 算子具有多量性,即使很小的影像或少数几个物体也能产生大量的特征点,如一幅纹理丰富的 150×150 像素的影像就能产生 1 400 个特征点。因此 SIFT 特征匹配最终归结为在高维空间搜索最邻近点的问题。利用标准的 SIFT 算法来遍历比较每个特征点是不现实的(除非影像很小),因此必须针对实际情况对标准的 SIFT 特征匹配方法进行优化。

1. 尺度空间的层数

SIFT 算子实际上只是旋转不变特征向量,本质上不具有缩放不变的性质。其缩放不变实际上是通过在各级金字塔影像上分别提取特征点,然后在左、右影像的特征点库中进行遍历搜索而实现的,显然这种方法增加了特征点的个数和匹配的遍历次数。因此,如果拍摄距离(影像比例尺)变化不大,则在进行极值探测时无须将影像进行降采样,即高斯差分尺度空间的层数取为 1。

2. 约束条件

如果匹配的像点用于空中三角测量,在进行 SIFT 特征点极值探测时可设置极值点阈值 T。当差分影像中的极值点大于 T 时,才提取该点作为特征点,这样可以减少特征点的个数和匹配遍历次数。同时,在进行匹配时可进行多级金字塔匹配,当上层金字塔完成 SIFT 特征匹配以后,可对影像进行相对定向,然后在下层影像上利用核线约束进行特征匹配。

3. 核线上特征点的快速查找

在进行灰度相关时,可根据核线快速地从影像中取出匹配窗口内的影像块进行灰度相关。而特征匹配中的特征点在内存中不是按栅格存放的,并且坐标不连续,因此如果用遍历的方法来查找特征点,就不能体现核线约束的高效性。解决离散点快速查找的方法就是将影像划分为格网,并记录每一格网中的特征点。这样在进行特征点匹配时,只需根据核线的起点格网和斜率,就能快速检索出通过核线的所有格网及格网内的特征点,从而只对同名核线附近的点进行灰度相关。

6.3.10　跨接法影像匹配

跨接法影像匹配是张祖勋等于 1996 年提出的一种顾及几何畸变改正的特征匹配算法。前面介绍的影像匹配方法对几何变形改正主要采用两种方式,其一是先不顾及几何变形作"粗匹配",然后用其结果作几何改正再相关,是由粗到细的迭代过程,如图 6.37(a)所示;其二是最小二乘匹配的几何变形改正方式,即将影像匹配与几何改正参数同时迭代解算,如图 6.37(b)所示;跨接法匹配的几何改正方式与前两种都不同,它是先进行几何变形改正,然后再进行影像匹配,如图 6.37(c)所示。可见跨接法几何变形改正方式最为简单,因此具有更高的影像匹配效率。

1. 特征提取

按 6.2.3 小节所述特征分割法提取特征,该方法所提取的每个特征都是一个如"刀刃"曲线般的影像段。

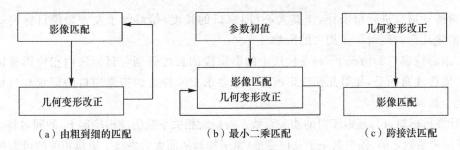

　　　（a）由粗到细的匹配　　　　　（b）最小二乘匹配　　　　（c）跨接法匹配

图 6.37　影像匹配中几何变形的改正方式

2. 跨接法匹配的窗口构成

　　在基于灰度的影像匹配中一般以待匹配点作为窗口的中心，这种窗口称为"中心型窗口"。中心型窗口的最大缺点是无法在影像相关之前进行影像的几何变形改正。如在最小二乘影像匹配算法中，即使能提供点位初值，其他变形初值也难以预测，因此在几何变形很大时，最小二乘算法就难以收敛。

　　一维跨接法影像匹配中的目标窗口是将两个特征连接起来构成窗口，如图 6.38 所示。其中一个特征 F_b 可以是已经配准的特征，也可以是待配准特征；而另一个特征 F_e 是待匹配特征。因此待匹配之特征点始终位于窗口的边缘，这是跨接法窗口与常规的中心型窗口的根本区别。同时，跨接法窗口的大小不是固定的，而是由影像的纹理结构所决定，这比中心型窗口更合乎逻辑。在 F_b 与 F_e 之间可能没有任何特征，但也可能包括一个或多个未能配准的特征，如图 6.38 所示。

　　对于二维影像匹配，跨接法的影像匹配窗口是相邻核线上的窗口所组成的一个二维区域，其边缘线由相邻核线特征的端点连线构成，如图 6.39 所示。

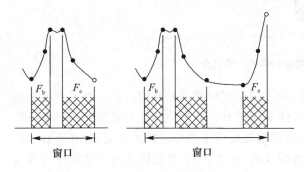

图 6.38　跨接法一维影像窗口

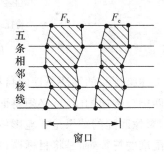

图 6.39　跨接法二维影像窗口

3. 跨接法影像匹配过程

　　若已有一对特征已经配准，如图 6.40 中的 F_b，则目标区的另一边缘由待匹配特征构成，其匹配过程如下为：

　　（1）设在左方影像上 F_b 和 F_e 分别是已配准与待匹配的特征，它们构成目标窗口。

　　（2）在相应右核线上，以 F_b 的已配准特征 F'_b 为起始端点，比较 F_e 与搜索范围内所有特征（如图 6.40 中的 1、2、3）间的 4 维特征向量，选取相似特征（如 1、3）作为 F_e 的备选特征。

　　（3）在右方影像上，以 F'_b 为窗口的一个端点特征，而以被选定的备选特征 1 或 3 为窗口的另一端的特征，构成不同的搜索窗口。

(4)对搜索窗口进行重采样,使其大心(即窗口的长度)始终等于左方影像目标窗口的长度,从而消除几何畸变对影像相关的影响。

在二维影像窗口的情况下,每条核线上的影像段的长度分别与目标区内相应影像段的长度相等。值得注意的是,相对几何变形改正并不要求重采样后的搜索窗口的形状与目标窗口的形状完全相同。

(5)计算目标窗口与搜索窗口的相关系数。按最大相关系数的准则确定 F_e 的同名特征。由于在计算相关系数之前,预先改正了几何变形(重采样),从而大大提高了影像相关的可靠性。

按上述算法的最大特点是可以预先消除影像变形对影像相关的影响。但这种算法存在着一个严重缺点,即影像匹配结果的正确性完全取决于"已配准点"是否正确。这种采用逐个特征传递的方式进行匹配是十分危险的,特别是对于地形复杂地区的影像,其匹配的可靠性无法保证。

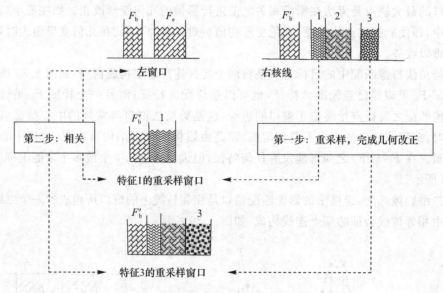

图 6.40   跨接法影像匹配的过程

上述跨接法的算法是面向目标特征本身,即影像匹配的结果是共轭特征。为了克服上述错误匹配被传递的弱点,必须将面向特征本身的算法扩充为面向由特征为界限元的影像段算法,即影像匹配的结果是共轭影像段,而共轭特征则被隐含于其中。按此算法,它并不假定已存在配准的特征,而是将目标窗口整个视为待配准的"影像段"。根据影像特征的相似性或搜索范围等几个限制,在右核线上建立一些备选的搜索窗口。然后对备选窗口进行重采样,并计算其与目标窗口的相关系数,以相关系数最大为共轭影像段。

6.4   数字高程模型

6.4.1   数字高程模型概述

1. 数字地面模型和数字高程模型

数字地面模型(digital terrain model,DTM)最初是美国麻省理工学院米勒(Miller)教授为了高速公路的自动设计于 1956 年提出来的,由于其便于计算机自动处理,因此很快被广泛应用于工程设计、项目规划、测绘、遥感、军事及灾害应急等行业,目前已是地理信息分析应用中不可或缺的基础地理数据。

数字地面模型是地形表面形态等多种信息的一个数字表示。严格地说,它是定义在某一区域 D 的 m 维向量有限序列,即

$$\{V_i \mid i=1,2,\cdots,n\}$$

式中,向量 $V_i=(V_{i1},V_{i2},\cdots,V_{im})$ 的分量为地形$((X_i,Y_i,Z_i)\in D)$、资源、环境、土地利用、人口分布等多种信息的定量或定性描述。数字地面模型是一个地理信息数据库的基本数据,若只考虑其地形分量,我们通常称其为数字高程模型(digital elevation model,DEM),其定义如下:

数字高程模型是表示区域 D 上地形的三维向量有限序列$\{V_i=(X_i,Y_i,Z_i)\mid i=1,2,\cdots,$ $n\}$,其中$((X_i,Y_i\in D))$是平面坐标,Z_i 是(X_i,Y_i)对应的高程。当该序列中各向量的平面点位呈规则格网排列时,则其平面坐标(X_i,Y_i)可省略,此时 DEM 就简化为一维向量序列$\{Z_i\mid i=1,2,\cdots,n\}$。

2. 数字高程模型的形式

数字高程模型有多种表示形式,主要包括规则矩形格网与不规则三角网等。为了减少数据的存储量且便于使用管理,可利用一系列在 X、Y 方向上都是等间隔排列的地形点的高程 Z 表示地形,形成一个规则格网 DEM,如图 6.41 所示。其任意一格网点 P_{ij} 的平面坐标可根据该点在 DEM 中的行、列号 j、i 及存放在该 DEM 文件头部的基本信息推算出来。这些基本信息应包括 DEM 起始点(一般为左下角)坐标(X_0,Y_0),DEM 格网在 X 方向与 Y 方向的间隔 DX、DY 及 DEM 的行、列数 NX、NY 等。利用这些信息,任意点 P_{ij} 的平面坐标(X_i,Y_i)为

$$X_i=X_0+i \cdot DX \quad (i=0,1,\cdots,NX-1)$$

$$Y_i=Y_0+j \cdot DY \quad (j=0,1,\cdots,NY-1)$$

由此可见,在不考虑文件头时,规则格网 DEM 就变成一组规则存放的高程值,在数学上就是一个二维矩阵$\{Z_{ij}\}$。

规则格网 DEM 存储量最小(还可进行压缩存储),非常便于使用且容易管理,是目前运用最广泛的一种形式。但其缺点是不能准确表示地形的结构与细部,因此基于 DEM 描绘的等高线不能准确的表示地貌。为克服其缺点,可采用附加地形特征数据,如地形特征点、山脊线、山谷线、断裂线等,从而构成完整的 DEM。但这些数据只能作为规则格网 DEM 的附加数据。

若将按地形特征采集的点按一定规则连接成覆盖整个区域且互不重叠的许多三角形,就构成了一个由不规则三角网(triangulated irregular network,TIN)表示的 DEM。TIN 能较好地顾及地貌特征点、线,表示复杂地形表面比规则格网(grid)精确。其缺点是数据量较大,数据结构较复杂,因而使用与管理也较复杂。近年来许多人对 TIN 的快速构成、压缩存储及应用作了不少研究,取得了一些成果,为克服其缺点发扬其优点作了许多有益的工作。为了充分利用上述两种形式 DEM 的优点,德国 Ebner 教授等提出了 Grid-TIN 混合形式的 DEM,即一般地区使用矩形格网数据结构,还可以根据地形采用不同密度的格网,沿地形特征则附加三角网数据结构,如图 6.42 所示。

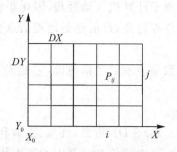

图 6.41　规则格网 DEM

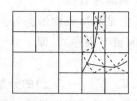

图 6.42　Grid-TIN 混合的 DEM

6.4.2　数字高程模型数据采集

为了建立 DEM,必需量测一些点的三维坐标,这就是 DEM 数据采集或 DEM 数据获取,被量测三维坐标的这些点称为数据点或参考点。DEM 数据采集有很多方法,比较成熟的方法有地面实地测量、纸质地图数字化、机载激光扫描仪、摄影测量等。

1. 地面测量

利用车载激光扫描系统、GPS、全站仪或经纬仪在野外实测,获取并记录有关数据后,用计算机进行相应处理可形成 DEM 数据。这种从地面直接测量的方法,测量精度高,但速度慢、劳动强度大,只适用于精度要求高、采集范围小的 DEM 获取。

2. 纸质地图数字化

纸质地形图上有大量的地形、地貌信息,如等高线、高程注记点、地貌符号、比高注记等。若把这些信息从地图上采集下来,并用数字形式表示,处理后即可得到 DEM 数据。纸质地图数字化主要有手扶跟踪和扫描数字化跟踪两种方法,其分别采用手扶跟踪数字化仪和扫描数字化仪及相应软件来完成。

（1）手扶跟踪数字化仪。

将地图平放在数字化仪的台面上,用一个带有十字丝的鼠标,手扶跟踪等高线或其他地形地物符号,按等时间间隔或等距离间隔的数据流模式记录平面坐标,或由人工按键控制平面坐标的记录,高程则需由人工按键输入。其优点是所获取的向量形式的数据在计算机中比较容易处理;缺点是速度慢、人工劳动强度大。

（2）扫描数字化仪。

利用平台式扫描仪、滚筒式扫描仪对地图扫描,获取的是栅格数据,即一组阵列式排列的灰度数据。其优点是速度快又便于自动化,但获取的数据量很大且处理复杂。对四色印刷的地形图,这种方法最为合适。这时,可以将地貌版单独进行扫描数字化,由于没有其他地物符号的干扰,在一般地区能够非常流畅地完成等高线的自动跟踪,大大减少人工干预的工作量。

纸质地图数字化是在数字摄影测量初期,生产 DEM 的能力不高,但是对 DEM 的需求很大的情况下所采用的一种 DEM 采集方法。虽然对第一代数字高程模型的生产做出了巨大贡献,但由于其精度不高,又增加了额外的工作量,因此随着摄影测量全数字化生产的全面普及,这种方法基本上已被淘汰。

3. 机载激光扫描系统

激光雷达（light detection and ranging,LiDAR）是一种光探测与测距设备,由于所用的光一般为激光,因此也被称为激光扫描仪。机载 LiDAR 是将激光扫描仪、GPS、IMU 集成在飞机上的一个复合系统,它利用 LiDAR 的测距功能、GPS 的定位功能、IMU 的测角功能及飞机的飞行,构成一个"移动式全站仪自动测量系统",其扫描的回波数据经地面处理后可直接生成地面采样点的三维坐标,进而形成 DEM 数据。

机载激光扫描系统是一种主动式遥感器,它不依赖于太阳的光照,具有大范围数据采集的能力,且获取 DEM 的生产周期短、精度较高,但是其数据处理较为复杂。

4. 数字摄影测量方法

摄影测量一直是地形图测绘与更新最有效、最主要的手段,它具有效率高、劳动强度低等优点。利用航空摄影或高分辨航天影像,摄影测量可以快速获取大面积的 DEM 数据,从而满足不同行业对 DEM 现势的需求。

摄影测量方法可采用人工、人机交互和自动方式采集 DEM 数据。目前,数字摄影测量主要采用影像匹配技术自动进行 DEM 数据的采集,但也可以在数字摄影测量工作站上由人工或按人机交互方式采集 DEM 数据。

6.4.3　数字高程模型数据预处理

数字高程模型数据预处理是 DEM 内插之前的准备工作,它是整个数据处理的一部分,一般包括数据格式的转换、坐标系统的变换、数据的编辑、数据分块及子区边界提取等内容。

1. 格式转换

由于数据采集的软、硬件系统各不相同,因而数据的格式可能也不相同。常用的代码有ASCII(American sandard code for information interchange)码、BCD(binary coded decimal)码及二进制码。每一记录的各项内容及每项内容的类型位数也可能各不相同,要根据 DEM 内插软件的要求,将各种数据转换成该软件所要求的数据格式。

2. 坐标变换

若采集的数据不是处于地面坐标系,则应变换到地面坐标系。地面坐标系一般采用国家坐标系,也可采用局部坐标系。

3. 数据编辑

将采集的数据用图形方式显示在计算机屏幕上或展绘在数控绘图仪上,作业人员根据图形,交互式地剔除错误的、过密的及重复的点,发现某些需要补测的区域并进行补测,对断面扫描数据,还要进行扫描的系统误差的改正。

4. 数据分块

由于数据采集方式不同,数据的排列顺序也不同。例如,等高线数据是按各条等高线采集的先后顺序排列的,但是在内插 DEM 时,待定点常常只与其周围的数据点有关。为了能在大量的数据点中迅速查找到所需要的数据点,必须将其进行分块,如图 6.43 所示。分块的过程是先将整个区域分成等大的格网,然后将数据点按其平面坐标划分到不同格网之中。常用的数据分块方法有交换法或链指针法。

(1)交换法。

将数据点按分块格网的顺序进行交换,使属于同一分块格网的数据点连续地存放在一片存储区域中;同时建立一个索引文件,记录每一块数据的第一点在数据文件中的序号(记录号),如图 6.44 所示。每一块数据点的个数可由后一块数据第一点的序号减去该块数据第一点的序号而得到。根据每一块首点序号和点数可迅速检索出属于该块的所有数据点。该方法不需要增加存储量,但数据交换需要花费较多的计算机处理时间。

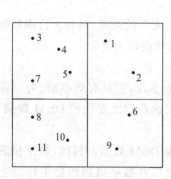

图 6.43　数据分块

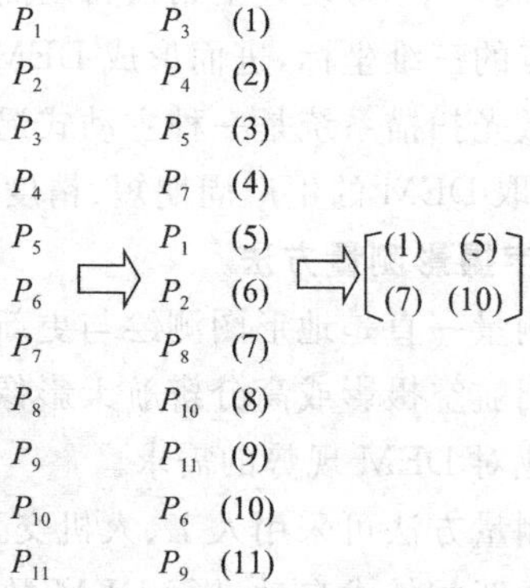

$$
\begin{array}{ll}
P_1 & P_3 \quad (1) \\
P_2 & P_4 \quad (2) \\
P_3 & P_5 \quad (3) \\
P_4 & P_7 \quad (4) \\
P_5 \Rightarrow & P_1 \quad (5) \Rightarrow \begin{bmatrix} (1) & (5) \\ (7) & (10) \end{bmatrix} \\
P_6 & P_2 \quad (6) \\
P_7 & P_8 \quad (7) \\
P_8 & P_{10} \quad (8) \\
P_9 & P_{11} \quad (9) \\
P_{10} & P_6 \quad (10) \\
P_{11} & P_9 \quad (11)
\end{array}
$$

图 6.44　交换法

（2）链指针法。

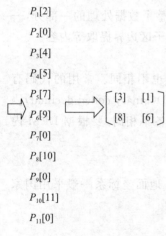

$$
\begin{array}{l}
P_1[2] \\
P_2[0] \\
P_3[4] \\
P_4[5] \\
P_5[7] \\
\Rightarrow P_6[9] \Rightarrow \begin{bmatrix} [3] & [1] \\ [8] & [6] \end{bmatrix} \\
P_7[0] \\
P_8[10] \\
P_9[0] \\
P_{10}[11] \\
P_{11}[0]
\end{array}
$$

图 6.45　链指针法

对于每一个数据点,增加一个存储单元(链指针),存放居于同一个分块格网中下一个点在数据文件中的序号(前向或后向指针),对该分块格网的最后一个点存放一个结束标志,同时建立一个索引文件,记录每块(分块格网)数据的第一个点在数据文件中的序号。检索时由索引文件可检索该块的第一个数据点,再由第一点的链指针可检索该块的下一点直至检索出该块的所有数据点,如图 6.45 所示。也可设置双向链指针,即对每一数据点增加两个存储单元分别存放属于同一块的前一点与后一点的序号,可实现双向检索。该方法不需要进行数据交换,且对所有的数据点进行一次顺序处理即可完成全部分块,因而需要较少的计算机处理时间,但要增加存储量。

5. 子区边界的提取

根据离散的数据点内插规则格网 DEM,通常是将地面看作一个光滑的连续曲面,但是地面上存在着各种各样的断裂线,如陡崖、绝壁及各种人工地物(路堤等),使地面并不光滑,这就需要将地面分成若干区域(子区),使每一子区的表面为一连续光滑曲面。这些子区的边界由特征线与区域的边界线组成。确定每一子区的边界可以采用专门的数据结构或利用图论等方法和理论来解决。

6.4.4　数字高程模型的内插方法

由于所采集的原始数据排列一般是不规则的,为了获取规则格网的数字高程模型,需用格网点附近的数据点,通过一定的算法求出该点的高程,这在数学上属于内插问题。任意一种内插方法都是基于原始函数的连续光滑性,或者说是邻近的数据点之间存在很大的相关性这一基本条件。对于一般的局部地表,连续光滑条件是满足的;但是大范围内的地形是很复杂的,很难满足连续光滑条件。因此在 DEM 内插中一般不采用整体函数内插(即用一个整体函数拟合整个区域),而采用局部函数内插。此时是把整个区域分成若干分块,对各分块使用不同的函数进行拟合,并且要考虑相邻分块函数间的连续性。对于不光滑甚至不连续(存在断裂线)的地表,即使是在一个计算单元中,也要进一步分块处理,并且不能使用光滑甚至连续条件。用于构建 DEM 的内插方法很多,在此仅介绍常用的移动曲面法和有限元法。

1. 移动曲面拟合法

移动曲面拟合法是一种逐点内插方法,它是以每一待定点为中心,用周围的数据点去拟合一个局部函数,从而求出该点的高程。逐点内插法十分灵活,一般情况下精度较高,且计算简单,又不需大的计算机内存,但计算速度可能比其他方法慢,其主要过程为:

(1)选取邻近的数据点。

对 DEM 每一个格网点,从数据点中检索与该 DEM 格网点对应的几个分块格网中的数据点。为了选取邻近的数据点,以待定点 P 为圆心,以 R 为半径作圆,如图 6.46 所示,凡落在圆内的数据点即被选用。所选择的点数应根据所采用的局部拟合函数来确定,在二次曲面内插时,要求选用的数据点个数 $n > 6$。若选择的点数不够时,则应增大 R 的数值,直至数据点的个数 n 满足要求。

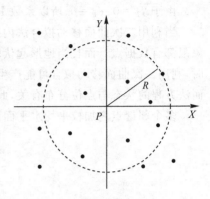

图 6.46　邻近点选取

(2)建立局部坐标系。

对于每一个待定点,都应以该点为原点建立局部坐标系。设待定点 P 的平面坐标为 (X_P, Y_P),则被选用的数据点在新坐标系中的坐标为

$$\left.\begin{aligned} \overline{X}_i &= X_i - X_P \\ \overline{Y}_i &= Y_i - Y_P \\ \overline{Z}_i &= Z_i \end{aligned}\right\} \tag{6.152}$$

式中,$i = 1, 2, \cdots, n$,(X_i, Y_i, Z_i) 为第 i 个数据点原始三维坐标,$(\overline{X}_i, \overline{Y}_i, \overline{Z}_i)$ 是数据点的新坐标。

(3)列出误差方程式。

若选择二次曲面为拟合曲面,则局部函数的一般形式为

$$Z = Ax^2 + Bxy + Cy^2 + Dx + Ey + F \tag{6.153}$$

式中,A、B、C、D、E、F 为方程的待定系数。每一个数据点可列一个误差方程,则数据点 P_i 对应的误差方程式为

$$v_i = \overline{X}_i^2 A + \overline{X}_i \overline{Y}_i B + \overline{Y}_i^2 C + \overline{X}_i D + \overline{Y}_i E + F - Z_i \quad 权:p_i \tag{6.154}$$

(4)计算数据点的权。

这里的权 p_i 并不代表数据点 P_i 的观测精度,而是反映了该点与待定点相关的程度。因此,对于权 p_i 确定的原则应与该数据点与待定点的距离 d_i 有关,d_i 越小,它对待定点的影响应越大,则权应越大;反之当 d_i 越大,权应越小。常采用的权有如下几种形式

$$p_i = \frac{1}{d_i^2} \tag{6.155}$$

$$p_i = \left(\frac{R - d_i}{d_i}\right)^2 \tag{6.156}$$

$$p_i = e^{-\frac{d_i^2}{K^2}} \tag{6.157}$$

式中,R 是选点半径,d 为待定点到数据点的距离,K 是一个供选择的常数,e 是自然对数的

底。这三种权的形式都符合上述选择权的原则,但是它们与距离的关系有所不同。具体选用何种权的形式,需根据地形进行试验选取。

(5)法化求解。

由 n 个数据点列出的误差方程用矩阵表示为

$$V = MX - Z \quad 权阵:P \tag{6.158}$$

式中,M 为系数矩阵。根据平差理论,二次曲面待定系数的解为

$$X = (M^T PM)^{-1} M^T PZ \tag{6.159}$$

由于 $\overline{X}_P = 0$、$\overline{Y}_P = 0$,所以系数 F 就是待定点的内插高程值 Z_P。

当利用二次曲面移动拟合法内插 DEM 时,对点的选择除了满足 $n > 6$ 外,还应保证各个象限都有数据点。而且当地形起伏较大时,半径不能取得很大。当数据点较稀或分布不均匀时,利用二次曲面移动拟合可能产生很大的误差,这是因为解的稳定性取决于法方程的状态,而法方程的状态与点位分布有关,此时可考虑采用平面移动拟合或其他方法。

多个邻近点之加权平均水平面移动拟合法内插公式为

$$Z_P = \frac{\sum_{i=1}^{n} p_i Z_i}{\sum_{i=1}^{n} p_i} \tag{6.160}$$

式中,n 为邻近数据点数,p_i 为第 i 个数据点的权,Z_i 为第 i 个数据点的高程。

2. 有限元法内插

为了解算一个函数,有时需要把它分成为许多适当大小的"单元",在每一单元中用一个简单的函数近似地代表它,如多项式。对于地表也可以用大量的有限面积的单元来趋近,这就是有限元法。有限元可以是简单的平面,也可以是复杂的曲面。当用有限面积的平面来逼近地表时,对应的内插方法是一次样条有限元内插;当用有限曲面拟合地表时,则对应内插方法为三次样条有限元内插。有限元内插和前面介绍的影像重采样所采用的双线性内插和双三次卷积有些类似,内插所用的卷积核是一样的(分别为一次样条函数和三次样条函数),所不同的是影像重采样是用已知的格网点内插待定点的高程,而有限元内插则是用离散的数据点求解规则格网点的高程,如图 6.47 所示。下面仅介绍一次样条有限元的 DEM 内插。

(1)内插原理。

在图 6.47 中,设点 A 的高程为 Z_A,其周围四个格网点的高程分别为 $Z_{i,j}$、$Z_{i+1,j}$、$Z_{i,j+1}$、$Z_{i+1,j+1}$,当以格网间隔为单位长度时 A 相对于 (i,j) 的偏移量为 ΔX、ΔY,则按一次样条函数,Z_A 与周围格网点的高程关系应为

$$Z_A = (1-\Delta x)(1-\Delta y)Z_{i,j} + \Delta x(1-\Delta y)Z_{i+1,j} +$$
$$\Delta x \Delta y Z_{i+1,j+1} + (1-\Delta x)\Delta y Z_{i,j+1} \tag{6.161}$$

若 A 点是已知高程的数据点,$Z_{i,j}$、$Z_{i+1,j}$、$Z_{i,j+1}$、$Z_{i+1,j+1}$ 是待求值,则可用 A 点高程 Z_A 作为观测值,由式(6.161)列出如下的误差方程

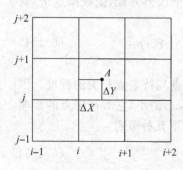

图 6.47　一次样条有限元内插

$$v_A = (1-\Delta x)(1-\Delta y)Z_{i,j} + \Delta x(1-\Delta y)Z_{i+1,j} +$$
$$\Delta x \Delta y Z_{i+1,j+1} + (1-\Delta x)\Delta y Z_{i,j+1} - Z_A \tag{6.162}$$

为了保证内插后地表的光滑,可利用 X 和 Y 方向上的二次差分为零这一条件构成第二类虚拟观测值误差方程式

$$\left.\begin{array}{l} v_x(i,j)=Z_{i-1,j}-2Z_{i,j}+Z_{i+1,j}-0 \\ v_y(i,j)=Z_{i,j-1}-2Z_{i,j}+Z_{i,j+1}-0 \end{array}\right\} \tag{6.163}$$

式(6.163)的观测值为零可看作是一种虚拟观测值,可给予适当的权。最简单的是认为所有虚拟观测值不相关且等权为 1。

将内插范围内的所有已知数据点都按式(6.162)列出误差方程,所有格网点都按式(6.163)列出虚拟误差方程,则可得到全部误差方程式。将它们组合到一起,按最小二乘原理统一法化求解,则可求出各待求点的高程。

(2)断裂线的处理。

断裂线反映了地形中不连续的地方,在此地表连续的假设不再成立,因而在内插中必须作相应的处理。对断裂线进行处理的主要方法是:

为了突出断裂线所显示的特征,可在原始采集的数据点的基础上作线性内插,加密断裂线点,特别是断裂线与 DEM 格网线交点之平面坐标与高程,它对以后等高线的搜索与绘制十分重要。

将计算单元按断裂线划分成子区,并确定每个子区由哪几条断裂线与边界线组成,这是数据预处理的内容。

分子区内插的原则是不属于该子区的数据点不参加该子区的平差计算。根据这个要求,首先要确定数据点是否属于该子区。方法之一是所谓跌落法,即过数据点 P 作一半垂线(跌落线),判断该跌落线与该子区边界线是否相交以及相交的次数,若相交次数为奇数次,则该点 P 落在该子区内。方法之二是符号判断法,已知 P' 是子区内的点,将点 P 和 P' 的平面坐标代入边界的直线方程,若对所有边界它们的符号都相等,则 P 位于该子区内,否则在子区外。

将数据点划分子区后,分子区进行内插计算。

6.4.5　不规则的构建方法和存储

不规则三角网(TIN)是能充分反映地表特征点和特征线的 DEM 形式,其本质是用特征点将地表分割为相互连接但不能重叠的若干三角形平面。为使 TIN 能最佳地表达地表形态,在构建时应遵循以下几个基本原则:①TIN 是唯一的;②各三角形之间不能交叉;③力求最佳的三角形形状,每个三角形尽量是接近等边,三角形的三个角尽量是锐角,避免过大的钝角和过小的锐角;④保证最邻近的点构成三角形,即三角形的边长之和为最小。在这些原则下,可以采用多种方法构建 TIN。

1. 角度判断法构建 TIN

该方法是当已知三角形的两个顶点(即一条边)后,利用余弦定理计算备选第三顶点所构成三角形内角的大小,选择最大者对应的点为该三角形的第三顶点。其步骤为:

(1)将原始数据分块,以便检索所处理三角形邻近的点,而不必检索全部数据。

(2)确定第一个三角形。从离散点中任取一点 A,通常可取数据文件中的第一个点或左下角检索格网中的第一个点。在其附近选取距离最近的一个点 B 作为三角形的第二个点。然后对附近的点 C_i,利用余弦定理计算 $\angle C_i$,即

$$\cos\angle C_i=\frac{a_i^2+b_i^2-c}{2a_ib_i} \tag{6.164}$$

式中，$a_i=BC_i$，$b_i=AC_i$，$c=AB$。

若，$\angle C=\max\{\angle C_i\}$，则 C 为该三角形第三顶点。

(3)三角形的扩展。由第一个三角形往外扩展，将全部离散点构成三角网，并要保证三角网中没有重复和交叉的三角形。其做法是依次对每一个已生成的三角形新增加的两边，按角度最大的原则向外进行扩展，并进行是否重复的检测。

备选扩展顶点的选择。若从顶点为 $P_1(x_1,y_1)$、$P_2(x_2,y_2)$、$P_3(x_3,y_3)$ 的三角形之 P_1P_2 边向外扩展，应取与 P_3 在直线 P_1P_2 异侧的点。P_1P_2 直线方程为

$$F(x,y)=(y_2-y_1)(x-x_1)-(x_2-x_1)(y-y_1)=0 \qquad (6.165)$$

若备选点 P 的坐标为 (x,y)，则当 $F(x,y)\cdot F(x_3,x_3)<0$ 时，P 与 P_3 在直线 P_1P_2 的异侧，则该点可作为备选扩展顶点。

重复与交叉的检测。由于任意一边最多只能是两个三角形的公共边，因此只需给每一边记下扩展的次数，当该边的扩展次数超过 2，则该扩展无效；否则扩展才有效。

当所有生成的三角形的新生边均经过扩展处理后，则全部离散的数据点被连成了一个不规则的三角网 DEM。

2. 泰森多边形与德洛奈(Delaunay)三角网

若区域 D 上有 n 个离散点 $P_i(x_i,y_i)(i=1,2,\cdots,n)$，若将区域 D 用一组直线段分成 n 个互相邻接的多边形，且满足：①每个多边形内含且仅含一个离散点；②D 中任意一点 $P'(x',y')$ 若位于 P_i 所在的多边形内，则 $\sqrt{(x'-x_i)^2+(y'-y_i)^2}<\sqrt{(x'-x_j)^2+(y'-y_j)^2}(j\neq i)$；③若 P' 在 P_i 与 P_j 所在的两多边形公共边上，则 $\sqrt{(x'-x_i)^2+(y'-y_i)^2}=\sqrt{(x'-x_j)^2+(y'-y_j)^2}(j\neq i)$。

这些多边形称为泰森多边形。由以上定义可知，泰森多边形的分法是唯一的；每个泰森多边形均是凸多边形；任意两个泰森多边形不存在公共区域。用直线连接每两个相邻多边形内的离散点而生成的三角网称为德洛奈三角网。在德洛奈三角网中，每个三角形的 3 个顶点都对应 3 个泰森多边形，这三个多边形的公共顶点正好落在三角形内。可以证明该公共顶点是该三角形外接圆的圆心，且在三角形外接圆内不会包含其他离散点。这个特性就是建立德洛奈三角网的基本法则，被称为空圆法则或德洛奈法则。按这一法则所形成的构建德洛奈三角网的方法称为递归生长算法，其主要过程为：

(1)从数据点中任取一点 A，且取距 A 最近的一点作为 B。

(2)在 A、B 附近的点 $C_i(i=1,2,\cdots,n)$ 中选取符合德洛奈法则的点。作 A、B、C_i 的外接圆，若圆内不包含其他数据点则 C_i 为备选顶点。当有多个备选顶点时，以三角形边长总和最小为条件确定三角形的第三个顶点。

(3)重复与交叉检测(与角度法相同)。

(4)用已经生成的三角形的一条边作为新的 A、B，重复步骤(2)、步骤(3)过程建立新三角形，直至所有离散点都构成三角形。

3. TIN 的存储

TIN 的数据存储方式与矩形格网 DEM 存储方式大不相同，它不仅要存储每个网点的高程，还要存储其平面坐标、网点连接的拓扑关系、三角形及邻接三角形等信息，因此存储结构比格网 DEM 要复杂得多。常用的 TIN 存储结构主要有直接表示网点邻接关系的结构、表示三角形及邻接关系的结构、混合表示网点及三角形邻接关系的结构等三种形式，下面以图 6.48 所示的 TIN 为例，对这三种存储结构加以说明。

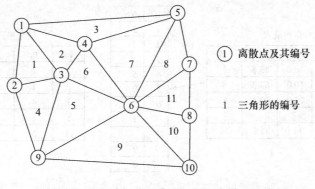

图 6.48 不规则三角网

（1）直接表示网点邻接关系的结构。

如图 6.49 所示，这种数据结构由网点坐标与
高程值表及网点邻接的指针链构成。网点邻接的
指针链是用每点所有邻接点的编号按顺时针（或
逆时针）方向顺序存储构成。这种数据结构的特
点是存储量小，编辑方便，但是三角形及邻接关系
都需要实时再生成，且计算量较大，不便于 TIN 的
快速检索与显示。

（2）直接表示三角形邻接关系的结构。

如图 6.50 所示，这种数据结构由网点坐标
与高程、三角形及邻接三角形等三个数表构成，
每个三角形都作为数据记录直接存储，并用指向
三个网点的编号定义。三角形中三边相邻接的三角形也作为数据记录直接存储，并用指向
相应三角形的编号来表示。这种数据结构的最大特点是检索网点拓扑关系效率高，便于等
高线快速插绘、TIN 快速显示与局部结构分析，其不足之处是需要的存储量较大，且编辑也
不方便。

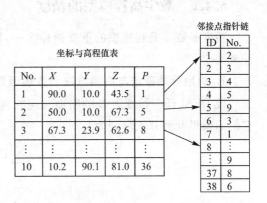

图 6.49 直接表示网点邻接关系的结构

坐标与高程值表

No.	X	Y	Z
1	90.0	10.0	43.5
2	50.0	10.0	67.3
3	67.3	23.9	62.6
⋮	⋮	⋮	⋮
10	10.2	90.1	81.0

三角形表

No.	P_1	P_2	P_3
1	1	2	3
2	1	3	4
3	4	5	1
⋮	⋮	⋮	⋮
11	6	7	8

邻接三角形表

No.	△1	△2	△3
1	2	4	
2	1	3	6
3	2	7	
⋮	⋮	⋮	⋮
11	8	10	

图 6.50 直接表示三角形邻接关系的结构

（3）混合表示网点及三角形邻接关系的结构。

根据以上两种结构的特点与不足，Mckenna 提出了一种混合表示网点及三角形邻接关系
的结构。它是在直接表示网点邻接关系的结构的基础上，再增加一个三角形表，其存储量与直
接表示三角形及邻接关系的结构相当，但编辑与快速检索都较方便，如图 6.51 所示。

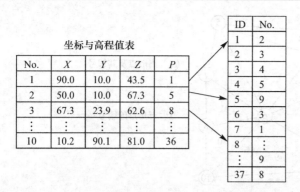

图 6.51　混合表示网点及三角形邻接关系的结构

6.4.6　数字高程模型的精度

精度是数字高程模型的重要指标之一,因此在 DEM 投入应用之前必须对其精度进行估计或测定。

1. 由地形功率谱与内插方法的传递函数估计 DEM 精度

设 DEM 任一长度为 L 的断面对应的真实高程为 $Z(x)$,内插获得的 DEM 高程为 $\overline{Z}(x)$,它们的傅里叶展开式分别为

$$Z(x) = \sum_{K=0}^{\infty} C_K \cos\left(\frac{2\pi K x}{L} - \varphi_K\right) \tag{6.166}$$

$$\overline{Z}(x) = \sum_{K=0}^{\infty} \overline{C}_K \cos\left(\frac{2\pi K x}{L} - \overline{\varphi}_K\right) \tag{6.167}$$

式中,C_K、φ_K 为 $Z(x)$ 对应于周期 $\dfrac{2\pi K x}{L}$ 信号分量的振幅与相位,$\overline{C}_K$、$\overline{\varphi}_K$ 为 $\overline{Z}(x)$ 对应于周期 $\dfrac{2\pi K x}{L}$ 信号分量的振幅与相位。

$\overline{Z}(x)$ 相对于 $Z(x)$ 的均方误差为(其中假设常数分量为零)

$$\begin{aligned}\sigma_Z^2 &= \frac{1}{L}\int_0^L \left[Z(x) - \overline{Z}(x)\right]^2 \mathrm{d}x \\ &= \frac{1}{L}\int_0^L \left\{\sum_{K=0}^{\infty}\left[C_K \cos\left(\frac{2\pi K x}{L} - \varphi_K\right) - \overline{C}_K \cos\left(\frac{2\pi K x}{L} - \overline{\varphi}_K\right)\right]\right\}^2 \mathrm{d}x\end{aligned} \tag{6.168}$$

当满足采样定理且 L 充分大时,相位可忽略不计,则

$$\sigma_Z^2 \approx \frac{1}{L}\int_0^L \left[\sum_{K=0}^{\infty}(C_K - \overline{C}_K)\cos\frac{2\pi K x}{L}\right]^2 \mathrm{d}x \tag{6.169}$$

若 $\dfrac{L}{m}$ 为截止频率,则当 $K > m$ 时,$C_k = 0$。由于

$$\int_0^L \cos\frac{2\pi K_1}{L}x \cos\frac{2\pi K_2}{L}x\,\mathrm{d}x = 0 \quad (K_1 \neq K_2) \tag{6.170}$$

$$\int_0^L \left(\cos\frac{2\pi K}{L}x\right)^2 \mathrm{d}x = \frac{L}{2} \tag{6.171}$$

因此有

$$\sigma_Z^2 \approx \frac{1}{2} \sum_{K=0}^{m} (C_K - \overline{C}_K)^2 = \frac{1}{2} \sum_{K=0}^{m} \left(1 - \frac{\overline{C}_K}{C_K}\right)^2 C_K^2$$

$$= \frac{1}{2} \sum_{K=0}^{m} \left[1 - H(u_K)\right]^2 C_K^2 \tag{6.172}$$

式中，$H(u_K) = \dfrac{\overline{C}_K}{C_K}$ 称为所应用内插方法的传递函数，$u_K = f_K \Delta x < \dfrac{1}{2}$ $(K = 0, 1, 2, \cdots, m)$，Δx 为采样间隔，$f_K = \dfrac{L}{K}$ 为频率，C_k^2 则是剖面 L 的地形功率谱。

对于二维情况，可由 X 剖面中误差 σ_{ZX} 与 Y 剖面中误差 σ_{ZY} 得

$$\sigma_Z^2 = \sigma_{ZX}^2 + \sigma_{ZY}^2 \tag{6.173}$$

在实际应用中，由于剖面高程 Z 中包含量测误差 σ_m^2，它一方面对功率谱 C_k^2 的计算产生影响，另一方面作为 DEM 内插的原始数据本身是带有中误差 σ_m 的。根据 Tempfli 的研究，在 XZ 坐标系中，用线性内插法内插 DEM 的精度为

$$\sigma_{\text{DEM}}^2 = \sigma_Z^2 + \left(\frac{2}{3}\right)\sigma_m^2 \tag{6.174}$$

而用抛物双曲面进行双线性内插 DEM 的精度为

$$\sigma_{\text{DEM}}^2 = \sigma_Z^2 + \left(\frac{2}{3}\right)^2 \sigma_m^2 \tag{6.175}$$

理论和实验都表明 DEM 的精度主要取决于采样间隔和地形的复杂程度，若不同的内插方法应用合理，所得 DEM 的精度相差并不大。

2. 利用检查点的 DEM 精度评定

在 DEM 内插时，预留一部分数据点不参加 DEM 内插而作为检查点，在建立 DEM 之后，再由 DEM 内插出这些点的高程。设检查点的高程为 $Z_K (K = 1, 2, \cdots, n)$，用 DEM 内插出的高程为 $\overline{Z}_K$，则 DEM 的精度为

$$\sigma_{\text{DEM}}^2 = \frac{1}{n} \sum_{K=1}^{m} (\overline{Z} - Z_K)^2 \tag{6.176}$$

6.4.7　数字高程模型的应用

DEM 作为一种基础的地理信息数据，广泛应用于测绘、军事、工程设计、工程预算、城乡规划等多个行业和领域。本小节主要介绍 DEM 在测绘中的应用。

1. DEM 的内插

DEM 的最基本应用之一是利用 DEM 内插出地面任一点的高程。DEM 分为规则格网 (Grid) 和不规则三角形 (TIN) 两种，由于它们表达地表的方式不同，所以其内插方法也各不相同。

(1) 规则格网 DEM 的内插。

若需求出 DEM 范围内任意一点 $P(X, Y)$ 的高程，由于已知该点周围所有格网点的高程，因此可利用这些格网点高程拟合一个二次或三次曲面，然后计算该点的高程。下面仅介绍双线性多项式内插方法。

根据最邻近的 4 个数据点，可确定一个双线性多项式

$$Z = a_{00} + a_{10}X + a_{01}Y + a_{11}XY \tag{6.177}$$

式中，a_{00}、a_{10}、a_{01} 与 a_{11}、是方程的系数。利用 $P(X,Y)$ 周围的 4 个已知数据点求出这 4 个系数，然后根据待定点的坐标 (X,Y) 即可内插出该点的高程。双线性多项式的特点是：当坐标 X（或 Y）为常数时，高程 Z 与坐标 Y（或 X）呈线性关系，故称其为"双线性"。

（2）三角网中的内插。

在建立 TIN 后，可以由 TIN 解求该区域内任意一点的高程。由于 TIN 是用若干个三角形平面表达地表，因此在一个三角形内的任一点都位于该三角形平面上，即与三角形的三个顶点共面，这就是 TIN 的内插原理。由于 TIN 的结构复杂，因此检索待内插点落入哪个三角形要比检索落入规则格网中的哪个格网要复杂得多，这也是 TIN 内插的关键。用 TIN 内插地面任一点高程的步骤为：

给定任一点的平面坐标 $P(X,Y)$，要基于 TIN 内插该点的高程 Z，首先要确定点 P 落在 TIN 的哪个三角形中，具体做法：①在数据分块文件中，根据 (X,Y) 计算出 P 落在哪一数据块中，将该数据块中的点取出逐一计算这些点 $P_i(X_i,Y_i)$（$i=1,2,\cdots,n$）与 P 的距离，并取出距离最小的点 P_m；②在 TIN 中依次取出以 P_m 为顶点的三角形，判断 P 是否位于该三角形内。判断方法是首先计算三角形的重心 P_0，然后将 P 和 P_0 的坐标分别代入三角形三条边的直线方程中，若对三条边的计算结果均为同号，则 P 位于该三角形内，否则不在该三角形内；③若 P 不在以 P_m 为顶点的任意一个三角形中，则取距离 P 次近的数据点，重复步骤②，直至检索出 P 所在的三角形。

在 TIN 中取出 $P(X,Y)$ 所在三角形的三顶点坐标 (X_1,Y_1,Z_1)、(X_2,Y_2,Z_2) 与 (X_3,Y_3,Z_3)，则根据共面条件有

$$\begin{vmatrix} X & Y & Z & 1 \\ X_1 & Y_1 & Z_1 & 1 \\ X_2 & Y_2 & Z_2 & 1 \\ X_3 & Y_3 & Z_3 & 1 \end{vmatrix}=0$$

从而可解出 P 点高程为

$$Z=Z_1-\frac{(X-X_1)(Y_{21}Z_{31}-Y_{31}Z_{21})+(Y-Y_1)(Z_{21}X_{31}-Z_{31}X_{21})}{X_{21}Y_{31}-X_{31}Y_{21}} \tag{6.178}$$

式中

$$X_{21}=X_2-X_1, \qquad X_{31}=X_3-X_1$$
$$Y_{21}=Y_2-Y_1, \qquad Y_{31}=Y_3-Y_1$$
$$Z_{21}=Z_2-Z_1, \qquad Z_{31}=Z_3-Z_1$$

2. 等高线绘制

利用规则格网或不规则三角形 DEM 都能自动绘制等高线，且都包括以下两个主要步骤：①利用 DEM 搜索等高线点，并将这些等高线点按顺序排列（即等高线的跟踪）；②利用这些顺序排列的等高线点的平面坐标 X、Y 进行插补，即进一步加密等高线点并绘制成光滑的曲线。二者的差别主要在于等高线点的搜索方法不同。

1）利用规则格网 DEM 绘制等高线

在规则格网边上内插并排列等高线点的方法很多，但总的来说可以分为两种方式：一种方式是对每条等高线边内插边排序；另一种方式是逐格网内插出穿越该格网的所有等高线点，再逐一排列每条等高线的点。下面以"按每条等高线的走向顺序插点"的方法为例，说明等高线

点的搜索方法。

按每条等高线的走向顺序插点是一种按逐条等高线的走向边搜索边插点的方法,因此内插等高线点及其排列是同时完成的,其主要过程如下:

(1)确定等高线高程。

为了在整个绘图范围中绘制出全部等高线,首先要根据 DEM 中的最低点高程 $Z_{\min}$ 与最高点高程 $Z_{\max}$,计算最低等高线高程 $z_{\min}$ 与最高等高线高程 $z_{\max}$。设等高距为 ΔZ,则

$$z_{\min} = \text{int}\left(\frac{Z_{\min}}{\Delta Z + 1}\right) \cdot \Delta Z \tag{6.179}$$

$$z_{\max} = \text{int}\left(\frac{Z_{\max}}{\Delta Z} \cdot \Delta Z\right) \tag{6.180}$$

若 $z_{\max} = Z_{\max}$,则 $z_{\max} = Z_{\max} - \Delta Z$。各等高线高程为

$$z_K = z_{\min} + K \cdot \Delta Z \quad (K = 0, 1, \cdots, l; l = \frac{z_{\max} - z_{\min}}{\Delta Z}) \tag{6.181}$$

(2)计算状态矩阵。

为了记录等高线通过 DEM 格网的情况,可设置两个状态矩阵 $\boldsymbol{H}^{(K)}$ 与 $\boldsymbol{V}^{(K)}$

$$\boldsymbol{H}^{(K)} = \begin{bmatrix} h_{00}^{(K)} & h_{01}^{(K)} & \cdots & h_{0n}^{(K)} \\ h_{10}^{(K)} & h_{11}^{(K)} & \cdots & h_{1n}^{(K)} \\ \vdots & \vdots & & \vdots \\ h_{m0}^{(K)} & h_{m0}^{(K)} & \cdots & h_{mn}^{(K)} \end{bmatrix} \tag{6.182}$$

$$\boldsymbol{V}^{(K)} = \begin{bmatrix} v_{00}^{(K)} & v_{01}^{(K)} & \cdots & v_{0n}^{(K)} \\ v_{10}^{(K)} & v_{11}^{(K)} & \cdots & v_{1n}^{(K)} \\ \vdots & \vdots & & \vdots \\ v_{m0}^{(K)} & v_{m0}^{(K)} & \cdots & v_{mn}^{(K)} \end{bmatrix} \tag{6.183}$$

式中,$\boldsymbol{H}^{(K)}$ 与 $\boldsymbol{V}^{(K)}$ 分别表示等高线穿过 DEM 格网水平边与竖直边的状态,$m+1$ 为 DEM 的行数,$n+1$ 为 DEM 的列数。若 $v_{i,j}^{(K)} = 1$,表明格网点 (i,j) 的竖边有高程为 z_k 的等高线通过;若 $v_{i,j}^{(K)} = 0$,则格网点 (i,j) 的竖边没有高程为 z_k 的等高线通过。同理,若 $h_{i,j}^{(K)} = 1$,则表明格网点 (i,j) 的水平边有高程为 z_k 的等高线通过,否则没有等高线通过。

格网 (i,j) 水平边有高程为 z_K 的等高线通过的条件为等高线高程介于格网水平边两端点的高程之间,即 $Z_{i,j} < z_K < Z_{i,j+1}$。这个条件等价于

$$(Z_{i,j} - z_K)(Z_{i,j+1} - z_K) < 0 \tag{6.184}$$

同理格网 (i,j) 竖直边有高程为 z_K 的等高线通过的条件为

$$(Z_{i,j} - z_K)(Z_{i+1,j} - z_K) < 0 \tag{6.185}$$

为避免式(6.184)和式(6.185)出现 0,从而使程序设计更为简单,可对高程等于等高线高程的格网点加(或减)一个微小高程值 ε。为了不影响等高线的绘制精度,ε 一般可取值为 10^{-4} m。

(3)搜索等高线的起点。

与边界相交的等高线为开曲线,不与边界相交的等高线为闭曲线。通常首先跟踪开曲线,即先沿 DEM 的四边搜索,然后搜索闭曲线。

在状态矩阵 $\boldsymbol{H}^{(K)}$ 和 $\boldsymbol{V}^{(K)}$ 的四周,所有等于 1 的元素均对应着一条开曲线的起点(或终

点)。在搜索到一个开曲线的起点后,将其相应的状态矩阵元素置零,内插该等高线点的坐标,并跟踪该等线上的所有点。处理完开曲线后,再处理闭曲线。此时可按先列(行)后行(列)的顺序搜索 DEM 内部格网的水平边(或竖直边),所遇到的第一个等高线通过的边即闭曲线的起点边。闭曲线起点对应的矩阵元素仍保留原值 1。

(4)内插等高线点。

等高线点的坐标一般采用线性内插。格网 (i,j) 水平边上等高线点坐标 (x_p,y_p) 为

$$\left. \begin{aligned} x_p &= x_j + \frac{z_K - Z_{i,j}}{Z_{i,j+1} - Z_{i,j}} \cdot \Delta x \\ y_p &= y_i \end{aligned} \right\} \tag{6.186}$$

竖直边上等高线点的坐标 (x_q,y_q) 为

$$\left. \begin{aligned} x_q &= x_j \\ y_q &= y_i + \frac{z_K - Z_{i,j}}{Z_{i+1,j} - Z_{i,j}} \cdot \Delta y \end{aligned} \right\} \tag{6.187}$$

式中,$x_j = x_0 + j \cdot \Delta x$,$y_i = y_0 + i \cdot \Delta y$,$(x_0,y_0)$ 为 DEM 起点坐标,Δx、Δy 为 DEM 在 x、y 方向的格网间隔。

(5)搜索下一个等高线点。

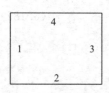

图 6.52　格网边编号

在找到等高线起点后,即可顺序跟踪搜索等高线点。为此可将起点所在的格网边按顺时针或逆时针顺序编号为 1、2、3、4,并设进入边号为 1,如图 6.52 所示。然后按顺序搜索等高线穿过此格网的离去边,离去边即为下一个等高线点的所在边,也是下一个格网的进入边。

在搜索到下一个等高线点后,即按式(6.186)或式(6.187)计算该点坐标。将每一搜索到的等高线点对应的状态矩阵元素置零是必要的,它表明该等高线点已被处理过了。当状态矩阵 $H^{(K)}$ 与 $V^{(K)}$ 变为零矩阵时,高程为 z_K 的等高线就全部被搜索出来了。

(6)搜索等高线终点。

对于开曲线,当下一点是 DEM 边界上的点时,该点即为此等高线的终点。对于闭曲线,当下一个点也是该等高线第一点时,该点即为其终点。由于在搜索闭曲线起点时,保留其对应的状态矩阵元素为 1,这就保证了能够搜索到闭曲线的终点。

由上述步骤获得的是一系列离散的等高线点,显然,若将这些离散点依次相连,只能获得一条不光滑的由一系列折线组成的"等高线"。为了获得一条光滑的等高线,在这些离散的等高线点之间还必须插补(加密)。插补的方法很多,一般来说,对于插补的方法有以下要求:①曲线应通过已知的等高线点(常称为节点);②曲线在节点处光滑,即其一阶导数(或二阶导数)是连续的;③相邻两个节点间的曲线没有多余的摆动;④同一等高线自身不能相交。

目前,常用的一些插补方法都能严格满足上述的条件①和②,对后两个条件则不能完全保证。特别是当节点分布不均匀或较稀疏时,问题更为突出。张力样条函数的插补方法,主要是针对解决曲线的多余摆动而提出来的。当数字高程模型的格网较密,离散等高线点分布比较均匀时,利用分段三次多项式插补方法也能满足后两个条件。

经过上述的等高线跟踪与光滑处理,即可将等高线图经数控绘图仪绘出或显示在计算机屏幕上。

2）基于三角网的等高线绘制

基于 TIN 绘制等高线直接利用原始观测数据，避免了 DEM 内插的精度损失，因而等高线精度较高。同一高程的等高线只穿过一个三角形最多一次，因而程序设计也较简单。基于三角网的等高线点搜索可按三角形的顺序进行，其基本过程如下：

（1）对给定的等高线高程 h，与所有网点高程 $z_i(i=1,2,\cdots,n)$ 进行比较，若 $z_i=h$ 则将加上（或减）一个微小正数 $\varepsilon(\varepsilon>0)$，以便程序设计简单而又不影响等高线的精度。

（2）设立三角形标志数组，其初始值为零，每一元素与一个三角形对应，凡处理过的三角形将标志置为 1，以后不再处理，直至等高线高程改变。

（3）按顺序判断每一个三角形的三边中的两条边是否有等高线穿过。若三角形一边的两端点为 $P_1(x_1,y_1,z_1)$、$P_2(x_2,y_2,z_2)$，则

$$(z_1-h)(z_2-h)\begin{cases}<0,该边有等高线点\\>0,该边无等高线点\end{cases}$$

直至搜索到等高线与网边的第一个交点，称该点为搜索起点，也是当前三角形的等高线进入边。线性内插该点的平面坐标 (x,y) 为

$$\left.\begin{aligned}x&=x_1+\frac{x_2-x_1}{z_2-z_1}(z-z_1)\\y&=y_1+\frac{y_2-y_1}{z_2-z_1}(z-z_1)\end{aligned}\right\}\tag{6.188}$$

（4）搜索该等高线在该三角形的离去边，也是相邻三角形的进入边，并内插其平面坐标。搜索与内插方法与上面的搜索起点相同，不同的只是仅对该三角形的另两边作处理。

（5）进入相邻三角形，重复步骤（4），直至离去边没有相邻三角形（此时等高线为开曲线）或相邻三角形是搜索起点所在的三角形（此时等高线为闭曲线）时为止。

（6）对于开曲线，将已搜索到的等高线点顺序倒过来，并回到搜索起点向另一方向搜索，直至到达边界（即离去边没有相邻三角形）。

（7）当一条等高线全部跟踪完后，将其光滑输出，方法与前面所述矩形格网等高线的绘制相同。

（8）改变等高线高程，重复以上过程，直到完成全部等高线的绘制。

3. 透视立体图制作

透视立体图能更好地反映地形的立体形态，非常直观，与采用等高线表示地形形态相比有其自身独特的优点。用 DEM 制作透视立体图，是将三维数字高程模型变为一个平面上的二维透视图，这实质上是一个透视变换。这对于摄影测量工作者来说是一个十分简单的问题。透视图中的另一个问题是"消除"的问题，即处理前景挡后景的问题。

从三维立体数字地面模型至二维平面透视图的变换方法很多，利用摄影原理的方法是较简单的一种。此时，可以将"视点"看作"投影中心"，将视线方位 t 和视线俯角 φ 作为摄影姿态，则可以直接应用共线方程从物点 (X,Y,Z) 计算二维"像点"坐标 (x,y)，即

$$\left.\begin{aligned}x&=-f\,\frac{\bar{x}}{\bar{z}}\\y&=-f\,\frac{\bar{y}}{\bar{z}}\end{aligned}\right\}\tag{6.189}$$

式中，f 是视点到屏幕的距离，且

$$\begin{bmatrix} \bar{x} \\ \bar{y} \\ \bar{z} \end{bmatrix} = \begin{bmatrix} 1 & 0 & 0 \\ 0 & \cos\varphi & -\sin\varphi \\ 0 & \sin\varphi & \cos\varphi \end{bmatrix} \begin{bmatrix} \cos t & \sin t & 0 \\ -\sin t & \cos t & 0 \\ 0 & 0 & 1 \end{bmatrix} \begin{bmatrix} X-X_S \\ Y-Y_S \\ Z-Z_S \end{bmatrix} \tag{6.190}$$

式中,(X_S,Y_S,Z_S)为视点位置。

在透视立体制作中,"消隐"处理是另一个重要环节。在绘制立体图形时,如果前面的透视剖面线上各点的 y 坐标大于(或部分大于)后面某一条透视剖面线上的 y 坐标时,则后面那条透视剖面线就会被隐藏或部分被隐藏,这样的隐藏线就应在透视图上消去,这就是绘制立体透视图的"消隐"处理。

6.5　数字微分纠正

在模拟摄影测量中应用纠正仪将航摄像片纠正成为像片平面图,在解析摄影测量中则是利用正射投影仪制作正射影像图。这些经典的光学纠正仪器在数学关系上受到很大的限制,特别是近代遥感技术中许多新的传感器的出现,产生了不同于经典的框幅式航摄像片的影像,使得经典的光学纠正仪器难以适应这些影像的纠正任务,而且这些影像本身就是数字影像,不便使用这些光学纠正仪器。

使用数字影像处理技术,不仅便于影像增强、改变反差等辐射校正,而且可以非常灵活地进行影像的几何变换。根据有关的参数与数字地面模型,利用相应的构像方程式(或按一定的数学模型),将原始非正射投影的数字影像转换为正射投影影像的过程称为数字正射纠正。这种过程是将影像化为很多微小的区域逐一进行,且使用的是数字方式处理,故也称为数字微分纠正或数字纠正。数字微分纠正在数学上属于映射的范畴。

6.5.1　画幅式影像的数字微分纠正

画幅式影像是标准的中心投影影像,其物像关系可以用共线条件方程准确描述,因此对该种影像进行数字微分纠正的数学模型就是共线条件方程。但在对画幅式影像进行微分纠正之前,除了具有对应地区的 DEM 数据外,还必须已知像片的内、外方位元素。

由于共线条件方程有正解方程(由像点坐标计算地面点坐标)和反解方程(由地面点坐标计算对应的像点坐标)两种,因此数字微分纠正也相应出现了正解法(也称直接法)和反解法(也称间接法)两种纠正方案。如图 6.53 所示,正解法(直接法)是从原始像片出发,由像点坐标 (x,y) 求其在正射影像上的坐标 (X,Y),并把像点的灰度直接赋给正射影像;反解法(间接法)则是从正射影像出发,用 (X,Y) 计算对应的 (x,y),然后取出 (x,y) 的灰度作为正射影像的灰度。

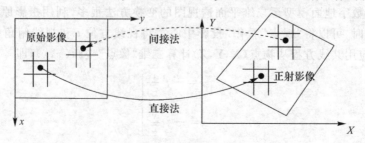

图 6.53　直接法和间接法几何校正

1. 正解法(直接法)数字微分纠正

正解法数字微分纠正的原理如图 6.54 所示,它是从原始影像出发,将原始影像上逐个像元素,用共线方程正解公式求得纠正后的正射像点坐标,并将原始像点灰度直接赋给正射像点。这一方案存在两个明显的缺点:其一是在纠正影像上所得的像点呈非规则排列,有的像元素内可能"空白"(无像点),有的可能重复(多个像点),因此要获得规则排列的纠正数字影像,必须采用较为复杂的灰度内插方法。其二,由共线方程的正解公式

$$
\left.
\begin{aligned}
X &= Z \cdot \frac{q_1 x + a_2 y - a_3 f}{c_1 x + c_2 y - c_3 f} \\
Y &= Z \cdot \frac{b_1 x + b_2 y - b_3 f}{c_1 x + c_2 y - c_3 f}
\end{aligned}
\right\}
\tag{6.191}
$$

可知,由 (x,y) 求其在正射影像上的坐标 (X,Y),还必须已知 Z,但 Z 又是待定量 (X,Y) 的函数,与 (x,y) 没有直接关系,因此要由 (x,y) 求得 (X,Y),必先假定一高程近似值 Z_0,并用正解公式先求得 (X_1,Y_1),再由 DEM 内插得到 (X_1,Y_1) 的高程 Z_1;然后又由正算公式求得 (X_2,Y_2),如此反复迭代,直至 (X,Y) 值不变为止,如图 6.55 所示。

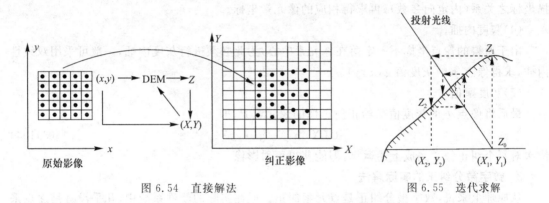

图 6.54　直接解法　　　　　　　　　　　　　图 6.55　迭代求解

由于正解法存在这些缺点,所以数字微分纠正一般采用反解法。

2. 反解法(间接法)数字微分纠正

反解法(间接法)纠正是从正射影像出发,用正射像点所对应的 (X,Y),从 DEM 中内插出对应的 Z,然后用共线方程的反解公式计算对应的原始影像坐标 (x,y),最后用灰度重采样方法得到 (x,y) 处的灰度并赋予正射影像,如图 6.56 所示。因为 DEM 是 (X,Y) 的函数且原始影像是规则格网影像,因此该方法避免了直接法的迭代过程和复杂的灰度内插,有效地克服了直接法所存在的缺陷。其纠正过程为:

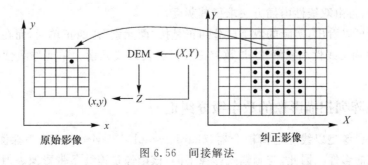

图 6.56　间接解法

（1）计算地面点坐标。

设正射影像上任意一点（像素中心）P 的坐标为 (X', Y')，由正射影像左下角图廓点地面坐标 (X_0, Y_0) 与正射影像比例尺分母 M 计算 P 点对应的地面坐标 (X, Y)，即

$$\left. \begin{aligned} X &= X_0 + M \cdot X' \\ Y &= Y_0 + M \cdot Y' \end{aligned} \right\} \tag{6.192}$$

（2）内插高程。

用前面介绍的 DEM 内插方法计算 (X, Y) 处的高程 Z。

（3）计算像点坐标。

应用反解公式计算原始影像上相应像点 p 的坐标 (x, y)，即

$$\left. \begin{aligned} (x - x_0) &= -f \cdot \frac{a_1(X - X_S) + b_1(Y - Y_S) + c_1(Z - Z_S)}{a_3(X - X_S) + b_3(Y - Y_S) + c_3(Z - Z_S)} \\ (y - y_0) &= -f \cdot \frac{a_2(X - X_S) + b_2(Y - Y_S) + c_2(Z - Z_S)}{a_3(X - X_S) + b_3(Y - Y_S) + c_3(Z - Z_S)} \end{aligned} \right\} \tag{6.193}$$

值得注意的是，原始数字化影像中的像点位置是以行、列号来表示的，为此应利用像坐标与扫描坐标之关系（内定向参数），再求得相应的像元素坐标。

（4）灰度内插。

由于所得的像点坐标不一定落在像元素中心，为此必须进行灰度内插，一般可采用双线性内插，求得像点 p 的灰度值 $g(x, y)$。

（5）灰度赋值。

最后将像点 p 的灰度值赋给正射影像的像元素 P，即

$$G(X', Y') = g(x, y) \tag{6.194}$$

依次对每个纠正像素完成上述运算，即能获得正射影像。

3. 数字微分纠正的实际解法

从原理上来说，数字微分纠正是点元素纠正。但在实际的软件系统中，几乎没有是逐点采用反解公式求解像点坐标，而均以"面元素"作为"纠正单元"，一般以正方形作为纠正单元。用反算公式计算该单元 4 个"角点"的像点坐标 (x_1, y_1)、(x_2, y_2)、(x_3, y_3) 和 (x_4, y_4)，而面纠正单元内的像点坐标 (x_{ij}, y_{ij}) 用双线性内插求得。内插后任意一个像元 i, j 所对应的像坐标 (x, y) 为

$$\left. \begin{aligned} x(i, j) &= \frac{1}{n^2} \big((n-i)(n-j)x_1 + i(n-j)x_2 + (n-i)jx_4 + ijx_3 \big) \\ y(i, j) &= \frac{1}{n^2} \big((n-i)(n-j)y_1 + i(n-j)y_2 + (n-i)jy_4 + ijy_3 \big) \end{aligned} \right\} \tag{6.195}$$

求得像点坐标后，再由双线性内插方法求得其灰度。

由以上分析可以看出，实际的数字微分纠正是按"面元素"作纠正单元，而在纠正单元中无论沿 x 和 y 方向均由线性内插解求，与数控正射投影仪以线元素为单元作线性缩放并无本质区别。

6.5.2 线阵列扫描影像的数字微分纠正

线阵列扫描影像是以线阵电荷耦合器（charge coupled device, CCD）为探测器，用推帚式扫描方式所获取的影像。因此，与画幅式影像不同，该影像是连续条带影像。但为了分发和使

用的方便,往往用若干个相邻影像条带构成一幅影像,且一幅影像的条带数与线阵 CCD 的像元数相当。例如,SPOT 影像每个条带有 6 000 个像元,因此一幅影像由 6 000 条扫描线组成,且影像坐标系的原点设在每幅影像的中央,即第 3 000 条扫描线的第 3 000 个像元上;第 3 000 条扫描线可作为影像坐标系的 x 轴,各扫描线上第 3 000 个像元的连线为 y 轴,如图 6.57 所示。

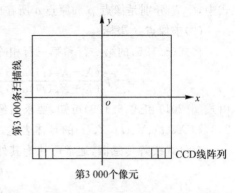

图 6.57　线阵列扫描影像的坐标系

线阵列扫描影像是典型的行中心投影,即每一个扫描行是一个中心投影关系,可用一套外方位元素来表述,不同行有不同的外方位元素。由于不同扫描行是在不同的时刻 t 成像的,因此各扫描行的外方位元素是时间 t 的函数。根据中心投影的共线条件,在时刻 t 成像的扫描行的构像方程为

$$\begin{bmatrix} x \\ 0 \\ -f \end{bmatrix} = \frac{1}{\lambda} \begin{bmatrix} a_1(t) & b_1(t) & c_1(t) \\ a_2(t) & b_2(t) & c_2(t) \\ a_3(t) & b_3(t) & c_3(t) \end{bmatrix} \begin{bmatrix} X - X_S(t) \\ Y - Y_S(t) \\ Z - Z_S(t) \end{bmatrix} \tag{6.196}$$

式中,$\{a_i(t)、b_i(t)、c_i(t)\}(i=1,2,3)$ 为 t 时刻的外方位元素构成的旋转矩阵的方向余弦,$X_S(t)$、$Y_S(t)$、$Z_S(t)$ 为 t 时刻的摄站坐标。

1.　间接法

(1)确定成像时刻或扫描行。

由式(6.196)的第二行得

$$0 = \frac{1}{\lambda}(Xa_2(t) + Yb_2(t) + Zc_2(t) - (X_S(t)a_2(t) + Y_S(t)b_2(t) + Z_S(t)c_2(t)))$$

或

$$Xa_2(t) + Yb_2(t) + Zc_2(t) = A(t) \tag{6.197}$$

式中

$$A(t) = X_S(t)a_2(t) + Y_S(t)b_2(t) + Z_S(t)c_2(t)$$

对式(6.197)中各因子以 t 为自变量,按泰勒级数展开为

$$\left. \begin{aligned} a_2(t) &= a_2^0 + a_2' t + a_2'' t^2 + \cdots \\ b_2(t) &= b_2^0 + b_2' t + b_2'' t^2 + \cdots \\ c_2(t) &= c_2^0 + c_2' t + c_2'' t^2 + \cdots \\ A(t) &= A_2^0 + A_2' t + A_2'' t^2 + \cdots \end{aligned} \right\} \tag{6.198}$$

将式(6.198)取至二次项,并代入式(6.197),整理后可得

$$t = \frac{(Xa_2^0 + Yb_2^0 + Zc_2^0 - A^0) + (Xa_2'' + Yb_2'' + Zc_2'' - A'')t^2}{Xa_2' + Yb_2' + Zc_2' - A'} \tag{6.199}$$

式中,右侧含有 t 的平方项,因此 t 的求解必然是一个迭代过程。当 t 确定后即可得到 (X,Y,Z) 所对应像点的扫描行,即像点的 y 坐标。具体计算公式为

$$y = (l_p - l_0)\Delta = \frac{t}{u}\Delta \tag{6.200}$$

式中,l_p、l_0 分别是像点 p 和原点 o 所在的扫描行数,u 为行扫描间隔,Δ 是 CCD 像元的尺寸。

　　(2)求像点 x 坐标。

　　将式(6.196)的第一行和第三行相除可得

$$x = -f \frac{(X-X_S(t))a_1(t)+(Y-Y_S(t))b_1(t)+(Z-Z_S(t))c_1(t)}{(X-X_S(t))a_3(t)+(Y-Y_S(t))b_3(t)+(Z-Z_S(t))c_3(t)} \tag{6.201}$$

由式(6.201)和式(6.199)可知,要求出像点的(x,y),必须首先求解$\{a_i(t)、b_i(t)、c_i(t)\}$($i=1$,2,3)和 $X_S(t)$、$Y_S(t)$、$Z_S(t)$ 的具体表达式。

　　对星载线阵传感器,通常可认为其外方位元素是时间 t 的线性函数,即

$$\left.\begin{aligned}
\varphi(t) &= \varphi(0)+\varphi't \\
\omega(t) &= \omega(0)+\omega't \\
\kappa(t) &= \kappa(0)+\kappa't \\
X_S(t) &= X_S(0)+X'_s t \\
Y_S(t) &= Y_S(0)+Y'_s t \\
Z_S(t) &= Z_S(0)+Z'_s t
\end{aligned}\right\} \tag{6.202}$$

式中,$\varphi(0)$、$\omega(0)$、$\kappa(0)$、$X_S(0)$、$Y_S(0)$、$Z_S(0)$ 是影像中心行的外方位元素,φ'、ω'、κ'、X'_s、Y'_s、Z'_s 是外方位元素随时间的变化率。

　　(3)微分纠正过程。

　　从以上可以看出,线阵列扫描影像正射纠正的关键是地面点的成像时刻或其对应像点所在的扫描行。理论上,对线阵列扫描影像进行正射纠正时可以逐像点纠正,但这样计算量非常大,比较耗时,因此实际纠正中一般采用小正方形区域纠正的策略。

2. 直接法

　　由式(6.196)可得

$$\left.\begin{aligned}
X &= X_S(t)+\frac{a_1(t)x-a_3(t)f}{c_1(t)x-c_3(t)f}(Z-Z_S(t)) \\
Y &= Y_S(t)+\frac{b_1(t)x-b_3(t)f}{c_1(t)x-c_3(t)f}(Z-Z_S(t))
\end{aligned}\right\} \tag{6.203}$$

式中,$a_1(t)$、$b_1(t)$、$c_1(t)$、$a_3(t)$、$b_3(t)$、$c_3(t)$ 和 $X_S(t)$、$Y_S(t)$、$Z_S(t)$ 是像点(x,y)对应的外方位元素,可由 y 所对应扫描行的成像时刻,用式(6.202)计算得到。

　　同画幅式影像的直接法纠正相类似,先给出一个高程初值 Z_0,代入式(6.203)计算地面近似坐标(X_1,Y_1),然后用 DEM 内插其对应的高程 Z_1。重复以上过程,直至收敛到(X,Y,Z)。

6.6　数字摄影测量工作站概述

　　数字摄影测量工作站(digital photogrammetry workstation,DPW)和数字摄影测量系统(digital photogrammetry system,DPS)是两个不同但又关系密切的概念。数字摄影测量工作站是个人计算机、专用数字摄影测量软件、立体观察设备、立体量测设备等硬件和软件的集成,它以数字影像为处理对象,可以生成各种摄影测量产品。不同数字摄影测量工作站的硬件大同小异,但软件从功能到性能都有较大的差别,是个性特色的体现,因此数字摄影测量工作站的核心是其数字摄影测量软件。数字摄影测量系统则是以数字摄影测量工作站为主体,是比数字摄影测量工作站更加复杂的集成系统。一般认为,在一台或多台数字摄影测量工作站的

基础上,加上专业影像输入设备、专业影像图形输出设备、海量存储设备,甚至网络技术、网格计算等才能构成真正意义上的数字摄影测量系统。

6.6.1　数字摄影测量工作站的发展

数字摄影测量工作站是在解析测图仪的基础上,历经 DPW 的思想概念提出、解析测图仪的数字化改造、全数字摄影测量系统的概念原型机生产等过程,并随着计算机性能的不断提高而逐渐发展起来的。解析测图仪用解析运算(数字投影)代替了缺乏灵活性且复杂笨重的机械导杆投影方法,这是摄影测量的一次重大革命性变化。但是,由于解析测图仪仍使用模拟像片,因此像点坐标的立体量测仍必须由人工来完成,如何解决这一问题就成了数字摄影测量工作站研制的最初动力。

在解析测图仪推出使用不久,解析测图仪的发明者 Helava 提出了用自动相关器代替人工作业员的可能性,为数字摄影测量工作站的发展奠定了思想基础。1981 年,Sarjakoski 给出了全数字摄影测量工作站的详细概念,他将这种系统称为全数字立体测图仪(full digital stereoplotter)。其功能与解析测图仪相似,主要区别是用数字影像取代模拟像片。Sarjakoski 提出以解析测图仪软件为基础,利用数字影像处理技术构建数字立体测图仪。1982 年,Case 提出了另一种系统概念,他所提出的系统与解析测图仪的功能相似,但具有自动完成摄影测量任务(如 DEM 生产)的潜能。这些思想和设计理念为数字摄影测量工作站的发展起到了巨大的推动作用。

为使解析测图仪具有自动立体量测能力,多个研究机构对解析测图仪进行了“数字化”改造,形成了多种不同特色的混合型数字摄影测量工作站。这种系统是在解析测图仪上加装 CCD 相机或其他光电转换设备,将模拟像片的局部(目镜视场范围内)转换为数字影像,用相关器完成影像相关运算,比较典型的有“DSR11＋CCD”系统和“C100＋CCD”系统。由于这种设计理念与全数字摄影测量工作站不符,也不符合市场需求,因此并没有得到更大的发展。

世界第一套全数字化测图系统是 20 世纪 60 年代美国研制的 DAMC。该系统由一台 IBM7094 型电子计算机、透明像片数字化扫描器、STK-1 型立体坐标量测仪和专用程序组成,用于按数字化方式测制线划图及生成正射影像。由于当时计算机硬件的限制,DAMC 还不能用于实际作业,仅仅是一个数字摄影测量工作站的原型概念机。1988 年,世界上第一台商品化的数字摄影测量工作站 DSP1 在日本京都举行的国际摄影测量与遥感协会(ISPRS)第十六届大会上展出,同期还相继推出了 AIMS、CONTEXT MAPPER、StereoSPOT 等系统,之后数字摄影测量工作站的研制进入了一个高速发展期。虽然 DSP1 是作为商品推出的,但其市场销售并不成功,并没有真正投入实用;直至 1992 年才有较为成熟的产品推出,至此数字摄影测量工作站才由实验阶段进入到实用阶段。

6.6.2　数字摄影测量工作站的组成与功能

1. 数字摄影测量工作站的组成

数字摄影测量工作站由硬件与软件两部分组成。

硬件设备包括:

(1)计算机。主要有大容量内存与存储设备;双屏监视器(一个用于立体观察,另一个用于常规操作)。

(2)立体观察设备。主要有互补色眼镜;闪闭式液晶眼镜系统(专业立体显示卡,液晶眼镜);偏振显示屏、偏振光眼镜。

(3)立体量测设备。主要有手轮、脚盘、脚踏开关;三维鼠标。

(4)输入、输出设备。主要有影像扫描与图形输出设备。

软件系统包括:

(1)计算机操作系统。

(2)专业摄影测量软件。主要有专业定向软件(内定向、相对定向、绝对定向等);数字空中三角测量软件;基于单像的数字矢量地图数据采集;基于双像(立体量测)的数字矢量地图数据采集;DEM 自动生成软件;数字微分纠正与 DOM 生成;核线影像生成软件。

(3)辅助功能软件。主要有坐标计算与转换;自动等高线绘制软件;DOM 制作软件;数字影像基础处理软件;立体景观图、透视图制作软件。

2. 数字摄影测量工作站的主要功能

(1)工程管理。如建立测区,原始影像管理,预处理后的影像、金字塔影像、核线影像、正射影像等中间影像产品的管理,采集数据管理,最终产品管理等。

(2)影像预处理。如数字影像灰度变换、影像滤波、影像增强、影像恢复、频率分析等。

(3)数字影像特征提取及影像匹配。

(4)数字影像定向。如内定向、相对定向、绝对定向、前方交会、后方交会等。

(5)影像量测。如基于单像、双像、多像的像点坐标自动或交互量测。

(6)空中三角测量。如自动或人机交互。

(7)核线影像和金字塔影像生成。

(8)DEM 生成与编辑。

(9)地物采集与编辑。

(10)自动绘制等高线。

(11)DOM 制作。

(12)数字线划图制作。

(13)立体景观图与透视图制作。

3. 数字摄影测量工作站的主要产品

(1)过渡性中间产品。如核线影像、金字塔影像、空三成果等。

(2)数字地面模型 DEM 或数字表面模型(digital surface model,DSM)。

(3)数字地形图或专题图。

(4)数字正射影像图。

(5)可视化立体模型。

(6)工程设计所需的三维信息。

(7)GIS 系统所需的影像和空间信息。

目前,国内外成熟的数字摄影测量工作站比较多,对国内用户来说较为常见的有徕卡 Helava 数字摄影测量工作站、VirtuoZo 数字摄影测量工作站及 JX-4 数字摄影测量工作站。每种 DPW 的硬件组成、特点及性能在其相应产品说明书和操作手册中都有详细描述,如有需要读者可自动查阅。

习题与思考题

1. 什么是数字影像？其频域表达有什么用处？

2. 怎样确定数字影像的采样间隔？

3. 常用影像重采样的方法有哪些？试比较它们的优缺点。

4. 已知 $g_{i,j}=102, g_{i+1,j}=110, g_{i,j+1}=118, g_{i+1,j+1}=102, k-i=\Delta/4, l-j=\Delta/4, \Delta$ 为采样间隔，用双线性插值计算 $g_{k,l}$。

5. 怎样计算影像的信息量？局部影像信息量与影像特征有什么关系？

6. 什么是影像特征？绘制出其剖面灰度曲线。

7. 试述 Moravec 算子、Forstner 点特征提取及 Harris 算子的原理，绘制出其程序框图并编制相应程序。

8. 试述 SIFT 算子的特点与原理。

9. 什么是线特征？有哪些梯度算子可用于线特征的提取？

10. 差分算子的缺点是什么？为什么 LOG 算子能避免差分算子的缺点？

11. 试述 Hough 变换的原理，并绘制用 Hough 变换提取直线的程序框图。

12. 什么是影像分割？有哪几种主要的影像分割方法？分别简述其主要步骤。

13. 定位算子与特征提取算子有什么区别？有哪几种类型的特征定位算子？

14. 基于小面元模型的定位算子有哪几种？它们的区别与联系分别是什么？

15. 绘出高精度圆点定位算子的程序框图并编制相应程序。

16. 试述高精度直线与角点定位算子的定位过程，绘制其程序框图并编制相应程序。

17. 试分析高精度角点定位算子的理论精度。

18. 为什么最小二乘影像匹配能够达到很高的精度？它的缺点是什么？

19. "灰度差的平方和最小"影像匹配与"最小二乘"影像匹配的相同点及差别各是什么？

20. 试推导相关系数与信噪比之间的关系。

21. 实验表明，在各种基本影像匹配算法中，"相关系数最大"影像匹配算法的成功率最高。如何解释这一结论？

22. 绘出 VLL 最小二乘影像匹配程序框图并编制相应程序。

23. 什么是 DTM 和 DEM？DEM 有哪几种主要的形式？其优缺点各是什么？

24. 已知 DEM 起点坐标 (X_0, Y_0) 与格网间隔 $\Delta X、\Delta Y$，求点 $P(X,Y)$ 所在格网的行、列号。

25. DEM 数据预处理主要包括哪些内容？

26. 编制用链指针法进行数据分块的程序。

27. 编制二次曲面拟合法内插一待定点高程的程序。

28. 简述一次样条有限元 DEM 内插的计算过程与公式。

29. DEM 内插中如何考虑断裂线？

30. 影响 DEM 精度的主要因素是什么？怎样估计 DEM 的精度？

31. 矩形格网 DEM 数据文件应存储哪些内容？设计一个 DEM 数据文件结构。

32. 叙述基于规则矩形格网等高线绘制的主要过程，并画出程序框图。

33. 绘出角度判断法建立 TIN 的程序框图并编制相应程序。

34. 对所有地貌特征点、线的采样数据如何建立 TIN?

35. 简述泰森多边形与德洛奈三角网生成算法。

36. 试述 TIN 的三种存储数据结构,并说明它们的优缺点。

37. 试述航空影像正解法数字纠正的原理及其缺点。

38. 绘出航空影像反解法数字纠正的程序框图并编制相应程序。

39. 数字摄影测量工作站的主要功能与产品是什么?

40. 数字摄影测量工作站包括哪些硬件与软件?

41. 怎么理解数字摄影测量系统和数字摄影测量工作站的区别和联系?

参考文献

程锟锟,2014.多视角倾斜影像密集匹配技术研究[D].焦作:河南理工大学.

耿则勋,张保明,范大昭,2010.数字摄影测量学[M].北京:测绘出版社.

韩玲,李斌,顾俊凯,等,2008.航空与航天摄影技术[M].武汉:武汉大学出版社.

金为铣,杨先宏,邵鸿潮,等,1996.摄影测量学[M].武汉:武汉大学出版社.

李德仁,1988.误差处理与可靠性理论[M].北京:测绘出版社.

李德仁,2000.摄影测量与遥感的现状及发展趋势[J].武汉测绘科技大学学报,25(1):1-6.

李德仁,金为铣,尤兼善,等,1995.基础摄影测量学[M].北京:测绘出版社.

李德仁,刘良明,胡晓沁,2000.1996—2000年中国摄影测量与遥感进展(国家报告)[J].遥感信息(4):2-6.

李德仁,王树根,周月琴,2008.摄影测量与遥感概论[M].2版.北京:测绘出版社.

李德仁,郑肇葆,1992.解析摄影测量学[M].北京:测绘出版社.

钱曾波,1980.解析空中三角测量[M].北京:测绘出版社.

乔瑞亭,孙和利,李欣,2007.摄影与空中摄影学[M].武汉:武汉大学出版社.

邱志成,1999.现代科技发展对摄影测量与遥感技术的影响[J].测绘科学(3):30-35.

王树根,2009.摄影测量原理与应用[M].武汉:武汉大学出版社.

王之卓,1979.摄影测量学原理[M].北京:测绘出版社.

王之卓,1986.摄影测量学原理续编[M].北京:测绘出版社.

宣家斌,1992.航空与航天摄影技术[M]北京:测绘出版社.

尹鹏飞,2015.无人直升飞机飞行质量自动检查验收方法及影像处理技术[D].焦作:河南理工大学.

张剑清,潘励,王树根,2009.摄影测量学[M].武汉:武汉大学出版社.

张祖勋,2004.数字摄影测量的发展与展望[J].地理信息世界,3:1-5.

张祖勋,张剑清,2012.数字摄影测量学[M].2版.武汉:武汉大学出版社.

张祖勋,张剑清,张力,2000.数字摄影测量发展的机遇与挑战[J].武汉测绘科技大学学报,25(1):7-11.

MIKHAIL E M,BETHEL J S,MCGLONE J C,2001. Introduction to Modern Photogrammetry[M]. New York City:John Wiley and Sons.